Identitätsorientiertes Stadtmarketing

T0200177

SCHRIFTEN ZU
MARKETING UND MANAGEMENT

Herausgegeben von Prof. Dr. Dr. h.c. mult. Heribert Meffert

Band 50

PETER LANG

Frankfurt am Main · Berlin · Bern · Bruxelles · New York · Oxford · Wien

Christian Ebert

Identitätsorientiertes Stadtmarketing

Ein Beitrag zur Koordination und Steuerung des Stadtmarketing

PETER LANG

Europäischer Verlag der Wissenschaften

Bibliografische Information Der Deutschen Bibliothek
Die Deutsche Bibliothek verzeichnet diese Publikation in der
Deutschen Nationalbibliografie; detaillierte bibliografische
Daten sind im Internet über <http://dnb.ddb.de> abrufbar.

Zugl.: Münster (Westfalen), Univ., Diss., 2003

Gedruckt auf alterungsbeständigem,
säurefreiem Papier.

D 6
ISSN 0176-2729
ISBN 3-631-52698-9

© Peter Lang GmbH
Europäischer Verlag der Wissenschaften
Frankfurt am Main 2004
Alle Rechte vorbehalten.

Das Werk einschließlich aller seiner Teile ist urheberrechtlich
geschützt. Jede Verwertung außerhalb der engen Grenzen des
Urheberrechtsgesetzes ist ohne Zustimmung des Verlages
unzulässig und strafbar. Das gilt insbesondere für
Vervielfältigungen, Übersetzungen, Mikroverfilmungen und die
Einspeicherung und Verarbeitung in elektronischen Systemen.

Printed in Germany 1 2 4 5 6 7

www.peterlang.de

Vorwort des Herausgebers

Ähnlich dem unternehmerischen Marketing hat sich auch das Stadtmarketing in den vergangenen Jahren von einer reinen Kommunikationsorientierung hin zu einer ganzheitlichen Führungskonzeption entwickelt. Der Übertragbarkeit von Konzepten und Instrumenten der marktorientierten Unternehmensführung auf das Stadtmarketing sind jedoch angesichts komplexitätssteigernder Charakteristika im kommunalen Kontext Grenzen gesetzt. Diese Komplexität schlägt sich auf der Subjektebene des Stadtmarketing in einer Vielzahl beteiligter und heterogener Interessenvertreter sowie auf der Objektebene in der Vielschichtigkeit des kommunalen Angebots nieder. Hieraus resultieren mit der Koordination der beteiligten Akteure und der vernetzten Steuerung der Angebotskomponenten zwei zentrale Herausforderungen an die Stadtmarketing-Führung.

Während die beiden Aspekte der internen Koordination und externen Steuerung in der Stadtmarketing-Forschung oftmals thematisiert werden, lassen sich konkrete Lösungsansätze nur vereinzelt finden. Auf der Suche nach einem inhaltlichen Referenzpunkt für die Stadtmarketing-Führung wird in diesem Zusammenhang jedoch vermehrt das interdisziplinär diskutierte Identitätskonstrukt in den Mittelpunkt gerückt. Die auf der betriebswirtschaftlichen Corporate Identity-Forschung aufbauenden Veröffentlichungen stellen dabei die Steuerungsfunktion der Identität in den Vordergrund, während die geografische Identitätsforschung auf die Koordinationsaufgabe der Identität im Sinne eines Verbundenheitsgefühls fokussiert. Geleitet von der Hypothese, dass das Identitätskonstrukt einen Beitrag zum stadtspezifischen Führungsbedarf leistet, bestand das Ziel des Verfassers in der Generierung eines den Koordinations- und Steuerungsbedarf berücksichtigenden identitätsbasierten Führungskonzepts für das Stadtmarketing sowie der darauf aufbauenden Ableitung von Lösungsansätzen für die kommunale Praxis.

Als Grundlage für die Entwicklung eines derartigen Führungskonzepts erfolgt zunächst eine systematische Analyse des stadtbezogenen Koordinations- und Steuerungsbedarfs, anhand derer der Autor inhaltliche und konzeptionelle Anforderungen an ein wissenschaftliches Referenzmodell für die Stadtmarketing-Führung ableitet. Für die anschließende Analyse des Beitrags der Identität für das stadtspezifische Führungsproblem greift er angesichts der geringen Anzahl betriebswirtschaftlicher Untersuchungen auf die Erkenntnisse sozialwissenschaftlicher Nachbardisziplinen zurück. Aufbauend auf der innergeografischen Diskussion zur Bedeutung räumlicher Bezugsebenen für identifikatorische Prozesse erfolgt eine kognitiv-orientierte Präzisierung des Begriffs der Stadtidentität, welche der Komplexität des Untersuchungsspektrums in besonderem Maße Rechnung trägt und mit der in der Literatur vorherrschenden mehrdimensionalen Konstruktmessung in Einklang steht. Bezugnehmend auf diese Operationalisierung werden anschließend die Nutzenpotenziale der stadtbezogenen Identität erörtert. Mit Blick auf die Koordination leistet die Identität einen Beitrag zur Integration und Motivation der heterogenen Interessenvertreter sowie zur Stabilisierung existierender Systemstrukturen. Hinsichtlich der externen Steuerung erfüllt das Identitätskonstrukt die Funktion eines zukunftsbezogenen Zielsurrogats, der Differenzierung sowie der Reduktion des wahrgenommenen Risikos auf der Nachfragerebene.

Vor dem Hintergrund der identifizierten Nutzenpotenziale der Stadtidentität entwickelt der Verfasser in einem nächsten Schritt ein auf dem Identitätskonstrukt basierendes Referenzkonzept für die Stadtmarketing-Führung. Angesichts zahlreicher Analogien greift er dabei auf den identitätsorientierten Ansatz der Markenführung zurück, welchen er an die Spezifika des Stadtmarketing anpasst. Bezugnehmend auf das im Industriegütermarketing entstandene Konzept des „Selling Center" generiert er ein modifiziertes Gap-Modell, welches ihm als Bezugsrahmen für die empirische Untersuchung dient.

Als Ausgangspunkt der empirischen Fundierung des identitätsorientierten Stadtmarketing verifiziert der Verfasser am Beispiel der Städte Bielefeld, Dortmund und Münster zunächst die Tragfähigkeit der lokalen Ebene als Identifikationsgrundlage. Anschließend identifiziert er auf Basis des Gap-Modells für jede der drei Städte Maßnahmenprioritäten und ermittelt hieraus Anforderungsprofile für das Stadtmarketing. Im Kern der empirischen Analyse ergeben sich neben der ex-ante-Koordination der Trägerschaft mit der Bürgerpartizipation sowie einer integrativen Ausrichtung der zielgruppenorientierten Steuerung drei zentrale Gestaltungsparameter. Dem Grundgedanken einer systematischen und letztlich effizienzorientierten Betriebswirtschaftslehre folgend, bildet die typenbezogene Ableitung von Implikationen für das identitätsorientierte Stadtmarketing in jedem der drei Gestaltungsfelder den Abschluss der Untersuchung.

Insgesamt leistet der Verfasser einen beachtlichen, empirisch fundierten Beitrag zur Weiterentwicklung des Stadtmarketing. Unter Bezugnahme auf unterschiedliche sozialwissenschaftliche Disziplinen wird nicht nur der in Ansätzen bereits innergeografisch diskutierte Beitrag der Identität zur Koordination, sondern auch der Nutzen der Stadtidentität für die Steuerung im Stadtmarketing aufgezeigt.

Besonders hervorzuheben ist die eigenständige rollenbezogene Interpretation der Trägerschaft des Stadtmarketing, die eine Erfassung der Anbieterstruktur innerhalb des Gap-Modells ermöglicht. Angesichts des bisherigen Forschungsstandes stellt die praktisch-normative Weiterentwicklung der stadtbezogenen Identitätsforschung einen wertvollen Beitrag für die wissenschaftliche Diskussion dar, die gleichzeitig zahlreiche Anregungen für die Stadtmarketing-Praxis bietet.

Das empirische Datenmaterial der vorliegenden Arbeit beruht auf einem Forschungsprojekt mit der Stiftung Westfalen-Initiative e. V., der Stadt Münster sowie dem Markt- und Meinungsforschungsinstitut TNS Emnid. Ohne die Unterstützung und Bereitschaft dieser Organisationen, den Dialog zwischen Wissenschaft und Praxis zu fördern, wäre eine Realisierung der Untersuchung in dieser Form nicht möglich gewesen. Hierfür gilt mein besonderer Dank.

Münster, im Mai 2004   Prof. Dr. Dr. h. c. mult. H. Meffert

Vorwort des Verfassers

Angesichts eines dynamischen Wandels der wirtschaftlichen, politischen und gesellschaftlichen Rahmenbedingungen hat sich das Stadtmarketing seit geraumer Zeit nicht nur als Lösungsansatz für die kommunale Praxis, sondern auch in der Wissenschaft als eigenständiger Forschungszweig etabliert. Bei dem Versuch, die aus dem Unternehmensbereich bekannten Konzepte auf die Problemstellung von Städten zu übertragen, bleiben jedoch die Spezifika des kommunalen Umfeldes oftmals unberücksichtigt. So setzt sich das „Unternehmen Stadt" aus einer Vielzahl heterogener Interessenvertreter mit teilweise divergierenden Zielsetzungen zusammen, während das „Produkt Stadt" durch eine – im Vergleich zu einem kommerziellen Produkt – enorme Vielschichtigkeit gekennzeichnet ist.

Diese spezifische Komplexität auf der Subjekt- und Objektebene des Stadtmarketing schlägt sich in zwei zentralen Problemfeldern für die Stadtmarketing-Führung nieder. Die Abstimmung der heterogenen Akteursinteressen in Bezug auf ein gemeinsam getragenes Zielsystem ist Aufgabe der internen Koordination. Demgegenüber lässt sich die situationsspezifische Vernetzung und zielgruppenorientierte Ausrichtung der kommunalen Angebotskomponenten unter dem Begriff der externen Steuerung subsumieren.

Die stadtspezifische Komplexität und die daraus resultierenden Herausforderungen an das Stadtmarketing waren der Initialgedanke der vorliegenden Arbeit. Geleitet von der Hypothese, dass das interdisziplinär diskutierte Identitätskonstrukt einen Beitrag zum skizzierten Problem leistet, wird auf theoretisch-konzeptionelle Weise zunächst eine konsequente Weiterentwicklung der stadtbezogenen Identitätsforschung unternommen. Das auf dieser Basis als Lösungsansatz entwickelte Referenzkonzept des identitätsorientierten Stadtmarketing wird anschließend am Beispiel der Städte Bielefeld, Dortmund und Münster empirisch fundiert, um darauf aufbauend Implikationen für die Stadtmarketing-Praxis abzuleiten.

Die vorliegende Arbeit wurde im September 2003 von der Wirtschaftswissenschaftlichen Fakultät der Westfälischen Wilhelms-Universität Münster als Dissertationsschrift angenommen. Das Entstehen dieser Arbeit war dabei nur mit der Unterstützung zahlreicher Personen und Institutionen möglich. Mein besonderer Dank gilt zunächst meinem akademischen Lehrer und Doktorvater, Herrn Prof. Dr. Dr. h. c. mult. Meffert, der durch meine Einbindung in ein Forschungsprojekt die Themenstellung bereits frühzeitig anregte und laufend unterstützte. Zudem förderte er meine fachliche und persönliche Entwicklung in vielfältiger Weise. Herrn Prof. Dr. Klaus Backhaus danke ich an dieser Stelle ausdrücklich für die Übernahme des Zweitgutachtens.

Das Datenmaterial der vorliegenden Arbeit resultiert aus einem gemeinsamen Forschungsprojekt mit dem Marktforschungsinstitut TNS Emnid, der Stiftung Westfalen-Initiative e. V. und der Stadt Münster. Danken möchte ich daher zunächst Herrn Dr. Adi Isfort (TNS Emnid) und seinen Mitarbeitern für die gemeinsame Abstimmung der Erhebungsstruktur und die professionelle Datenerhebung. Herrn Dr. Hans Wielens sowie Herrn Dr. Niels Lange von der Stiftung Westfalen-Initiative danke ich für die frühzeitige und umfassende Förderung des Projekts. Auch der Stadt Münster gebührt mein ausdrücklicher Dank für die Projektunterstützung, wobei ich Herrn Dr. Thomas Hauff hervorheben möchte, der mir bei meinen vielen Anfragen stets weiterhelfen konnte.

Nicht zuletzt möchte ich mich bei meinen ehemaligen Kollegen am Institut für Marketing bedanken, die mich während der Erstellung der Arbeit tatkräftig unterstützt und von anderweitigen Verpflichtungen größtenteils entlastet haben. Namentlich hervorheben möchte ich Herrn Dipl.-Kfm. Michael Ahrens, der mir zu jeder Tages- und Nachtzeit für fachliche Diskussionen zur Verfügung stand und mich – gemeinsam mit Frau Dipl.-Kffr. Nina Fritsch – durch die kritische Durchsicht des Manuskripts unterstützte. Darüber hinaus gebührt mein Dank Herrn PD Dr. Dr. Helmut Schneider, der mir in kritischen Entscheidungssituationen durch das Setzen der „großen Stellhebel" eine wichtige Hilfe war. Danken möchte ich ebenfalls Frau cand. rer. pol. Katrin Gutsche für die Unterstützung bei der formalen Gestaltung der Arbeit.

Ein besonderes Anliegen ist mir der Dank an meine Freundinnen und Freunde außerhalb des Instituts, die auch in Krisenzeiten stets für mich da waren. So haben mir die gemeinsamen Gespräche mit Frau Kristina Himmes, Frau Sabrina Pätzholz und Herrn Elmar Hagemann geholfen, den Kopf für die wichtigen Forschungsfragen wieder frei zu bekommen. Besonders hervorheben möchte ich jedoch Frau Katja Hemme, deren einzigartige Zuwendung mir trotz der großen Distanz während der gesamten Promotionszeit Kraft und Motivation gab. Ohne sie wären mir die zahlreichen Herausforderungen meiner Dissertation weitaus schwerer gefallen.

Schließlich möchte ich meiner Familie, insbesondere meinen Eltern, danken. Sie haben nicht nur meine Promotion bereits frühzeitig in vielfältiger Weise unterstützt, sondern boten mir auch während der Erstellung der Arbeit den notwendigen Rückhalt und waren selbst bei der Durchsicht des Manuskripts behilflich. Ihr großes Verständnis und steter Zuspruch haben wesentlich zur Fertigstellung dieser Arbeit beigetragen.

Münster, im Mai 2004   Christian Ebert

Inhaltsverzeichnis

Abbildungsverzeichnis

Tabellenverzeichnis

Abkürzungsverzeichnis

a. a. O.	am angeführten Ort
Abb.	Abbildung
Abs.	Absatz
AKP	Fachzeitschrift für alternative Kommunalpolitik
allg.	allgemein
Aufl.	Auflage
b.	bei
Bd.	Band
BFuP	Betriebswirtschaftliche Forschung und Praxis
bspw.	beispielsweise
bzw.	beziehungsweise
ca.	circa
d. h.	das heißt
DIFU	Deutsches Institut für Urbanistik
e. V.	eingetragener Verein
et al.	et alii
etc.	et cetera
EU	Europäische Union
f., ff.	folgende, fort folgende
ggf.	gegebenenfalls
GmbH	Gesellschaft mit beschränkter Haftung
Hrsg.	Herausgeber
hrsg.	herausgegeben
i. d. R.	in der Regel
i. e. S.	im engeren Sinne
inkl.	inklusive
insb.	insbesondere
i. s. V.	im Sinne von
jr.	junior
Jg.	Jahrgang
Kap.	Kapitel
max.	maximal
Mio.	Millionen
Mrd.	Milliarden

Nr.	Nummer
o. Jg.	ohne Jahrgang
o. O.	ohne Ortsangabe
o. V.	ohne Verfasser
S.	Seite
sog.	so genannte (n, r, s)
Tab.	Tabelle
u. a.	und andere, unter anderem
vgl.	vergleiche
Vol.	Volume
VOP	Verwaltung – Organisation - Personal
vs.	versus
z. B.	zum Beispiel
z. T.	zum Teil
ZfB	Zeitschrift für Betriebswirtschaft
ZFP	Zeitschrift für Forschung und Praxis
ZOR	Zeitschrift für Operations Research

A. Koordination und Steuerung als Herausforderung an die Führung im Stadtmarketing

1. Zunehmende Bedeutung führungsbezogener Aspekte des Stadtmarketing

Seit geraumer Zeit sind nicht nur Unternehmen, sondern zunehmend auch Städte einem kontinuierlichen Anpassungsdruck und wachsenden Wettbewerbsherausforderungen ausgesetzt.[1] 90% der kleinen, 78% der mittleren und 100% der großen Kommunen gaben Mitte der 90er Jahre an, durch veränderte Rahmenbedingungen in ihrer Handlungsfähigkeit beeinträchtigt zu sein.[2] In besonderem Maße sehen sich Städte in ihrer Eigenschaft als Wirtschafts-, Fremdenverkehrs- und Wohn- bzw. Freizeitstandort vom interkommunalen Wettbewerb betroffen.[3] Als Ursache dieses wahrgenommenen **Standortwettbewerbs** kann eine fortschreitende Dynamik globaler und lokaler Entwicklungstrends ausgemacht werden.

Auf **globaler Ebene** findet die nachhaltige Veränderung der kommunalen Rahmenbedingungen ihren Ausdruck in der fortschreitenden EU-Integration und der sich wandelnden geopolitischen Lage in Osteuropa.[4] In einem „Europa der Regionen" verlieren administrative Grenzen zunehmend an Bedeutung, verbunden mit einem verringerten Stellenwert räumlicher Distanz. Hinzu kommen dynamische Entwicklungen im Transport-, Informations- und Kommunikationssektor, die den Nachfragern kommunaler Leistungen erweiterte Alternativen der Standortwahl bieten. Die Standortunabhängigkeit vieler Wirtschaftszweige bringt eine Clusterbildung mit sich, wobei sich aufgrund natürlicher und struktureller Wett-

---

[1] Vgl. u. a. Afheldt, H., Städte im Wettbewerb, in: Stadtbauwelt, o. Jg., Heft 26, 1970, S. 100 ff., Junghans, K., Auf dem Prüfstand, in: Handelsblatt Nr. 54, 16./17.03.2001, S. 60.

[2] Befragt wurden insgesamt 46 kreisfreie Kommunen, die anhand ihrer Einwohnerzahl in kleine (unter 100.000 Einwohner), mittlere (100.000 bis 500.000 Einwohner) und große (über 500.000 Einwohner) Städte unterteilt wurden. Vgl. Schückhaus, U., Graf, H.-A., Dormeier, C., Stadt- und Regionalmarketing – Einsatzmöglichkeiten und Nutzen, Kienbaum Unternehmensberatung GmbH, Düsseldorf 1993, S. 9.

[3] Vgl. Spieß, S., Marketing für Regionen – Anwendungsmöglichkeiten im Standortwettbewerb, Wiesbaden 1998, S. 139.

[4] Vgl. Kiepe, F., Die Städte und ihre Regionen, in: der städtetag, Heft 1, 1996, S. 2 f., Funke, U., Vom Stadtmarketing zur Stadtkonzeption, 2. Aufl., Köln 1997, S. 2.

bewerbsvorteile Tendenzen zu einer Polarisierung in Gewinner- und Verlierer-
städte bemerkbar machen.[5]

Neben diesen globalen Trends sehen sich Städte und Kommunen auch im **lokalen Umfeld** aufgrund eines Werte- und Einstellungswandels mit einem stetig
steigenden Handlungsdruck konfrontiert. Ein gestiegenes Demokratiebewusst-
sein der Bevölkerung führt zu wachsenden Partizipationsanforderungen[6] und
verdeutlicht die Notwendigkeit einer intensiveren Kommunikation mit den Bürgern. Daneben bringt eine verstärkte Freizeit- und Erlebnisorientierung[7] einen
Bedeutungsverlust traditioneller Faktoren[8] bei der Standortwahl mit sich. In zunehmendem Ausmaß tragen sog. „weiche" Standortfaktoren[9] wie Wohn- und
Lebensqualität, Bildungs- und Kulturangebot sowie eine ökologisch intakte
Landschaft zur Präferenzbildung der Standortnachfrager bei.[10] Rückläufige Be-
völkerungszahlen aufgrund der demografischen Entwicklung sowie die Dekon-
zentration von Bevölkerung (Bevölkerungssuburbanisierung) und Industrie (In-
dustriesuburbanisierung) verstärken den Anpassungsdruck auf lokaler Ebene.[11]

---

[5]   In Europa liegen viele etablierte Wirtschaftsstandorte auf einer Nord-Süd-Achse von London
      über Frankfurt und München nach Mailand, während sich der „Sunbelt", das französisch-
      spanische Mittelmeergebiet, aus aufstrebenden High-Tech-Zentren wie Valencia, Lyon oder
      Nizza zusammensetzt. Vgl. hierzu o. V., Die neuen Stars der alten Welt, in: manager
      magazin, Heft 3, 1990, S. 204 ff. sowie Nub, G., Reuter, J., Russ, H., Großräumige
      Entwicklungstrends in Europa und wirtschaftspolitischer Handlungsbedarf, in: ifo-
      schnelldienst, Heft 17/18, 1992, S. 13 ff.

[6]   Vgl. Meffert, H., Städtemarketing – Pflicht oder Kür?, in: Planung und Analyse, Heft 8, 1989,
      S. 274.

[7]   Vgl. Opaschowski, H. W., Deutschland 2010. Wie wir morgen arbeiten und leben –
      Voraussagen der Wissenschaft zur Zukunft unserer Gesellschaft, Hamburg 2001, S. 36.

[8]   Lange Zeit wurden fast ausschließlich quantitative Beurteilungskriterien wie bspw.
      Lohnniveau, Energiekosten und Steuersätze zur Bewertung eines Standortes
      herangezogen. Vgl. Spiller, H. J., Der Standort – von außen gesehen, in: Iglhaut, J. (Hrsg.),
      Wirtschaftsstandort Deutschland mit Zukunft, Wiesbaden 1994, S. 135.

[9]   Zum Begriff der „weichen" Standortfaktoren hat die Wissenschaft bislang keine
      allgemeingültige Definition gefunden. Als Merkmale dieser Faktoren werden im Allgemeinen
      die schwierige Operationalisierbarkeit sowie die fehlende Möglichkeit der Einflußnahme
      ausgemacht. Vgl. Grabow, B. et al., Weiche Standortfaktoren, Stuttgart, Berlin und Köln,
      1995, S. 63 ff.

[10] Vgl. Schorer, K., Grotz, R., Attraktive Standorte – Gewerbeparks, in: Geografische
      Rundschau, Heft 9, 1993, S. 501.

[11] Vgl. Pollotzek, J., Stadtmarketing – Notwendigkeiten, Möglichkeiten und Grenzen der
      kommunalen Marketingkonzeption, Nürnberg 1993, S. 26 ff. Als weitere Ausprägungen der

(Fortsetzung der Fußnote auf der nächsten Seite)

Es kann festgehalten werden, dass der von den Städten wahrgenommene Standortwettbewerb einen empirischen Tatbestand darstellt. Die Städte befinden sich in einer „Sandwich-Position"[12], da der Druck auf die Kommunen sowohl aus Entwicklungen der Makro- wie auch der Mikroumwelt resultiert (vgl. Abb. 1).

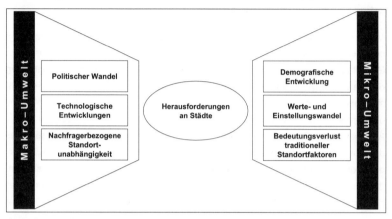

Abb. 1: Aktuelle Herausforderungen an Städte

Im Zuge dieser Entwicklungen erwuchs in der kommunalen Praxis die Forderung nach einer ganzheitlichen Managementkonzeption, da das etablierte Konzept der Stadtentwicklungsplanung den skizzierten Rahmenbedingungen nur unzureichend gerecht wurde.[13] Ausgehend von einigen Modellprojekten in den USA[14] starteten Mitte der 80er Jahre die ersten deutschen Städte mit der Adaption des ursprünglich auf den kommerziellen Sektor bezogenen Marketing. Eine Vorreiterrolle wird generell den Städten Frankenthal und Schweinfurt zugesprochen, die

---

demografischen Entwicklung führt POLLOTZEK eine zunehmende Armut der Bevölkerung, altersstrukturelle Verschiebungen, sinkende Haushaltsgrößen und einen prozentual steigenden Ausländeranteil an.

[12] Vgl. Meffert, H., Städtemarketing – Pflicht oder Kür?, Vortrag anlässlich des Symposiums Stadtvisionen am 2./3. März 1989 im historischen Rathaus zu Münster, S. 9.

[13] Als zentrale Mängel dieses Instruments identifiziert HONERT die fehlende Möglichkeit des Ausgleichs konkurrierender Ziele sowie den mangelnden Handlungsbezug. Vgl. Honert, S., Stadtmarketing und Stadtmanagement , in: der städtetag, 44 Jg., Heft 6, 1991, S. 395.

[14] Vgl. Meissner, H. G., Stadtmarketing – Eine Einführung, in: Beyer, R., Kuron, I. (Hrsg.), Stadt- und Regionalmarketing – Irrweg oder Stein der Weisen?, Material zur angewandten Geografie, Band 29, Bonn 1995, S. 22.

bereits 1986 mit der Erarbeitung eines Marketingkonzepts begannen.[15] Kurz darauf entwickelte ein interdisziplinäres Expertenteam aus Politik, Verwaltung, Wirtschaft und Wissenschaft eine Marketingkonzeption für die Stadt Wuppertal.[16] Seitdem ist die Zahl der Städte, die gemäß ihrer eigenen Auffassung **Stadtmarketing** betreiben, sprunghaft angestiegen.[17]

Mit zeitlicher Verzögerung begann kongruent zur empirischen Evidenz auch in der Wissenschaft eine vermehrte Auseinandersetzung mit dem Stadtmarketing. Grundlage für eine stadtspezifische Marketingforschung war die **Erweiterung des marketingwissenschaftlichen Objektbereichs** auf nicht-kommerzielle Institutionen, die in der von KOTLER und LEVY konstatierten prinzipiellen Ähnlichkeit ökonomischer und nicht-ökonomischer Austauschbeziehungen begründet liegt.[18] Aus dieser als „Broadening" bezeichneten Erweiterung des Erkenntnisinteresses der Marketingforschung erwuchs in der Wissenschaft eine eigene Teildisziplin des Non-Profit-Marketing.[19] Auf dieser konzeptionellen Basis hat sich insbesondere im deutschsprachigen Raum eine eigenständige Forschungsrichtung des Stadtmarketing etabliert. Analog zur praktischen Entwicklung lassen sich dabei in

---

[15]   Vgl. Wolkenstörfer, T., Kommunales Marketing als Ansatz für eine zukunftsorientierte Stadtentwicklungspolitik – das Beispiel Altdorf b. Nürnberg, Bayreuth 1992, S. 20 f.

[16]   Vgl. ebenda S. 21.

[17]   Vgl. Grabow, B., Hollbach-Grömig, B., Stadtmarketing – Eine kritische Zwischenbilanz, Difu-Beiträge zur Stadtforschung, Band 25, Berlin 1998, S. 11. Die Untersuchung des DEUTSCHEN INSTITUTS FÜR URBANISTIK gilt als die bislang umfassendste Breitenuntersuchung in deutschen Städten. In einer neueren Untersuchung in Bayern kommt WEBER zu dem Ergebnis, dass bereits mehr als 50% der Städte Stadtmarketing bzw. Elemente davon durchführen. Vgl. Weber, A., Stadtmarketing in bayerischen Städten und Gemeinden – Bestand und Ausprägungen eines kommunalen Instruments der neunziger Jahre, Arbeitsmaterialien zur Raumordnung und Raumplanung (hrsg. von Maier, J.), Heft 192, Bayreuth 2000, S. 43 f.

[18]   Die These, dass *jede Organisation* marketingähnliche Aktivitäten durchführt, wird in dem Aufsatz durch Beispiele nicht-kommerzieller Institutionen unterlegt. Dies lässt die Autoren folgern: „The business heritage of marketing provides a useful set of concepts for guiding all organisations." Vgl. Kotler, Ph., Levy, S. J., Broadening the Concept of Marketing, in: Journal of Marketing, 33. Jg., Heft 1, 1969, S. 10-15.

[19]   Vorreiter war auch hier KOTLER, der diese grundlegenden Ideen in einer Monografie zur Managementlehre ausbaute. Vgl. Kotler, Ph., Marketing of nonprofit organizations, Englewood Cliffs, 1975.

Anlehnung an das kommerzielle Marketing[20] **drei Entwicklungsstufen** ausmachen (vgl. Abb. 2).

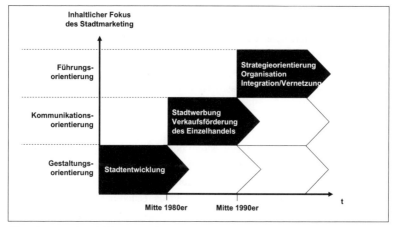

Abb. 2:   Entwicklungsstufen des Stadtmarketing

Bevor der Begriff des Stadtmarketing Eingang in die kommunale Praxis fand, war
es vornehmlich die Stadtverwaltung, die sich mit der Gestaltung einer Stadt im
Rahmen der **Stadtentwicklung** beschäftigte. Eine systematische wissenschaftliche Auseinandersetzung bzw. ein geschlossenes Theoriekonzept existierte hierzu allerdings nicht. Mitte der 80er Jahre verlagerte sich der Fokus des Stadtmarketing auf die **Kommunikation** mit den überwiegend externen Zielgruppen einer
Stadt. Insbesondere die anglo-amerikanische Forschung begriff das Stadtmarketing als Instrument der Verhaltensbeeinflussung und räumte der Verkaufsfunkti-
on eine zentrale Bedeutung neben der Leistungspolitik ein.[21] In dieser Phase
wurde das Stadtmarketing in der Praxis oftmals mit Stadtwerbung bzw. Verkaufs-

---

[20]   Vgl. zu den Entwicklungsstufen des Marketing Meffert, H., Marketing – Grundlagen
        marktorientierter Unternehmensführung, Konzepte – Instrumente – Praxisbeispiele, 9. Aufl.,
        Wiesbaden 2000, S. 5.

[21]   Vgl. Ashworth, G. J., Goodall, B. (ed.): Marketing Tourism Places, London 1990, Matson, E.
        W., Can Cities Market Themselves Like Coke and Pepsi Do?, in: International Journal of
        Public Sector Management, Heft 2, 1994, S. 35-41 sowie im deutschsprachigen Raum Böltz,
        C., City-Marketing – Eine Stadt wird verkauft, in: Bauwelt, Heft 24, 1988, S. 96-99.

förderung gleichgesetzt.[22] Während die primäre Außenorientierung des Stadtmarketing in den USA weiterhin eine dominante Stellung besitzt, wird im
deutschsprachigen Raum seit einigen Jahren eine ganzheitliche Perspektive vertreten.[23] Unter Stadtmarketing wird dabei ein Führungskonzept verstanden, dem
die Aufgabe der funktionsübergreifenden Vernetzung aller innen- und außengerichteten Aktivitäten einer Stadt zukommt.[24] Dieser Übergang zur **Führungsori-
entierung** Mitte der 90er Jahre schlägt sich u. a. in einer verstärkten Berücksichtigung strategischer und organisatorischer Fragestellungen nieder.

Im Zeitablauf sieht sich das Stadtmarketing somit einem Spannungsfeld zwischen einem externen (Outside-In) und einem internen (Inside-Out) Fokus ausgesetzt. Während das Leistungsspektrum des Marketing lange Zeit unreflektiert
auf kommunale Fragestellungen übertragen wurde, resultiert die aktuelle Relevanz **führungsbezogener Fragestellungen** aus stadtspezifischen Charakteristika auf der Führungsebene, die ein zentrales Differenzierungskriterium des
Stadtmarketing im Vergleich zum kommerziellen bzw. dem Non-Profit-Marketing
darstellen.[25] Entscheidender Treiber dieser Besonderheiten der Führung im
Stadtmarketing ist die Komplexität einer Stadt auf der Subjekt- und Objektebene,
aus der mit den Aspekten der Koordination und Steuerung ein spezieller Führungsbedarf im Stadtmarketing resultiert.[26]

---

[22] Vgl. zu Verbreitung, Inhalt und Verständnis des Stadtmarketing Schückhaus, U., Graf, A.-H.,
      Dormeier, C., Stadt- und Regionalmarketing – Einsatzmöglichkeiten und Nutzen, a. a. O.
      sowie Töpfer, A., Marketing in der kommunalen Praxis – Eine Bestandsaufnahme in 151
      Städten, in: Töpfer, A. (Hrsg.), Stadtmarketing – Herausforderung und Chance für
      Kommunen, Baden-Baden 1993, S. 88 f.

[23] Vgl. Grabow, B., Hollbach-Grömig, B., Stadtmarketing – eine kritische Zwischenbilanz, in:
      difu-Berichte, Heft 1, 1998, S. 2-5.

[24] Vgl. hierzu exemplarisch Manschwetus, U., Regionalmarketing. Marketing als Instrument der
      Wirtschaftsentwicklung, Wiesbaden 1995, S. 85, Mensing, M., Rahn, Th., Einführung in das
      Stadtmarketing, in: Zerres, M., Zerres, I. (Hrsg.), Kooperatives Stadtmarketing, Stuttgart
      2000, S. 21-37, Maier, J., Weber, A., Stadtmarketing: „Dach" oder Ergänzung der
      Stadtentwicklung?, Tagungsunterlagen zum Seminar „Stadtmarketing – Aktuelle Trends und
      Perspektiven" des Deutschen Instituts für Urbanistik vom 22.-24. April 2002 in Berlin.

[25] Vgl. Grabow, B., Hollbach-Grömig, B., Stadtmarketing – Eine kritische Zwischenbilanz, a. a.
      O., S. 23.

[26] Vgl. Wolkenstörfer, T., Kommunales Marketing als Ansatz für eine zukunftsorientierte
      Stadtentwicklungspolitik – das Beispiel Altdorf b. Nürnberg, a. a. O., S. 15.

2. Stadtbezogene Komplexität als Ursache eines spezifischen Koordinations- und Steuerungsbedarfs im Stadtmarketing

Die grundsätzliche Übertragbarkeit des Marketingansatzes auf kommunale Fragestellungen fußt auf den konstitutiven Merkmalen des kommerziellen Marketing, die auch für das Stadtmarketing Gültigkeit besitzen.[27] Trotz dieser grundlegenden Gemeinsamkeiten wird in der Literatur jedoch seit längerem diskutiert, ob der in der unternehmerischen Praxis bewährte Ansatz unreflektiert auf Städte angewandt werden kann.[28] Während einige amerikanische Autoren die Auffassung vertreten, dass das Stadtmarketing dem Marketing für Unternehmen gleichgesetzt werden kann,[29] hat sich im deutschsprachigen Raum eine differenziertere Meinung durchgesetzt. Zentrales Unterscheidungskriterium zum Marketing für Unternehmen und damit die Grundlage für einen eigenständigen Forschungsansatz ist die **stadtspezifische Komplexität**, die darauf zurückzuführen ist, dass eine Stadt gleichermaßen Subjekt („Stadt als Unternehmen") und Objekt („Stadt als Produkt") des Stadtmarketing darstellt (vgl. Abb. 3).[30]

---

[27] Zu den Grundprinzipien des Marketing zählen der Philosophie-, Informations-, Strategie-, Aktions-, Segmentierungs- und Koordinationsaspekt. Vgl. hierzu stellvertretend Meffert, H., Marketing – Grundlagen marktorientierter Unternehmensführung, Konzepte, Instrumente, Praxisbeispiele, a. a. O., S. 8 f. Zur Übertragbarkeit auf das Stadtmarketing vgl. Meffert, H., Städtemarketing – Pflicht oder Kür?, a. a. O., S. 74 sowie Wolkenstörfer, T., Kommunales Marketing als Ansatz für eine zukunftsorientierte Stadtentwicklungspolitik – das Beispiel Altdorf b. Nürnberg, a. a. O., S. 14 f.

[28] Vgl. Fehrlage, A. O., Winterling, K., Kann eine Stadt wie ein Unternehmen vermarktet werden? In: Stadt und Gemeinde, o. Jg. Heft 7, 1991, S. 254-257.

[29] Vgl. etwa Matson, E. W., Can Cities Market Themselves Like Coke and Pepsi Do?, a. a. O., S. 35-41.

[30] Vgl. zu diesen beiden Interpretationsformen bezogen auf das Standortmarketing Balderjahn, I., Marketing für Wirtschaftsstandorte, in: der markt, o. Jg., Heft 3, 1996, S. 120 f.

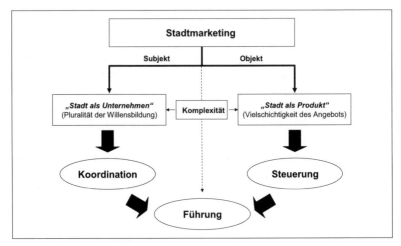

Abb. 3:   **Koordination und Steuerung als spezifischer Führungsbedarf im Stadtmarketing**

Wird eine Stadt als Subjekt des Stadtmarketing aufgefasst, so ist die **„Stadt als Unternehmen"**[31] im Unterschied zu einem privatwirtschaftlichen Unternehmen sowohl sozial als auch ökonomisch ein System von höherer Komplexität. Elemente dieses Systems sind die Bürgerschaft, Verbände, die ansässige Wirtschaft, Politik, Verwaltung und weitere Anspruchsgruppen, die ihrerseits wiederum als interaktiv vernetzte Subsysteme einer Stadt interpretiert werden können.[32] Während diese Teilsysteme in der Regel organisatorisch verankert sind, ist die Kooperation untereinander häufig nur durch informelle Strukturen geprägt. Die einzelnen Akteure vertreten dabei themenspezifisch unterschiedliche Anforderungen bzw. Interessen, die oftmals gleichwertig nebeneinander stehen. Im Gegensatz zu einem Unternehmen mit hierarchisch gegliederten Entscheidungsstrukturen ist eine Stadt somit durch eine heterogene und dezentrale Willensbildung gekennzeichnet.[33]

---

[31]   Vgl. Munkelt, I., Mehr Markt, weniger Stadt?, in: absatzwirtschaft, Heft 1, 1996, S. 29.

[32]   Vgl. hierzu Dematteis, G., Urban Identity, City Image and Urban Marketing, in: Braun, G. (Hrsg.), Managing and Marketing of Urban Development and Urban Life, Berlin 1994, S. 433.

[33]   Ein privatwirtschaftliches Unternehmen ist in der Regel durch klar definierte Ziele und Entscheidungsstrukturen charakterisiert. Zwar existieren auch im unternehmerischen

(Fortsetzung der Fußnote auf der nächsten Seite)

Dies führt dazu, dass ein allgemein anerkanntes Oberziel als Orientierungsanker für die Akteure des Stadtmarketing nicht existiert.[34] Während sich die Aktivitäten eines Unternehmens auf finanzorientierte Zielsetzungen zurückführen lassen, ist das Stadtmarketing durch zahlreiche ökonomische und außer-ökonomische Zielsetzungen in den einzelnen Themenfeldern gekennzeichnet. Ungeachtet des aus der Einbeziehung privatwirtschaftlicher Entscheidungsträger in den politischen Willensbildungsprozess resultierenden Spannungsfeldes führt diese parallele Existenz multipler Zielsetzungen zu potenziellen Zielkonflikten auf unterschiedlichen Ebenen. Die **Koordination** der beteiligten Akteure und der dahinter stehenden Interessen stellt somit als ein zentrales Aufgabenfeld des Stadtmarketing dar.[35]

Überträgt man die Vielzahl und Heterogenität der Interessenvertreter auf die Ebene des Austauschgegenstandes, so ist auch die „**Stadt als Produkt**" durch eine erhöhte Vielschichtigkeit gekennzeichnet. Anders als eine Ware aus dem Konsumgütermarketing ist eine Stadt kein Produkt mit klaren Konturen. Das städtische Angebot kann vielmehr als ein vielschichtiges Bündel komplementärer Einzelleistungen interpretiert werden, die von autonomen Einheiten dezentral erbracht werden.[36] Hinzu kommen die Menschen, die innerhalb einer Stadt leben bzw. arbeiten und das städtische Erscheinungsbild maßgeblich mitbestimmen.[37] Angesichts der oftmals parallelen Inanspruchnahme[38] sind die Produktkomponenten dabei durch erhebliche Verflechtungen gekennzeichnet. Da nicht einzelne Komponenten, sondern oftmals ein Angebotsbündel als Ganzes vermarktet

---

Marketing neben dem Top-Management weitere Interessenvertreter (Aktionäre, Mitarbeiter, gesellschaftliche Gruppe etc.). Diese stellen jedoch weniger Träger, sondern vielmehr Ziel- und Anspruchsgruppen des Marketing dar. Vgl. Schreyögg, G., Umfeld der Unternehmung, in: Wittmann, W., Köhler, R., Küpper, H., Wysocki, K. (Hrsg.), Handwörterbuch der Betriebswirtschaftslehre, 5. Aufl., Stuttgart 1993, Teilband 3, S. 4231-4247.

[34] Vgl. Rabe, H., Süß, W., Stadtmarketing zwischen Innovation und Krisendeutung, Berlin 1995, S. 15.

[35] Vgl. Pollotzek, J., Stadtmarketing – Notwendigkeiten, Möglichkeiten und Grenzen der kommunalen Marketingkonzeption, Nürnberg 1993, S. 19.

[36] Vgl. bezogen auf das Regionenmarketing Balderjahn, I., Marketing für Wirtschaftsstandorte, a. a. O., S. 121.

[37] Vgl. Meffert, H. Städtemarketing – Pflicht oder Kür?, a. a. O., S. 275.

[38] Ein Tourist etwa nimmt beim Besuch einer Stadt unterschiedliche Angebote in Anspruch, wie z. B. Unterkunft, Gastronomie, Sporteinrichtungen, Kinos, Museen.

wird, bildet neben der internen Koordination die **Steuerung**, d. h. die situations-
spezifische Vernetzung und zielgruppenorientierte Ausrichtung der innerhalb der
Stadt erbrachten Einzelleistungen einen weiteren Aufgabenschwerpunkt des
Stadtmarketing.

Zahlreiche empirische Untersuchungen der vergangenen Jahre verdeutlichen die
praktische Relevanz der aus der stadtspezifischen Komplexität resultierenden
Aufgabenfelder der Koordination und Steuerung. So befragte das DEUTSCHE
INSTITUT FÜR URBANISTIK (DIFU) im Herbst 1995 über 300 Städte nach den größten Problemfeldern bei der Durchführung von Stadtmarketingaktivitäten.[39] Aus
Abb. 4 geht hervor, dass das aus der Heterogenität der Trägerstruktur und der
damit einhergehenden pluralistischen Willensbildung resultierende **Koordinationsproblem** am dringlichsten beurteilt wird: Das unterschiedliche Verständnis
der beteiligten Akteure wird sowohl als häufigstes wie auch als wichtigstes aller
Problemfelder hervorgehoben. Ein nachlassendes Gruppenengagement sowie
die fehlende Zielorientierung machen in Bezug auf das **Steuerungsproblem**
deutlich, dass es an einem inhaltlichen Anker zur externen Ausrichtung der einzelnen Interessen mangelt. Wenngleich die Abgrenzung zwischen Koordination
und Steuerung nicht immer trennscharf ist, so lassen sich auch die nächstge-
nannten Kriterien wie z. B. Dominanz einzelner Personen, politische Auseinan-
dersetzungen und geringe Dialogfähigkeit als direkte Folge der stadtspezifischen
Komplexität auf der Führungsebene auffassen. Gestützt werden diese Aussagen
durch eine Untersuchung von WEBER, der im Jahr 2000 die Befragung des DIFU
in bayerischen Städten und Gemeinden repliziert hat. Zwar ist der generelle
Problemdruck der Städte leicht gesunken, doch die Rangfolge der Kriterien sowie der Stellenwert führungsbezogener Fragestellungen weisen eine hohe Übereinstimmung mit den DIFU-Ergebnissen auf.[40]

---

[39] Vgl. Grabow, B., Hollbach-Grömig, B., Stadtmarketing – Eine kritische Zwischenbilanz, a. a. O.

[40] Vgl. Weber, A., Stadtmarketing in bayerischen Städten und Gemeinden – Bestand und Ausprägungen eines kommunalen Instruments der neunziger Jahre, Arbeitsmaterialien zur Raumordnung und Raumplanung, hrsg. von J. Maier, Heft 192, Bayreuth 2000, S. 77 f. Die auftretenden Abweichungen zur Studie des DIFU sind nebem dem späteren Erhebungszeitraum im regionalen Fokus der Untersuchung von WEBER begründet.

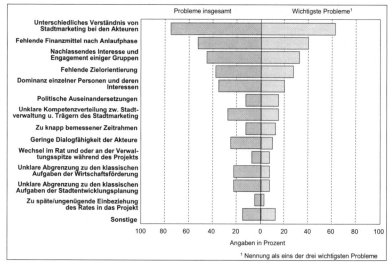

Abb. 4:   **Probleme bei der Durchführung von Stadtmarketingprojekten**[41]

Ähnliche Schlüsse lassen sich aus einer aktuellen Untersuchung von BORNE-
MEYER ziehen, wenngleich mit der Ermittlung von Erfolgsfaktoren des Stadtmarketing die Zielsetzung eine grundsätzlich andere war.[42] Im Rahmen einer qualitativen Voruntersuchung wurden die Vertreter von 280 Stadtmarketinginitiativen
nach der Erfolgseinschätzung ihrer Aktivitäten gefragt und anschließend aufge-
fordert, diese Einschätzung anhand von Argumenten für eine positive Beurteilung des Stadtmarketingerfolges zu begründen. An erster Stelle wird eine „gute
Zusammenarbeit bzw. Kooperation", gefolgt von „großer Akzeptanz des Stadt-
marketinggedankens", genannt. Diese Aussagen verdeutlichen, dass der Koordination auf der Führungsebene eine primere Bedeutung für die Beurteilung des
Stadtmarketingerfolges zukommt. Teilweise spiegelbildlich verhalten sich die für
eine negative Selbsteinschätzung herangezogenen Kriterien. So wird eine
schlechte Zusammenarbeit der Beteiligten in der Regel mit negativem Erfolg

---

[41]   Vgl. Grabow, B., Hollbach-Grömig, B., Stadtmarketing – Eine kritische Zwischenbilanz, a. a.
       O., S. 135.

[42]   Vgl. im Folgenden Bornemeyer, C., Erfolgskontrolle im Stadtmarketing, Lohmar, Köln 2002,
       S. 160.

verbunden. Der gewonnene Eindruck bestätigt sich auch in der anschließend durchgeführten, kausalanalytischen Ermittlung der Erfolgsfaktoren. Eine „inhaltliche Basis" als Grundlage der Koordination und Ausgangspunkt der Steuerung wird hier als eine zentrale Determinante des Stadtmarketingerfolges identifiziert. Sowohl hinsichtlich seines Einflusses auf den Erfolg als auch der diskriminatorischen Wirkung zwischen erfolgreichen und nicht-erfolgreichen Stadtmarketinginitiativen kann dieser Faktor als besonders bedeutsam interpretiert werden.[43]

An dieser Stelle bleibt festzuhalten, dass das Stadtmarketing im Vergleich zum kommerziellen Marketing durch komplexitätssteigernde Charakteristika gekennzeichnet ist, welche sich auf zwei Ebenen nieder schlagen. Interpretiert man die Stadt als Subjekt des Stadtmarketing („Stadt als Unternehmen"), so erwächst aus dem kommunalen Interessenpluralismus die Herausforderung der Koordination der beteiligten Akteure. Fasst man die Stadt als Objekt („Stadt als Produkt") des Stadtmarketing auf, wird die Notwendigkeit einer marktorientierten Steuerung der heterogenen Leistungskomponenten deutlich. Mit der Koordination und Steuerung sind somit zwei zentrale Herausforderungen an die Führung im Stadtmarketing angesprochen.[44]

Allerdings erscheint eine isolierte Betrachtung dieser beiden Problemfelder nicht zweckgemäß, da der Koordinations- und Steuerungsbedarf im Stadtmarketing augenscheinlich selben Ursprungs sind. Wird das Stadtmarketing in Anlehnung an das moderne Marketingverständnis als marktorientierte Führungskonzeption verstanden,[45] so lassen sich die Aufgabenfelder der Koordination und Steuerung im Rahmen dieser Arbeit unter dem Führungsaspekt subsumieren (vgl. Abb. 3). Vor diesem Hintergrund ist im folgenden Kapitel zu untersuchen, inwieweit dem stadtspezifischen Führungsbedarf in der bisherigen wissenschaftlichen Diskussion Rechnung getragen wurde. Dies erfordert zunächst eine definitorische Ab-

---

[43]   Vgl. Bornemeyer, C., Erfolgskontrolle im Stadtmarketing, a. a. O., S. 169 ff.

[44]   Vgl. bezogen auf das Regionenmarketing Meyer, J.-A., Regionalmarketing, München 1999, S. 40.

[45]   Das duale Marketingverständnis erlaubt eine zweifache Interpretation des Marketing als gleichberechtigte Unternehmensfunktion i. S. v. Absatz und als Leitkonzept der Unternehmensführung. Vgl. Meffert, H., Marketing – Grundlagen marktorientierter Unternehmensführung, a. a. O., S. 6 f.

grenzung der in der betriebswirtschaftlichen Forschung unter dem Führungsaspekt subsumierten Aufgabenbereiche der Koordination und Steuerung.

3. Bisherige Forschungserkenntnisse zur Koordination und Steuerung im Stadtmarketing

3.1 Koordination und Steuerung im Stadtmarketing als Untersuchungsgegenstand

Der Koordinationsbegriff wird in der Literatur sowohl hinsichtlich seiner Interpretation als auch seiner konkreten Ausgestaltung unter unterschiedlichen Gesichtspunkten betrachtet. Grundsätzlich kann unter **Koordination** die Abstimmung von Einzelaktivitäten in arbeitsteiligen Systemen verstanden werden.[46] Einen besonderen Stellenwert nimmt der Koordinationsaspekt in der Organisationstheorie ein, anhand derer sich auch die Notwendigkeit der Unternehmenskoordination begründen lässt.

Potenzieller Koordinationsbedarf in Unternehmensorganisationen erwächst aus den mit der Aufgabenspezialisierung einhergehenden negativen Effekten.[47] Spezialisierung bedeutet dabei die Zerlegung der Unternehmensgesamtaufgabe in einzelne Teilaufgaben mit dem Ziel der Effizienzsteigerung durch Komplexitätsreduktion.[48] Auch in einer Stadt sind vielfältige Akteure mit der Erfüllung spezifischer Aufgaben in unterschiedlichen Themenfeldern betraut. Wenngleich diese im Gegensatz zum Unternehmensbereich nicht ex-post aus einer existierenden Gesamtaufgabe abgeleitet werden, so kann bei einer themenübergreifenden Betrachtungsweise die Struktur der Trägerschaft vor dem Hintergrund der Komple-

---

[46] Vgl. allgemein zur Koordination etwa Heinen, E., Einführung in die Betriebswirtschaftslehre, Wiesbaden, 1986, S. 252, Frese, E., Grundlagen der Organisation: Konzept – Prinzipien – Strukturen, 6. Aufl., Wiesbaden 1995, S. 63-65.

[47] Vgl. Adam, D. et al., Koordination betrieblicher Entscheidungen, 2. Aufl., Berlin u. a. 1998, S. 10.

[48] Die Vorteile der Spezialisierung resultieren aus der effizienteren Durchführung von Prozessen, der erhöhten Flexibilität sowie der Überschaubarkeit von Teilaufgaben. Vgl. hierzu Bühner, R., Betriebswirtschaftliche Organisationslehre, 8. Aufl., München, Wien 1996, S. 8, Staehle, W., Management: Eine verhaltenswissenschaftliche Perspektive, 6. Aufl., München 1991, S. 521 f.

xität des städtischen Angebots als eine **spezifische Form der Aufgabenteilung** verstanden werden.

Aus einer solchen Arbeitsteilung resultieren zwangsläufig gegenseitige Abhängigkeiten in Form von **Interdependenzen**.[49] Diese beziehen sich aus organisationstheoretischer Perspektive auf die wechselseitige Abhängigkeit von Organisationseinheiten bei ihrer Aufgabenerfüllung. Aus entscheidungsorientierter Sicht liegen Interdependenzen somit dann vor, wenn die Entscheidung einer organisatorischen Einheit das Entscheidungsfeld einer anderen Einheit zielrelevant beeinflusst.[50] Auf eine Stadt bezogen hat z. B. der verkehrspolitisch initiierte Bau eines Flughafens ebenso Auswirkungen auf das Entscheidungsfeld stadtinterner Umweltschutzgruppen wie auf die im Einzugsbereich wohnende Bürgerschaft.

Generelles Ziel der Koordination ist die Reduktion solcher durch Aufgabenteilung entstandener Interdependenzen. Hierzu findet sich in der Literatur eine Vielzahl unterschiedlicher Koordinationsmaßnahmen. Wenngleich in der Betriebswirtschaftslehre bislang kein geschlossenes Theoriekonzept der Koordination existiert,[51] haben sich doch einige Systematiken zur Klassifikation der vielfältigen Koordinationsmaßnahmen herausgebildet. Beispielhaft sei hier der Ansatz von KIESER/KUBICEK genannt, in dem hinsichtlich ihrer organisatorischen Anbindung in strukturelle und nicht-strukturelle Maßnahmen unterschieden wird.[52] Während strukturelle Koordinationsmaßnahmen (z. B. Programme, Pläne, Weisungen) auf organisatorischen Regelungen beruhen, weisen nicht-strukturelle Koordinationsmaßnahmen (z. B. Kultur) keinen unmittelbareren Bezug zur Organisationsstruktur auf.

---

[49] Vgl. zum Interdependenzbegriff Lassmann, A., Organisatorische Koordination: Konzepte und Prinzipien zur Einordnung von Teilaufgaben, Wiesbaden 1992, S. 34-57 sowie die dort angegebene Literatur.

[50] Vgl. Adam, D., Planung und Entscheidung, Modelle – Ziele – Methoden, 4. Aufl., Wiesbaden 1997, S. 168 ff. Nach dem Kriterium unterschiedlicher Intensität können Interdependenzen des weiteren in gepoolte, sequenzielle und reziproke Interdependenzen unterschieden werden. Vgl. hierzu Thompson, J. D., Organizations in Action, New York u. a. 1967, S. 54 f.

[51] Vgl. Brockhoff, K., Hauschildt, J., Schnittstellen-Management - Koordination ohne Hierarchie, in: Zeitschrift Führung und Organisation, 62. Jg., Heft 10, 1993, S. 396-403.

[52] Vgl. Kieser, A., Kubicek, H., Organisation, 3. Aufl., Berlin, New York 1992 S. 95 ff.

Obgleich derartige Systematisierungen nicht immer überschneidungsfrei sind, so machen die mit ihnen erfassten Koordinationsmaßnahmen deutlich, dass der Aufgabenbereich der Koordination vornehmlich **innerhalb eines Systems** liegt. Dies geht konform mit den Grundannahmen der Koordination, die von autonomem Handeln und Entscheidungsfreiheit der Akteure ohne expliziten Fokus auf ein angestrebtes Ziel ausgeht.[53] Die zielorientierte Ausrichtung eines Systems ist hingegen Gegenstand der Steuerung.

Noch häufiger als der Koordinationsaspekt wird der Begriff der Steuerung in verschiedenen Forschungsdisziplinen verwendet. Die jeweiligen Begriffsauffassungen sind dabei stark vom wissenschaftlichen Standpunkt sowie dem Verwendungsinteresse der Autoren geprägt. Ganz allgemein kann unter **Steuerung** „das Bemühen um eine Verringerung der Differenz"[54] verstanden werden, die sich bspw. zwischen einem gegenwärtigen und einen angestrebten Systemzustand ergibt. Bezogen auf das Management bedeutet Steuerung die Realisation bzw. Durchsetzung der Planung zur Erreichung eines bestimmten Sollzustandes.[55] Steuerung im Stadtmarketing soll in Anlehnung daran als die integrierte Ausrichtung der Leistungskomponenten einer Stadt auf den relevanten Markt definiert werden.[56] Durch die Vielschichtigkeit des städtischen Angebots ist die Steuerung im Stadtmarketing zwar ebenfalls intern begründet, jedoch zeichnet sich durch die explizite Marktorientierung im Unterschied zur Koordination ebenfalls durch einen externen Fokus aus.

Koordination und Steuerung werden im unternehmerischen Management in der Regel als Aufgabenfelder der Unternehmensführung aufgefasst. Während systemtheoretische Ansätze die Koordinationsfunktion der Führung betonen, sieht

---

[53] Vgl. Popp, K.-J., Unternehmenssteuerung zwischen Akteur, System und Umwelt, Wiesbaden 1997, 12 f. sowie Adam, D. et al., Koordination betrieblicher Entscheidungen, a. a. O., S. 10.

[54] Luhmann, N., Die Wirtschaft der Gesellschaft, Frankfurt a. M. 1988, S. 328.

[55] Vgl. Hahn, D., Planung und Kontrolle, in: Wittmann, W. (Hrsg.), Enzyklopädie der Betriebswirtschaftslehre, Band I: Handwörterbuch der Betriebswirtschaft, Teilband 2, 5. Aufl., Stuttgart 1993, S. 3185-3200, Schweitzer, M., Planung und Steuerung, in: Bea, F. X., Dichtl, E., Schweitzer, M. (Hrsg.), Allgemeine Betriebswirtschaftslehre, Band 2: Führung, 7. Aufl., Stuttgart 1997, S. 26.

[56] Vgl. Stember, J., Stadt- und Regionalmarketing. Praxisprobleme, Vorbehalte und kritische Erfolgsfaktoren, in: Deutsche Verwaltungspraxis, Heft 4 2000, S. 137.

die Kybernetik in der Steuerung eine zentrale Aufgabe der Führung.[57] Dabei beschäftigt sich, wie in Kap. A.2 angedeutet, die Koordination mit dem Führungssubjekt, während das Führungsobjekt in den Aufgabenbereich der Steuerung
fällt. Neben dem Führungssubjekt und -objekt kann als dritte Komponente eines
Führungssystems das Führungsziel ausgemacht werden.[58] Die Fixierung eines
solchen Ziels fällt allerdings weder in den Aufgabenbereich der Koordination, die
ein Ziel grundsätzlich nicht erfordert, noch den der Steuerung, die eine solche
Zielsetzung ex definitione voraussetzt.[59] Von dieser Prämisse soll auch im Folgenden ausgegangen werden, so dass der Prozess der Zielbildung im Stadtmarketing nicht im Mittelpunkt der vorliegenden Untersuchung steht.

3.2   Bestandsaufnahme von Forschungsarbeiten zur Koordination und Steuerung im Stadtmarketing

Aufbauend auf einigen wenigen Arbeiten in den 80er Jahren hat die Anzahl wis-
senschaftlicher Veröffentlichungen zum Thema Stadtmarketing insbesondere im
deutschsprachigen Raum in den letzten Jahren rasant zugenommen. Wenngleich die Genese des Forschungsfeldes auf die Wirtschaftswissenschaften zurückzuführen ist, beschäftigen sich vor allem Geografen und Wirtschaftsgeogra-
fen sowie Politologen und Kommunikationswissenschaftler mit der Thematik.
Neben dem Stadtmarketing haben sich dabei mit dem Kommunal-, Standort-,
City- und Regionenmarketing verwandte Forschungszweige entwickelt, die sich
zwar anhand der jeweiligen Bezugsobjekte unterscheiden,[60] in ihren wissenschaftlichen Inhalten jedoch Parallelen zum Stadtmarketing aufweisen.[61]

---

[57]   Vgl. hierzu Grochla, E., Führung, Führungskonzeption und Planung, in: Szyperski, N.
       (Hrsg.), Enzyklopädie der Betriebswirtschaftslehre, Band 9: Handwörterbuch der Planung,
       Stuttgart 1989, S. 542-554.

[58]   Vgl. Vogler, G., Die Unternehmung als Steuerungssystem – Versuch einer Analyse, Stuttgart
       1969, S. 5 f.

[59]   Vgl. ebenda, S. 1. Noch weiter geht die Auffassung der Kybernetik, die davon ausgeht, dass
       Zielsetzung selbst überhaupt keine wissenschaftliche Tätigkeit ist. Vgl. hierzu Angermann,
       A., Kybernetik und betriebliche Führungslehre, in: BFuP, 11. Jg., Heft 5, 1959, S. 262.

[60]   Während sich das Regionenmarketing durch eine Ausweitung des Aufgabenumfeldes auf
       die regionale Ebene auszeichnet, konzentriert sich das primär auf den Einzelhandel
       bezogene Citymarketing auf die Vermarktung von Innenstadtbereichen. Unabhängig vom
       räumlichen Maßstabsbereich wird mit dem Standortmarketing dagegen grundsätzlich ein
       wirtschaftlicher Bezug verbunden. Unter Kommunalmarketing wird schließlich die

(Fortsetzung der Fußnote auf der nächsten Seite)

Trotz der deutlichen Zunahme der Beiträge seit Beginn der 90er Jahre muss das Stadtmarketing dennoch als relativ **junge Forschungsdisziplin** bezeichnet werden. Dementsprechend selten lassen sich Veröffentlichungen ausmachen, die sich mit spezifischen Einzelfragen auseinandersetzen. Insbesondere die frühen Arbeiten waren vielmehr durch einen ausgesprochen breiten Fokus gekennzeichnet.

Im Anfangsstadium dominierten Beiträge in Artikelform, deren Ziel darin bestand, den theoretischen und methodischen Rahmen des Forschungsgebietes zu konzeptionalisieren. Zentrale Inhalte dieser Arbeiten waren die Merkmale und Besonderheiten des Stadtmarketing sowie Vergleiche mit bis dato etablierten Konzepten des Stadtmanagements (z. B. Wirtschaftsförderung).[62] Ergänzt wurden die theoretischen Veröffentlichungen durch empirische Breitenuntersuchungen, welche die Analyse von Verständnis, Rahmenbedingungen und praktischer Umsetzung des Marketing in deutschen Städten zum Gegenstand hatten.[63] Aufbauend auf den konzeptionellen Grundlagenwerken erschienen in der Folgezeit einige wenige Monografien zum Stadtmarketing[64] bzw. themenverwandten Gebie-

---

marktorientierte Führung kommunaler Institutionen verstanden. Vgl. zu dieser Abgrenzung Spieß, S., Marketing für Regionen – Anwendungsmöglichkeiten im Standortwettbewerb, a. a. O., S. 11, Werthmöller, E., Räumliche Identität als Aufgabenfeld des Städte- und Regionenmarketing - ein Beitrag zur Fundierung des Placemarketing, a. a. O., S. 21 ff. sowie die dort angegebene Literatur.

[61] Aufgrund dieser Ähnlichkeiten soll auch im Rahmen der vorliegenden Arbeit auf die diesbezüglichen Forschungserkenntnisse zurückgegriffen werden.

[62] Vgl. exemplarisch Meffert, H., Städtemarketing – Pflicht oder Kür?, a. a. O., Honert, S., Stadtmarketing und Stadtmanagement, in: der städtetag, Heft 6, 1991, S. 394-401, Balderjahn, I., Marketing für Wirtschaftsstandorte, a. a. O.

[63] Vgl. etwa Schückhaus, U., Graf, H.-A., Dormeier, C., Stadt- und Regionalmarketing – Einsatzmöglichkeiten und Nutzen, a. a. O., Töpfer, A., Marketing in der kommunalen Praxis – Eine Bestandsaufnahme in 151 Städten, a. a. O., Grabow, B., Hollbach-Grömig, B., Stadtmarketing – Eine kritische Zwischenbilanz, a. a. O.

[64] Vgl. Ashworth, G. J., Voogd, H., Selling the City: Marketing approaches in Public Sector Urban Planning, London 1990, Pollotzek, J., Stadtmarketing – Notwendigkeiten, Möglichkeiten und Grenzen der kommunalen Marketingkonzeption, a. a. O., Helbrecht, I., „Stadtmarketing". Konturen einer kommunikativen Stadtentwicklungspolitik, Basel, Boston, Berlin 1994, Funke, U., Vom Stadtmarketing zur Stadtkonzeption, a. a. O., Konken, M., Stadtmarketing – Grundlagen für Städte und Gemeinden, Limburgerhof 2000.

ten[65] sowie zahlreiche Herausgeberbände in Form praxisbezogener Tagungsdo-
kumentationen[66].

Wenngleich die Mehrzahl der Arbeiten durch einen breiten Themenfokus mit
dem Ziel der Schaffung einer konzeptionellen Basis gekennzeichnet ist, lassen
sich in jüngerer Zeit einige themenspezifische Veröffentlichungen ausmachen.
LACKES etwa untersucht den Stellenwert des Internet für das Stadtmarketing und
liefert zielgruppenspezifische Gestaltungsempfehlungen einer internetgestützten
kommunalen Angebotspolitik.[67] BORNEMEYER setzt sich mit der Erfolgskontrolle
im Stadtmarketing auseinander und ermittelt auf empirischer Basis Einflussfaktoren und Maßgrößen des Stadtmarketingerfolges (vgl. hierzu auch S. 16).[68] Der
Stellenwert und die Ausgestaltung von Events im Rahmen des Stadtmarketing
bilden einen weiteren Schwerpunkt der aktuellen Forschung.[69] Neben diesen
wissenschaftlichen Publikationen mit einem inhaltlichen Schwerpunkt lassen sich
zahlreiche weitere Veröffentlichungen anführen, die ihren Fokus auf die Erarbeitung fallspezifischer Einzelkonzepte für ausgewählte Städte legen.[70]

---

[65] Vgl. Ashworth, G. J, Goodall, B., Marketing tourism places, London 1990, Manschwetus, U.,
      Regionalmarketing. Marketing als Instrument der Wirtschaftsentwicklung, a. a. O., Spieß, S.,
      Marketing für Regionen – Anwendungsmöglichkeiten im Standortwettbewerb, a. a. O.,
      Meyer, J.-A., Regionalmarketing, München 1999, Balderjahn, I., Standortmarketing, Stuttgart
      2000 und zum Marketing für touristische Destinationen

[66] Vgl. exemplarisch: Institut für Landes- und Stadtentwicklungsforschung des Landes
      Nordrhein-Westfalen (ILS) (Hrsg.), Stadtmarketing in der Diskussion, ILS-Schriften Nr. 56,
      Duisburg 1991, Töpfer, A. (Hrsg.), Stadtmarketing - Herausforderung und Chance für
      Kommunen, a. a. O. und Beyer, R., Kuron, I. (Hrsg.), Stadt- und Regionalmarketing – Irrweg
      oder Stein der Weisen?, a. a. O., Zerres, M., Zerres, I. (Hrsg.), Kooperatives Stadtmarketing,
      Stuttgart 2000.

[67] Vgl. Lackes, R., Stadtmarketing im Internet – Gestaltungsmöglichkeiten und empirischer
      Befund, in: Jahrbuch der Absatz- und Verbrauchsforschung, Heft 2, 1998, S. 163-189.

[68] Vgl. Bornemeyer, C., Erfolgskontrolle im Stadtmarketing, a. a. O., Bornemeyer, C., Temme,
      T., Decker, R., Erfolgsfaktorenforschung im Stadtmarketing unter besonderer
      Berücksichtigung multivariater Analysemethoden, in: Gaul, W., Schader, M. (Hrsg.),
      Mathematische Methoden der Wirtschaftswissenschaften, Heidelberg 1999, S. 207-221.

[69] Vgl. Danuser, H., St. Moritz: Events als Marketinginstrument für einen Ferienort, in: Nickel,
      O. (Hrsg.), Eventmarketing: Grundlagen und Erfolgsbeispiele. München 1998, S. 241-250,
      Säfken, A., Der Event in Regionen und Städtekooperationen - ein neuer Ansatz des
      Regionalmarketings?, Schriften zur Raumordnung und Landesplanung, Bd. 3, Augsburg
      1999, Stahmann, F., Event-Marketing, in: Zerres, M., Zerres, I. (Hrsg.), Kooperatives
      Stadtmarketing, a. a. O., S. 115-129.

[70] Exemplarisch seien genannt Wolkenstörfer, T., Kommunales Marketing als Ansatz für eine
      zukunftsorientierte Stadtentwicklungspolitik – das Beispiel Altdorf bei Nürnberg, a. a. O.,

(Fortsetzung der Fußnote auf der nächsten Seite)

Dieser knappe Forschungsüberblick macht deutlich, dass zwar relativ viele Grundsatzarbeiten und einige themenspezifische Vertiefungen zum Stadtmarketing existieren, dem empirisch evidenten **Koordinations- und Steuerungsbedarf** in der Wissenschaft jedoch keine explizite Beachtung geschenkt wird. Während einige Autoren von dieser Problematik gänzlich abstrahieren, wird der Führungsbedarf in der Mehrzahl der Veröffentlichungen zumindest beiläufig thematisiert. Dabei kann analog zur Dreiteilung der Wissenschaftstheorie in den Entdeckungs-, Begründungs- und Verwertungszusammenhang[71] hinsichtlich problemidentifizierender, problemanalysierender und problemlösender Ansätze unterschieden werden (vgl. Tab. 1).

Bereits in den frühen Arbeiten wird der Koordinations- und Steuerungsbedarf als spezifische Führungsherausforderung des Stadtmarketing **problematisiert**. Stärker auf den Koordinationsaspekt bezogene Beiträge beziehen sich dabei auf die hinter den unterschiedlichen Akteuren stehenden Interessen.[72] Die Koordination dieser Interessen wird als Voraussetzung eines erfolgreichen Stadtmarketing ausgemacht.[73] BERTRAM folgert hierzu: „Das zentrale Problem besteht somit darin, die unterschiedlichen Interessen und Anforderungen der Zielgruppen auf einen gemeinsamen Nenner zu bringen".[74] Analog zur Koordination wird auch der stadtspezifische Steuerungsbedarf häufig umschrieben. MEFFERT bspw. spricht von der Notwendigkeit einer Kanalisierung der heterogenen Zielsetzungen[75], BALDERJAHN von der „Anpassung und Vernetzung aller (...) erbrachten Leistun-

---

Fußhöller, M., Leitfaden zum Stadtmarketing, in: Pfaff-Schley, H. (Hrsg.), Stadtmarketing und kommunales Audit. Chance für eine ganzheitliche Stadtentwicklung, Berlin et al. 1997, S. 25-35, Otte, G., Das Image der Stadt Mannheim aus Sicht ihrer Bewohner – Ergebnisbericht zu einer Bürgerbefragung für das Stadtmarketing in Mannheim, Mannheim 2001.

[71] Vgl. hierzu exemplarisch Friedrichs, J., Methoden empirischer Sozialforschung, Reinbek 1977, S. 50 ff., Kromrey, H., Empirische Sozialforschung. Modelle und Methoden der standardisierten Datenerhebung und Datenauswertung, 9. Aufl., Opladen 2000, S. 77 ff..

[72] Vgl. Meffert, H., Städtemarketing – Pflicht oder Kür?, a. a. O., S. 274 f., Fehrlage, A. O., Winterling, K., Kann eine Stadt wie ein Unternehmen vermarktet werden?, a. a. O., S. 254.

[73] Vgl. Fehrlage, A. O., Winterling, K., Kann eine Stadt wie ein Unternehmen vermarktet werden?, a. a. O., S. 254.

[74] Bertram, M., Marketing für Städte und Regionen – Modeerscheinung oder Schlüssel zur dauerhaften Entwicklung?, in: Beyer, R., Kuron, I. (Hrsg.), Stadt- und Regionalmarketing – Irrweg oder Stein der Weisen?, a. a. O., S. 36.

[75] Vgl. Meffert, H., Städtemarketing – Pflicht oder Kür?, a. a. O., S. 274 f.

gen auf die Bedürfnisse und Erwartungen der relevanten Zielgruppen"[76] und
STEMBER von einem zielgerichteten Handeln anhand von Leitbildern und allgemeinen Orientierungsrichtlinien.[77] Als Ursache des spezifischen Steuerungsbedarfs im Stadtmarketing wird neben der heterogenen Akteursstruktur die Komplexität des Systems Stadt identifiziert.

Forschungs-interesse	Autor (Jahr)	Art	Zentrale Inhalte
Problem-identifikation	MEFFERT (1989), FEHRLAGE/ WINTERLING (1991), BERTRAM (1995), BALDERJAHN (1996), STEMBER (1999) u. a.	konzepti-onell	Skizzierung der Komplexität als Ursache des stadtspezifischen Koordinations- und Steuerungs-bedarfs
Problem-analyse	SPIEß (1998), LACKES (1998), MEYER (1999) u. a.	konzepti-onell	Analyse der Trägerschaft und Aufgabenfelder des Stadtmarke-ting
	GRABOW/HOLLBACH-GRÖMIG (1998), WEBER (2000), BOR-NEMEYER (2002) u. a.	empirisch	Analyse der Akteure, Ziele und Themenfelder des Stadtmarke-ting
Problem-lösung	HAAG (1991), BEYER (1995), BONA (1997), u.a.	konzepti-onell	Organisationsformen des Stadt-marketing als Beitrag zur Koor-dination
	WALCHSHÖFER (1993)	konzepti-onell	Motivation als Integrationskon-strukt
	Müller (1997)	konzepti-onell	Zielgruppenanforderungen als Referenzpunkt
	WERTHMÖLLER (1995), BAIER (2000)	konzepti-onell/em-pirisch	Identifikation als Voraussetzung der Koordination
	ANTONOFF (1989), LALLI/ PLÖGER (1991), FRIESE/WEIL (1996) u. a.	konzepti-onell/em-pirisch	Identität als Gestaltungskompo-nente i. S. v. Leistungsvernet-zung

Tab. 1:   **Forschungsarbeiten zur Koordination und Steuerung im
           Stadtmarketing**

Da die Wissenschaft den Koordinations- und Steuerungsbedarf im Stadtmarketing augenscheinlich erschlossen hat, ist es umso verwunderlicher, dass eine
Analyse dieses Führungsproblems bislang nur sporadisch stattfindet. Auf theo-

---

[76]   Balderjahn, I., Marketing für Wirtschaftsstandorte, a. a. O., S. 121.

[77]   Vgl. Stember, J., Stadt- und Regionalmarketing. Praxisprobleme, Vorbehalte und kritische
       Erfolgsfaktoren, a. a. O., S. 137.

retischer Ebene setzt sich SPIEß, allerdings bezogen auf das Regionenmarketing, mit der Zusammensetzung der Trägerschaft auseinander und bezieht sich dabei auf die in einer Region ansässigen Kommunen und Landkreise.[78] LACKES fokussiert auf das Steuerungsproblem und untersucht ebenfalls konzeptionell die unterschiedlichen Aufgabenfelder einer Stadt.[79] Die Betrachtung dieser theoretischen Arbeiten macht deutlich, dass die Ergebnisse stark vom spezifischen Verwendungsinteresse des jeweiligen Autors abhängen. Objektivere Aussagen lassen sich deshalb aus den bereits erwähnten empirischen Untersuchungen gewinnen. Sowohl GRABOW/HOLLBACH-GRÖMIG als auch WEBER und BORNEMEYER analysieren in ihren Untersuchungen die potenziellen Träger des Stadtmarketing wie auch die relevanten Themenfelder einer Stadt. Sie kommen dabei zu jeweils vergleichbaren Ergebnissen, so dass die diesbezüglichen Aussagen als recht valide angesehen und als Grundlage für eine detaillierte Analyse herangezogen werden können.

Konkret auf den Führungsbedarf des Stadtmarketing bezogene **Lösungsansätze** sind in der Literatur bislang ausgesprochen vage formuliert. Eine intensivere wissenschaftliche Auseinandersetzung lässt sich einzig in Bezug auf die organisatorische Ausgestaltung des Stadtmarketing als Lösungsansatz für das Koordinationsproblem ausmachen. Unter dem Motto „Die Organisation bestimmt den Erfolg" weisen FEHRLAGE/WINTERLING auf die frühzeitige Konstituierung eines Projektteams hin.[80] HAAG untersucht am Beispiel der Stadt Ludwigsburg die Vor- und Nachteile einer Stadtmarketing-GmbH als spezifische Organisationsform.[81] BEYER vergleicht mit der Stadtverwaltung, dem eingetragenen Verein, der GmbH und dem Arbeitskreis die in der Praxis am häufigsten anzutreffenden Organisationsstrukturen auf ihre Anwendungsmöglichkeiten und Grenzen für das Stadt-

---

[78] Vgl. Spieß, S., Marketing für Regionen – Anwendungsmöglichkeiten im Standortwettbewerb, a. a. O., S. 36 ff.

[79] Lackes, R., Stadtmarketing im Internet – Gestaltungsmöglichkeiten und empirischer Befund, a. a. O., S. 168 ff.

[80] Vgl. Fehrlage, A. O., Winterling, K., Kann eine Stadt wie ein Unternehmen vermarktet werden?, a. a. O., S. 257.

[81] Vgl. Haag, T., Stadtmarketing-GmbH als effiziente Organisationsform, in: Töpfer, A. (Hrsg.), Stadtmarketing – Herausforderung und Chance für Kommunen, a. a. O., S. 359-379.

marketing.[82] Einen Vergleich dieser institutionellen Verfestigungen mit eher informellen Kooperationsformen unternimmt SPIEß.[83]

Die Auseinandersetzung mit der Institutionalisierung des Stadtmarketing lässt die zentrale Frage offen, auf welche Weise die Entscheidungsträger zur Zusammenarbeit bewegt werden können. In diesem Zusammenhang gewinnt die Frage nach einem **inhaltlichen Referenzpunkt**[84] für das Stadtmarketing an Bedeutung. Diesem Problem widmet sich WALCHSHÖFER, der die Motivation als zentrales Integrationskonstrukt für die beteiligten Akteure herausstellt.[85] Dabei bleibt jedoch offen, aus welchen Inhaltskomponenten die Antriebswirkung der Motivation resultiert.[86] Unter Bezugnahme auf das unternehmerische Marketing ziehen andere Autoren die Soll-Anforderungen externer Zielgruppen als Referenzpunkt für das Stadtmarketing heran.[87] Wenngleich diese Idee mit den Grundprinzipien des Marketing konform ist, sind dem im Stadtmarketing jedoch Grenzen gesetzt, da ein Großteil des städtischen Angebots nahezu unveränderlich ist. Komponenten wie Landschaft, Wetter, Tradition und Kultur lassen sich nur schwer bzw. gar nicht an die Zielgruppenbedürfnisse anpassen. Wiederum andere Verfasser rücken das Identitätskonstrukt in den Erkenntniszusammenhang des Stadtmarketing, wobei die auf unterschiedlichen Forschungszweigen aufbauenden und bislang isoliert voneinander diskutierten Bedeutungskomplexe der Koordination und Steuerung im Folgenden skizziert werden sollen.

---

[82]   Vgl. Beyer, R., Die Institutionalisierung von Stadtmarketing. Praxisvarianten, Erfahrungen, Fallbeispiele, DSSW-Schriften, Band 15, Bonn 1995.

[83]   Vgl. Spieß, S., Marketing für Regionen – Anwendungsmöglichkeiten im Standortwettbewerb, a. a. O., S. 47 ff.

[84]   Die Bedeutung eines inhaltlichen Referenzpunktes für die Organisation des Menschen wird im anglo-amerikanischen Raum in der Kognitionspsychologie diskutiert: „...some relative stable reference point, frame of reference, or standard is required as a basis for establishing cognitive organization." Vgl. Wapner, S. Transactions of Persons-in-Environments: Some Critical Transitions, in: Journal of Environmental Psychology, Heft 1, 1981, S. 232.

[85]   Vgl. Walchshöfer, J., Der Weg durch die Instanzen, in: Töpfer, A. (Hrsg.), Stadtmarketing – Herausforderung und Chance für Kommunen, a. a. O., S. 345-358.

[86]   Zu den Antriebskräften der Motivation vgl. Kroeber-Riel, W., Weinberg, P., Konsumentenverhalten, 8. Aufl., München 2003, S. 141 ff.

[87]   Vgl. etwa Müller, W.-H., Der Fremdenverkehr im kommunalen Marketing, in: der städtetag, Heft 3, 1990, S. 229 f.

3.3 Identität einer Stadt im Erkenntniszusammenhang des Führungs-bedarfs im Stadtmarketing

Grundsätzlich gilt das Thema **Identität** als eines der meist diskutierten For-schungsfelder der Sozialwissenschaften.[88] Die Vielzahl der Veröffentlichungen in den unterschiedlichen Teildisziplinen macht eine systematische Aufarbeitung der sozialwissenschaftlichen Identitätsdiskussion nahezu unmöglich.[89] Vielmehr wird der Identitätsbegriff in den einzelnen Disziplinen für jeweils unterschiedliche Sachverhalte verwandt: In der Soziologie etwa werden mit Identität typische Muster sozialer Rollen eines Individuums beschrieben.[90] Eher prozessual ver-wenden Psychoanalytiker den Identitätsbegriff im Sinne eines Vergleichs zwi-schen Selbstbeobachtung und Fremdbeobachtung.[91] Die Psychologie kenn-zeichnet mit Identität das Selbstkonzept von Personen[92] und in der Psychiatrie wird Identität als Indiz für die Intaktheit und Funktionsfähigkeit der Gehirnleistun-gen verstanden.[93] Daneben existieren mit der betriebswirtschaftlichen und der geografischen Identitätsforschung zwei Forschungszweige mit besonderer Rele-vanz für das Stadtmarketing.

In der **Betriebswirtschaftslehre** hat der Identitätsbegriff im Rahmen der **Corpo-rate Identity-Forschung** in den vergangenen Jahren einen besonderen Stel-

---

[88] Für einen Überblick vgl. Frey, H.-P., Haußer, K., Entwicklungslinien sozialwissenschaftlicher Identitätsforschung, in: Frey, H.-P., Haußer, K., (Hrsg.), Identität. Entwicklungslinien psychologischer und soziologischer Forschung. Der Mensch als soziales und personales Wesen, Band 7, Stuttgart 1987, S. 3-26.

[89] Eine aktuelle Internet-Recherche in internationalen Bibliotheksdatenbanken nach Veröffentlichungen mit dem Begriff „Identität" bzw. „Identity" im Titel fördert unterschiedliche Ergebnisse zu Tage: Die Deutsche Bibliothek in Frankfurt weist eine Trefferquote von 2.894 Publikationen auf, in der Datenbank Libris (Schweden) sind 3.177 Titel verzeichnet, die Suche in der Library of Congress (USA) ergab 5.543 Treffer und GB COPAC (Großbritannien) verzeichnet sogar 13.835 Publikationen. (Zugriff am 8.06.2003).

[90] STRAUSS beispielsweise verwendet den Identitätsbegriff synonym mit dem der Rolle. Vgl. Strauss, A., Mirrors and Masks, Glencoe 1959.

[91] Vgl. Greenacre, Ph., Early Physical Determinants in the Development of the Sense of Identity, in: Journal of the American Psychoanalytic Association, Heft 6, 1958, S. 612-627.

[92] Vgl. Hogg, M. K., Cox, A. J., Keeling, K., The impact of self-monitoring on image congruence and product/brand evaluations, in: European Journal of Marketing, Heft 5/6, 2000, S. 641-666.

[93] Vgl. Conzen, P., E. H. Erikson und die Psychoanalyse. Systematische Gesamtdarstellung seiner theoretischen und klinischen Positionen, Heidelberg 1989.

lenwert erlangt. Als Instrument der Unternehmenskommunikation kennzeichnet Corporate Identity die einheitliche Ausrichtung sämtlicher Kommunikationsziele, -strategien und -aktionen mit dem Ziel der Verbesserung des Unternehmensimages.[94] Während die Unternehmenskultur als manifestierte Unternehmenspersönlichkeit den dynamischen Kern der Unternehmensidentität kennzeichnet, stellen Corporate Design, Corporate Behavior und Corporate Communication die zentralen Gestaltungsparameter der Corporate Identity dar.[95] Daraus wird deutlich, dass die Schaffung und Gestaltung einer Corporate Identity vornehmlich auf die Außenwirkung der Unternehmensdarstellung abzielt.

Während sich die auf Unternehmen bezogene Identitätsdiskussion seit einiger Zeit als eigenständiger Forschungszweig etabliert hat,[96] ist die darauf aufbauende stadtbezogene Thematisierung des Identitätsaspekts durch überwiegend praxisorientierte Veröffentlichungen gekennzeichnet. In Anlehnung an das in der Unternehmensforschung etablierte Konzept der Corporate Identity setzen sich einige Autoren mit der Gestaltung einer „City Identity" auseinander. In konzeptioneller Weise leitet ANTONOFF mit dem Leitbild auf übergeordneter Ebene sowie der Kultur, Kommunikation und dem Design zentrale Ansatzpunkte zur Planung der Stadtidentität ab.[97] FRIESE/WEIL interpretieren die Gestaltung der Stadtidentität als entscheidungsorientierten Managementprozess und liefern u. a. exemplarische Gestaltungsoptionen im Rahmen des Designs.[98] LALLI/PLÖGER untersuchen im Rahmen einer bundesweiten Studie den Status Quo von CI-Projekten in der kommunalen Praxis.[99] Sowohl die empirischen Ergebnisse als

---

[94] Vgl. Meffert, H., Marketing – Grundlagen marktorientierter Unternehmensführung, Konzepte – Instrumente – Praxisbeispiele, a. a. O., S. 706.

[95] Vgl. Birkigt, K., Stadler, M. M., Corporate Identity – Grundlagen, in: Birkigt, K., Stadler, M. M., Funck, H. J. (Hrsg.), Corporate Identity. Grundlagen, Funktionen, Fallbeispiele, 9. Aufl., Landsberg/Lech 1998, S. 19.

[96] Vgl. hierzu exemplarisch Balmer, J. M. T., Corporate Identity and the Advent of Corporate Marketing, in: Journal of Marketing Management, Vol. 14, 1998, S. 963-996, Birkigt, K., Stadler, M. M., Funck, H. J. (Hrsg.), Corporate Identity. Grundlagen, Funktionen, Fallbeispiele, a. a. O., Olins, W., The new Guide to Identity, Brookfield 1999.

[97] Vgl. Antonoff, R., Corporate Identity für Städte, in: Arbeitsgemeinschaft Stadtvisionen (Hrsg.), Dokumentation des Symposiums „Stadtvisionen" vom 2./3. März 1989 in Münster, Münster 1989, S. 1-7.

[98] Vgl. Friese, M., Weil, V., Corporate Identity für Städte, in: pr magazin, Heft 3, 1996, S. 43-52.

[99] Vgl. Lalli, M., Plöger, W., Corporate Identity für Städte. Ergebnisse einer bundesweiten Gesamterhebung, in: Marketing ZFP, Heft 4, 1991, S. 237-248.

auch die Terminologie der Verfasser deuten jedoch auf eine fehlende Ganzheit-
lichkeit der Identitätsinterpretation in inhaltlicher und zeitlicher Hinsicht hin.[100] Mit
Bezug auf das **Steuerungsproblem** leiten sie allerdings die Funktion einer City
Identity für die Vernetzung des Leistungsangebots und die nach außen gerichte-
te Positionierung einer Stadt ab.[101] Auch LALLI/KARRTE diskutieren die Identität im
Zusammenhang mit dem Steuerungsbedarf im Stadtmarketing und heben die
Integrationsfunktion im Rahmen der außengerichteten Kommunikation hervor.[102]

Neben der betriebswirtschaftlichen existiert mit der **geografischen Identitätsforschung** ein zweiter für das Erkenntnisinteresse des Stadtmarketing relevanter Forschungszweig der Identität. Mit dem Fokus auf die regionale Ebene wird
hier unter dem Begriff des **Regionalbewusstseins** die Bedeutung räumlicher
Bezugsebenen für identitätsbildende Prozesse diskutiert.[103] Gegenüber der betriebswirtschaftlichen Diskussion des Identitätsaspekts stellen die geografisch
orientierten Arbeiten vornehmlich auf die Entwicklung eines raumbezogenen
Verbundenheitsgefühls der Akteure ab.

Anknüpfend an der geografischen Identitätsforschung hat WERTHMÖLLER die bislang umfassendste marketingwissenschaftliche Arbeit zur räumlichen Identität
vorgelegt.[104] Mit der Differenzierung des sozialwissenschaftlichen Identitätskonstrukts in die Individual- und Gruppenidentität legt er die konzeptionelle Basis für
die Übertragung des Identitätsaspekts auf Städte bzw. Regionen.[105] Ausgangs-

---

[100] Unter inhaltlichen Gesichtspunkten wurde eine starke Überbetonung von Designaspekten
festgestellt. In zeitlicher Hinsicht deutet der von den Verfassern verwendete Terminus
„Projekt" auf einen zeitlich beschränkten Einsatz der Maßnahmen hin. Diese Interpretation
wird gestützt durch die Aussage, dass einige CI-Projekte bereits *abgeschlossen* wurden.
Vgl. ebenda, S. 245 f.

[101] Vgl. ebenda, S. 238.

[102] Vgl. Lalli, M., Karrte, U., CI als integriertes Kommunikationskonzept für das
Identitätsmanagement von Städten, in: pr-magazin, Heft 6, 1992, S. 39-46.

[103] Vgl. exemplarisch Blotevogel, H. H., Heinritz, G., Popp, H., Regionalbewußtsein – Überlegungen zu einer geografischen-landeskundlichen Forschungsinitiative, in: Informationen
zur Raumordnung, Heft 7/8, 1987, S. 409-418.

[104] Vgl. Werthmöller, E., Räumliche Identität als Aufgabenfeld des Städte- und Regionenmarketing - ein Beitrag zur Fundierung des Placemarketing, a. a. O.

[105] Eine Stadt kann demnach als soziale Gruppe interpretiert werden, deren zentrale
Identitätsmerkmale im Zeitablauf konstant bleiben. Vgl. hierzu auch de Levita, D. J., Der
Begriff der Identität, dt. Ausgabe, Frankfurt a. M. 1971, S. 9.

punkt seiner Untersuchung sind die unterschiedlichen Interessen und daraus resultierenden Zielkonflikte der Akteure einer Stadt. Wenngleich eine detaillierte Diskussion des Identitätsbegriffs die Grundlage seiner Arbeit bildet, bezieht er sich im Rahmen seiner Untersuchung vornehmlich auf die Bedeutung der Identifikation im Sinne von Verbundenheit, woraus er auf **Koordinationsfunktion** der Identität schließt: „Eine Harmonisierung divergierender Zukunftsentwürfe erscheint insbesondere dann Erfolg versprechend zu sein, wenn sich die involvierten gesellschaftlichen Gruppen mit dem Referenzraum identifizieren"[106]. Die für die marktorientierte Steuerung notwendige inhaltliche Interpretation des Identitätsbegriffs wird vom Verfasser nicht weiter verfolgt. Dementsprechend folgert er zum Ende seiner Arbeit, dass es an einer Berücksichtigung des mehrdimensionalen Charakters der räumlichen Identität in seiner Untersuchung mangelt.[107] Zudem merkt er an, dass ein Implementierungskonzept für die Ausgestaltung einer identitätsorientierten Führung im Stadtmarketing bislang nicht existiert.[108]

Ein solches identitätsbasiertes Führungskonzept wurde von der Marketingwissenschaft Mitte der 90er Jahre im Rahmen der **identitätsorientierten Markenführung** entwickelt.[109] Im Zentrum dieses Ansatzes steht das sozialwissenschaftliche Identitätskonstrukt als inhaltlicher Referenzpunkt der Markenführung. Die Vertreter dieses Konzepts führen den Erfolg einer Marke auf die Stärke der zugrunde liegenden Markenidentität zurück. Zentrale Determinante einer starken Markenidentität ist demnach das Ausmaß der Übereinstimmung von Selbst- und Fremdbild einer Marke. Aufgrund der simultanen Berücksichtigung der Innen- (Inside-Out)- und Außenperspektive (Outside-In) sowie seines integrativen Charakters erscheint dieser Ansatz für das stadtspezifische Koordinations- und Steuerungsproblem grundsätzlich interessant, wobei ein Transfer auf das Stadtmarketing allerdings bislang nicht erfolgt ist.

---

[106] Werthmöller, E., Räumliche Identität als Aufgabenfeld des Städte- und Regionenmarketing - ein Beitrag zur Fundierung des Placemarketing, a. a. O., S. 7.

[107] Vgl. ebenda, S. 204.

[108] Vgl. ebenda, S. 206.

[109] Vgl. im Folgenden Meffert, H., Burmann, Ch., Identitätsorientierte Markenführung - Grundlagen für das Management von Markenportfolios, Arbeitspapier Nr. 100 der Wissenschaftlichen Gesellschaft für Marketing und Unternehmensführung e. V., hrsg. von Meffert, H., Wagner, H., Backhaus, K., Münster 1996, Kapferer, J. N., Die Marke - Kapital des Unternehmens, Landsberg/Lech 1992.

In einer **zusammenfassenden Betrachtung des bisherigen Forschungsstandes** kann festgehalten werden, dass es in der Literatur an einer umfassenden und systematischen Auseinandersetzung mit dem Koordinations- und Steuerungsbedarf im Stadtmarketing bislang mangelt. Zwar wird der Führungsbedarf häufig beiläufig thematisiert, einen allgemein anerkannten Lösungsansatz im Sinne eines integrierten Koordinations- und Steuerungskonzeptes sucht man allerdings bislang vergeblich. Mit dem sozialwissenschaftlichen Identitätskonstrukt, der darauf aufbauenden betriebswirtschaftlichen und geografischen Identitätsforschung sowie dem identitätsorientierten Ansatz der Markenführung erscheint die wissenschaftliche Basis für einen derartigen Lösungsansatz jedoch vorhanden.

4. Zielsetzung und Gang der Untersuchung

Vor dem aufgezeigten Problemhintergrund besteht die **generelle Zielsetzung** der vorliegenden Forschungsarbeit darin, den Koordinations- und Steuerungsbedarf im Stadtmarketing systematisch zu analysieren und auf dieser Basis entsprechende Lösungsansätze für die Stadtmarketing-Führung abzuleiten. Mit dieser Zielsetzung wird zugleich der Anspruch verfolgt, sowohl der **Erklärungs-** als auch der **Gestaltungsaufgabe** einer entscheidungsorientierten Betriebswirtschaftslehre als angewandte Sozialwissenschaft Rechnung zu tragen.[110] Aufbauend auf dem skizzierten Forschungsstand sollen im Rahmen eines interdisziplinären Vorgehens[111] die existierenden Transferpotenziale zwischen Stadtmarketing, Identitätsforschung und Markenführung genutzt und ein auf dem Identitätskonstrukt basierender Führungsansatz für das Stadtmarketing herausgearbeitet werden.

---

[110] Zentrales Merkmal der Gestaltungsfunktion der entscheidungsorientierten Betriebswirtschaftslehre ist die Entwicklung von Lösungsansätzen zur Verbesserung betriebswirtschaftlicher Entscheidungen. Dieser Gestaltungsaufgabe vorgelagert ist die Erklärungsfunktion der Betriebswirtschaftslehre, die ihren Ausdruck in der deskriptiven Analyse der in einem Entscheidungsfeld enthaltenen Tatbestände und Zusammenhänge findet. Vgl hierzu Heinen, E., Grundfragen der entscheidungsorientierten Betriebswirtschaftslehre, München 1976, S. 368 ff.

[111] Um ihrem grundsätzlichen Anliegen gerecht zu werden, erfordert die betriebswirtschaftliche Entscheidungslehre Erkenntnisse sozialwissenschaftlicher Nachbardisziplinen und manifestiert somit die Notwendigkeit einer interdisziplinären Zusammenarbeit der unterschiedlichen Forschungsrichtungen. Vgl. hierzu Heinen, E., Zum Wissenschaftsprogramm der entscheidungsorientierten Betriebswirtschaftslehre in: ZfB, Nr. 4, 1969, S. 209.

Um dem grundsätzlichen Anliegen der Arbeit gerecht zu werden, wird eine Untergliederung der Hauptzielsetzung in ein theoretisch-konzeptionelles und ein praxisorientiertes Ziel vorgenommen, womit zugleich der **Gang der Untersuchung** vorgezeichnet ist (vgl. Abb. 5):

Das **theoretisch-konzeptionelle Ziel** der Arbeit besteht in der Erarbeitung eines den Spezifika des Stadtmarketing Rechnung tragenden Führungskonzeptes. Voraussetzung hierfür ist eine systematische Analyse des stadtbezogenen Koordinations- und Steuerungsbedarfs in **Kap. B.1** der Arbeit. Zu diesem Zweck soll zunächst untersucht werden, inwieweit auf der Markt- bzw. Wettbewerbsebene des Stadtmarketing Charakteristika mit spezifischer Relevanz für die Stadtmarketing-Führung existieren. Anschließend werden auf der Transaktionsebene die Anbieter- und Nachfragerseite sowie der Austauschgegenstand des Stadtmarketing im Hinblick auf führungsrelevante Spezifika untersucht. Angesichts der besonderen Bedeutung der Anbieterebene als Ausgangspunkt des stadtspezifischen Führungsbedarfs ist in diesem Zusammenhang die Frage zu klären, welche Personen und Institutionen als Träger des Stadtmarketing agieren und welche Konfliktpotenziale aus deren Zusammenarbeit resultieren. Aufbauend auf den in diesem Kapitel erarbeiteten Besonderheiten sollen abschließend inhaltliche und konzeptionelle Anforderungen an ein den Spezifika von Städten gerecht werdendes Führungskonzept für das Stadtmarketing abgeleitet werden.

In einem nächsten Untersuchungsschritt soll in **Kap. B.2** der Beitrag des Identitätskonstrukts zur Lösung des stadtspezifischen Koordinations- und Steuerungsproblems untersucht werden. Angesichts der geringen Anzahl betriebswirtschaftlicher Arbeiten zum Zusammenhang der Themenkomplexe Stadtmarketing und Identität wird hierbei auf die Erkenntnisse sozialwissenschaftlicher Nachbardisziplinen, insb. der geografisch geprägten raumbezogenen Identitätsforschung, zurückgegriffen. Zunächst ist zu untersuchen, inwieweit eine Stadt als Mikromaßstab räumlicher Bezugsebenen als Referenzobjekt identitätsbildender Prozesse geeignet ist. Vor dem Hintergrund einer sehr differenziert geführten interdisziplinären Identitätsdiskussion ist im Anschluss daran eine inhaltliche Präzisierung des Begriffs der Stadtidentität mit Bezug zur aufgezeigten Problemstellung vorzunehmen. Die Operationalisierung des stadtbezogenen Identitätsbegriffs bildet die Grundlage für die Analyse der Nutzenpotenziale des Identitätskonstrukts für die Führungsproblematik im Stadtmarketing. Bezugnehmend auf die zuvor abgeleiteten inhaltlichen Anforderungen soll hier die Eignung der Stadtidentität als inhaltlicher Referenzpunkt für die Stadtmarketing-Führung anhand ihrer koordinations- und steuerungsbezogenen Funktionen aufgezeigt werden.

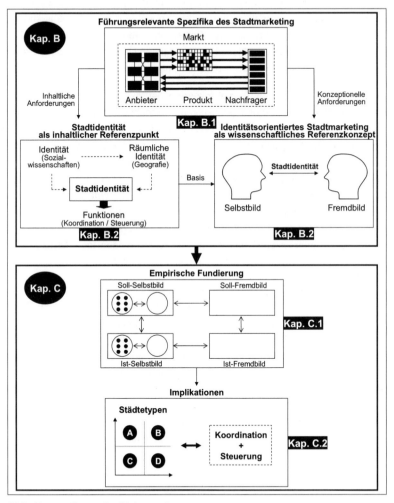

Abb. 5: Gang der Untersuchung

Der Zielsetzung der Generierung eines Referenzkonzeptes folgend werden in **Kap. B.3** die zuvor isoliert betrachteten Disziplinen Stadtmarketing und Identitätsforschung im Rahmen eines identitätsorientierten Stadtmarketing zusam-

mengeführt. Unter Zugrundelegung der formulierten konzeptionellen Anforderungen werden hier die Eignung und Übertragbarkeit des in der Markenforschung entwickelten identitätsorientierten Führungsansatzes auf das Stadtmarketing überprüft. Als normativer Bezugsrahmen soll in diesem Zusammenhang
auf das auf einer Differenzierung von Selbst- und Fremd- bzw. Soll- und Istbild
der Identität basierende Gap-Modell zurückgegriffen werden, welches mit Bezug
zu den zuvor analysierten stadtspezifischen Charakteristika zu modifizieren ist.

Aufbauend auf dem ersten Teilziel fokussiert der zweite Teil der vorliegenden
Arbeit stärker auf die Gestaltungsfunktion der Betriebswirtschaftslehre. Das **praxisorientierte zweite Teilziel** der Arbeit besteht somit in der Erarbeitung von
Ansätzen für die Ausgestaltung eines identitätsorientierten Stadtmarketing. Hier-
zu wird in **Kap. C.1** das zuvor entwickelte Gap-Modell am Beispiel der Städte
Bielefeld, Dortmund und Münster empirisch fundiert. Dabei ist in einem ersten
Schritt die konzeptionell abgeleitete Tragfähigkeit einer Stadt als Bezugsgröße
identifikatorischer Prozesse zu überprüfen. Im Rahmen der anschließenden Ana-
lyse des Gap-Modells wird explizit zwischen den unterschiedlichen Selbst- und
Fremdbildern unterschieden und die daraus resultierenden Identitätslücken im
Rahmen der Koordination und der Steuerung aufgezeigt.

Als Ausgangspunkt für die Ableitung von Implikationen für die Ausgestaltung eines identitätsorientierten Stadtmarketing erfolgt in **Kap. C.2** eine kritische Refle-
xion des empirisch fundierten Modells im Hinblick auf seine zentralen Aussagen.
Um eine gleichermaßen differenzierte wie auch strukturierte Generierung von
Maßnahmenimplikationen zu gewährleisten, wird anschließend mit Bezug zur
Ausgangssituation der vorliegenden Arbeit auf konzeptioneller Basis eine Städte-
typologisierung erarbeitet. Unter Berücksichtigung der empirischen Untersuchungsergebnisse können schließlich für die identifizierten Städtetypen differenzierte Ansatzpunkte zur Ausgestaltung des identitätsorientierten Stadtmarketing
im Rahmen der Koordination und der Steuerung abgeleitet werden.

Den Abschluss der Arbeit bildet **Kap. D** mit einer zusammenfassenden Würdi-
gung der zentralen Untersuchungsergebnisse sowie einem Ausblick auf weiterführenden Forschungsbedarf.

B. Konzeptionelle Entwicklung eines Führungsmodells für das Stadtmarketing

1. Analyse des stadtspezifischen Koordinations- und Steuerungsbedarfs als Grundlage eines Führungskonzepts für das Stadtmarketing

Grundlage für die Erarbeitung eines stadtspezifischen Führungskonzepts sind die Analogien zwischen kommunalen und ökonomischen Austauschprozessen, die eine Übertragung von aus der Marketingwissenschaft bekannten Ansätzen auf das Stadtmarketing grundsätzlich möglich erscheinen lassen.[112] Trotz dieser auch hier vertretenen Tragfähigkeit marketingwissenschaftlicher Konzeptansätze für das Stadtmarketing dürfen die Besonderheiten eines solchen Transfers nicht übersehen werden. So ist das Stadtmarketing durch einige Charakteristika gekennzeichnet, die eine Modifikation der unternehmerischen Erkenntnisinhalte erfordern. Notwendige Voraussetzung für die Entwicklung eines wissenschaftlichen Referenzkonzepts für die Führung im Stadtmarketing ist somit die Identifikation **führungsrelevanter Spezifika des Stadtmarketing**.

Einer systematischen Erarbeitung dieser Besonderheiten soll im Folgenden das **Paradigma des Stadtmarketing** zugrunde gelegt werden (vgl. Abb. 6): Hierbei werden zunächst die Rahmenbedingungen kommunaler Märkte sowie die Wettbewerbsverhältnisse des Stadtmarketing im Hinblick auf ihre Spezifika überprüft (wo?). Auf der Ebene der Marktteilnehmer soll dann analysiert werden, welche Besonderheiten der Anbieter- (wer?) und Nachfragerseite (an wen?) Auswirkungen auf den Führungsbedarf haben. Im Anschluss daran wird der Austauschgegenstand bzw. -prozess des Stadtmarketing auf führungsbezogene Charakteristika untersucht (was?). Unter Berücksichtigung des Koordinations- und Steuerungsbedarfs sollen auf der Basis dieser Ergebnisse inhaltliche und konzeptionelle Anforderungen an ein den Spezifika des Stadtmarketing gerecht werdendes Führungskonzept abgeleitet werden.

---

[112] Vgl. hierzu S. 4 bzw. S. 7.

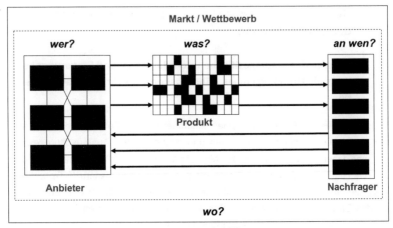

Abb. 6:   **Paradigma des Stadtmarketing**[113]

1.1   Führungsrelevante Spezifika auf der Markt- bzw. Wettbewerbsebene des Stadtmarketing

Ausgangspunkt der Übertragung des Marketingansatzes auf Städte ist der Leistungsaustausch als ein zentraler Begriff des Marketing.[114] Derartige Transaktionen sind durch Güter-, Geld- oder Informationsströme auf einem **Markt** charakterisiert. Stellt man das Management von Austauschbeziehungen in den Mittelpunkt des Marketing, so kennzeichnet der Markt nicht nur den Ort des ökonomischen Austauschs (z. B. Wochenmarkt), sondern die Gesamtheit aller Anbieter, Nachfrager, Wettbewerber und sonstiger Transaktionspartner.[115] Dies macht deutlich, dass der Kenntnis des Marktes als Zwischensystem der Aufgabenumwelt einer Stadt eine zentrale Bedeutung für die Führung im Stadtmarketing zukommt.

---

[113]   Vgl. Meffert, H., Städtemarketing – Pflicht oder Kür?, a. a. O., S. 275.

[114]   Vgl. Kotler, Ph., Marketing of nonprofit organizations, a. a. O., S. 4, Hanusch, H., Reichardt, R. M., Marketing – Eine Konzeption für Markt und Staat?, in: Archiv für öffentliche und freigemeinnützige Unternehmen (Hrsg.), Jahrbuch für nichterwerbswirtschaftliche Betriebe und Organisationen (Nonprofits), Göttingen 1980, S. 49-61.

[115]   Vgl. Manschwetus, U., Regionalmarketing, Marketing als Instrument der Wirtschaftsentwicklung, a. a. O., S. 49.

Während sich mit der Abgrenzung des relevanten Marktes für Unternehmen unterschiedliche Wissenschaftsdisziplinen intensiv auseinandergesetzt haben,[116] ist die Erfassung des relevanten Aufgabenumfeldes einer Stadt insbesondere in sachlicher Hinsicht mit Schwierigkeiten behaftet. Im Gegensatz zu einem Unternehmen, welches in einer spezifischen Branche agiert, sind Städte in unterschiedlichen Leistungsfeldern tätig.[117] Dementsprechend lässt sich für eine Stadt nicht ein einziger relevanter Markt identifizieren. Vielmehr wird das städtische Angebot auf einer **Vielzahl von Märkten** an die spezifischen Bedürfnisse und Erwartungen der Zielgruppen angepasst.[118] Die Erfassung des relevanten Marktes wirft eine besondere Notwendigkeit und zugleich Problematik der Marktforschung im Stadtmarketing auf.

Eng verbunden mit dem Begriff des Marktes ist der des **Wettbewerbs**, da ein Markt im eigentlichen Sinne erst existiert, wenn die angebotenen Leistungen durch die Konkurrenz in ihren Absatzchancen beeinflusst werden können. Die Bedeutung des Marketing, verstanden als das Management von Wettbewerbsvorteilen,[119] erwächst aus der Notwendigkeit der Angebotsdifferenzierung vor dem Hintergrund einer wettbewerbsinduzierten Angleichung von Leistungsmerkmalen. Gleichzeitig wird das Marketing hinsichtlich seiner instrumentellen Ausgestaltung von den Wettbewerbsverhältnissen beeinflusst. In diesem Sinne ist das Marketing ein „Kind des Wettbewerbs"[120].

Bezüglich der Wettbewerbsintensität im Stadtmarketing gehen die Meinungen in der Literatur auseinander. Während einige Autoren die These vertreten, dass Städte grundsätzlich keinem oder nur geringem Wettbewerb ausgesetzt sind,[121] machen andere den Wettbewerb als notwendige Vorraussetzung für die Entste-

---

[116] Vgl. überblicksartig Meffert, H., Marketing – Grundlagen marktorientierter Unternehmensführung, Konzepte – Instrumente – Praxisbeispiele, a. a. O., S. 36 ff.

[117] Vgl. zu den themenspezifischen Angebotskomponenten einer Stadt Kap. B.1.3.

[118] Vgl. Meffert, H., Städtemarketing – Pflicht oder Kür?, a. a. O., S. 275.

[119] Vgl. Backhaus, K., Auswirkungen kurzer Lebenszyklen bei High-Tech-Produkten, in: Thexis, Heft 8, 1991, S. 11-13.

[120] Raffeé, H., Wissenschaftstheoretische Grundfragen der Wirtschaftswissenschaften, München 1979, S. 12.

[121] Vgl. Dorn, D., Marketing in der Staatswirtschaft, in: Zeitschrift für Wirtschafts- und Sozialwissenschaften, o. Jg., I. Halbband 1973.

hung des Stadtmarketing aus.[122] Wenngleich das Vorhandensein von Wettbewerb als Treiber des Marketing anerkannt ist, kann grundsätzlich beiden vertretenen Auffassungen gefolgt werden, da diese auf unterschiedlichen *räumlichen*
Interpretationsformen des relevanten Marktes beruhen.

Vertreter der These einer nur geringen Wettbewerbsintensität im Stadtmarketing
beziehen sich i. d. R. auf den **internen Markt** einer Stadt. Ursprüngliche kommunale Zielgruppen sind nach dieser Auffassung die Bürger einer Stadt sowie
die ortsansässige Wirtschaft. Diese sind zumindest kurz- bis mittelfristig an ihren
Standort gebunden, so dass die Stadt in einigen Leistungsbereichen als alleini-
ger Anbieter agiert (z. B. Vermietung von Gewerbeflächen, Bürgerberatung etc.).
Wird eine Stadt demnach als **Monopolist** verstanden, ist sie ex definitione vom
Wettbewerb entbunden. DORN merkt dazu an, dass der Wettbewerb als marke-
tinginduzierende Variable in Unternehmen dem öffentlichen Bereich grundsätzlich fremd ist.[123] Insbesondere hinsichtlich der Wahrnehmung hoheitlicher Aufgaben ist eine Stadt nur den gesetzlichen Vorgaben verpflichtet und somit kon-
kurrenzunabhängig.[124]

Da das städtische Angebot intrakommunal oftmals von bestimmten Teileinheiten
der Stadt selbstständig distribuiert wird, ist die **Nicht-Existenz externer Ab-
satzmittler** ein Charakteristikum des internen Marktes im Stadtmarketing. Sowohl auf vertikaler als auch auf horizontaler Ebene lassen sich nur wenige Kon-
kurrenten ausmachen, die das Leistungsangebot einer Stadt substituieren können.[125] Folgerichtig ist die **Notwendigkeit der Kooperation** mit anderen Anbie-
tern **nicht gegeben** und in der Praxis dementsprechend selten anzutreffen. Da
für die Mehrzahl der angebotenen Leistungen kein Konkurrent in Frage kommt,
ist auch die Frage nach dem **Aufbau von Markteintrittsbarrieren** intrakommunal nur **von geringer Relevanz**.

---

[122] Vgl. hierzu die Darstellung in Kapitel A. 1 dieser Arbeit.

[123] Vgl. Dorn, D., Marketing in der Staatswirtschaft, a. a. O., S. 21-33.

[124] Vgl. Palupski, R., Kommunales Marketing, in: Diller, H. (Hrsg.), Vahlens großes
Marketinglexikon, 2. Aufl., Band I: A-L, München 2001, S. 785-787.

[125] Vereinzelt lassen sich auch in urspünglich öffentlichen Aufgabenbereichen Konkurrenz-
angebote privatwirtschaftlich geführter Unternehmen antreffen (z. B. Erlebnisschwimmbäder,
Energieversorger, Bildungseinrichtungen). Vgl. Pollotzek, J., Stadtmarketing – Notwendigkeiten, Möglichkeiten und Grenzen der kommunalen Marketingkonzeption, a. a. O., S. 32 f.

Wenngleich die Versorgung von Bürgern und ansässiger Wirtschaft eine originäre kommunalpolitische Aufgabe ist, wird diese interne Betrachtungsperspektive
dem Anspruch einer vollständigen Markterfassung nicht gerecht. Zum einen existiert mit dem Fremdenverkehr seit jeher ein kommunales Aufgabenfeld, welches
sich an externen Zielgruppen orientiert. Zum anderen besitzen Bewohner und
ansässige Unternehmen aufgrund des eingangs skizzierten Wandels der Rahmenbedingungen seit geraumer Zeit erweiterte Möglichkeiten der Standortwahl.
Da die Zielgruppen des Stadtmarketing somit zwischen unterschiedlichen Anbie-
tern optieren können, sehen sich Städte auf dem **externen Markt** einem interkommunalen Wettbewerb ausgesetzt.

Ein Vergleich mit dem internen Markt macht zentrale Unterschiede zwischen den
beiden Perspektiven deutlich: Während die Stadt innerhalb ihrer Grenzen als
Monopolist agiert, kann die Struktur des externen Gesamtmarktes als **polypo-
listisch** bezeichnet werden. Hier steht der Gesamtheit aller Staatsbürger als potenzielle Nachfrager kommunaler Leistungen ebenfalls eine Vielzahl an Städten
und Kommunen auf der Anbieterseite gegenüber.[126] Neben den staatlichen Vorgaben muss sich das Stadtmarketing somit hinsichtlich vieler Aufgaben an den
Aktivitäten der regionalen und überregionalen Konkurrenz orientieren. Die Ausweitung des relevanten Marktes hat zudem zur Folge, dass eine Stadt nicht
sämtliche Distributionsfunktionen übernehmen kann, die somit vermehrt von **externen Absatzmittlern** (z. B. Reisebüros) übernommen werden.

Im Unterschied zum Marketing im Unternehmensbereich ist die Konkurrenzsitua-
tion im Stadtmarketing als grundsätzlich stabil anzusehen, da die Anzahl potenzieller Marktteilnehmer auf der Anbieterseite konstant ist. Aufgrund der Immobili-
tät von Standorten ist somit in physischer Hinsicht ein Markteintritt neuer Wettbewerber unmöglich. Dennoch kommt dem **Aufbau von Markteintrittsbarrieren**
bei dieser ganzheitlichen Betrachtungsweise eine Bedeutung zu, weil das kommunale Angebot aufgrund seiner Homogenität tendenziell imitationsanfällig ist.
Zum Schutz vor interkommunaler Konkurrenz und als Reaktion auf den zuneh-

---

[126] Folgt man der auf dem Statistischen Kongress 1860 in London festgelegten größen-
bezogenen Definition des Stadtbegriffs, so ergab sich zum 31.12.1998 eine Verwaltungs-
gliederung der Bundesrepublik Deutschland in 5.317 Städte ab 2000 Einwohnern. Vgl.
Statistisches Bundesamt (Hrsg.), Statistisches Jahrbuch 2002 für die Bundesrepublik
Deutschland, Wiesbaden 2002, S. 56.

menden Wettbewerb der Regionen[127] lässt sich ein gesteigertes **Kooperations-verhalten** in Form von Städtepartnerschaften als ein weiteres Charakteristikum des Stadtmarketing ausmachen.[128]

Schließlich ist auf das **öffentliche Interesse** hinzuweisen, welches beim Einsatz des Marketing im kommunalen Sektor weitaus stärker ausgeprägt ist als im Unternehmensbereich.[129] Nur in Ausnahmefällen steht das unternehmerische Marketing im Zentrum der massenmedialen Berichterstattung. Die Führung des Stadtmarketing ist dagegen insbesondere innerhalb, aber auch außerhalb der kommunalen Grenzen, unmittelbarer Gegenstand der öffentlichen Diskussion. Hieraus erwächst die Notwendigkeit einer intensiven Kommunikation mit den relevanten Zielgruppen einer Stadt.

Es ist festzuhalten, dass sich die Markt- und Wettbewerbsverhältnisse des Stadtmarketing von denen des kommerziellen Marketing unterscheiden. So erwächst aus der Vielzahl sachlich relevanter Märkte einer Stadt die Notwendigkeit und Schwierigkeit der Markterfassung und aus dem skizzierten öffentlichen Interesse ein besonderer Stellenwert der Kommunikation. Unter räumlichen Gesichtspunkten lassen sich mit dem internen und externen Aufgabenumfeld zudem zwei Marktperspektiven unterscheiden, die jeweils unterschiedliche Anforderungen an die marktorientierte Führung einer Stadt stellen. Nachfolgende Abbildung gibt einen zusammenfassenden Überblick über die aus den Besonderheiten der Markt- und Wettbewerbsebene resultierenden Führungsspezifika des Stadtmarketing (vgl. Abb. 7).

---

[127] Vgl. Zahn, K., Interregionaler Wettbewerb, in: Wentz, M. (Hrsg.), Die Zukunft des Städtischen, Frankfurt a. M., New York 1994, S. 113.

[128] Beispiele aus dem US-amerikanischen Raum sind die Städte Phoenix, San Diego und Las Vegas, die sich 1997 im Rahmen einer Stadtmarketing-Allianz zum sog. „Sunbelt Sampler" zusammengeschlossen haben, um auf diese Weise die Anzahl der Touristen in jeder Stadt um 100.000 innerhalb von 3 Jahren zu steigern. Vgl. Nachtigal, J., Sunbelt Sampler: Phoenix, San Diego and Las Vegas team up to attract more tourists to the region, in: Marketing News, Heft 1, 1998, S. 24.

[129] Vgl. Manschwetus, U., Regionalmarketing, Marketing als Instrument der Wirtschaftsentwicklung, a. a. O., S. 82.

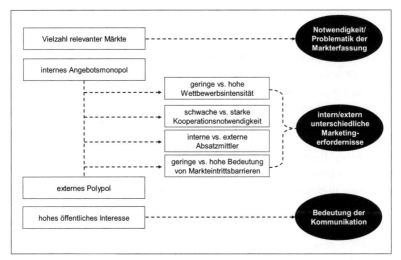

Abb. 7: **Führungsrelevante Spezifika der Markt- bzw. Wettbewerbsebene des Stadtmarketing**

1.2 Führungsrelevante Spezifika auf der Transaktionsebene des Stadtmarketing

1.21 Spezifika der Anbieterseite

Voraussetzung für die Ausübung des Marketing ist das Vorhandensein institutioneller Träger bzw. individueller Akteure.[130] Während im privatwirtschaftlichen Marketing ein Unternehmen als Träger des Marketing bezeichnet werden kann und die angestellten Mitarbeiter mit der Umsetzung von Marketingaufgaben betraut sind, wird im Stadtmarketing die Zusammensetzung der Trägerschaft kontrovers diskutiert.[131] Eine Grundlage für die Erarbeitung eines stadtspezifischen Führungskonzepts ist somit die **Analyse der Anbieterstruktur.** Aufbauend auf einer solchen Analyse können die Besonderheiten der Angebotsseite des

---

[130] Vgl. Manschwetus, U., Regionalmarketing, Marketing als Instrument der Wirtschaftsentwicklung, a. a. O., S. 303.

[131] Vgl. Hammann, P., Grundprobleme eines regionalen Marketing am Beispiel der Industrieregion Ruhr, a. a. O., S. 67.

Stadtmarketing und deren Auswirkungen auf die marktorientierte Führung von Städten abgeleitet werden.

Unter den **Trägern des Stadtmarketing**[132] werden grundsätzlich alle Personen und Institutionen verstanden, die aktiv an der Planung und Umsetzung eines Stadtmarketing-Konzepts beteiligt sind.[133] In Betracht kommen dabei sämtliche Akteure des öffentlichen und privaten Bereichs, die für die Gestaltung und Entwicklung des Produkts Stadt verantwortlich sind. Abb. 8 bietet einen Überblick über die in der Literatur meistgenannten Interessenvertreter, wobei schwerpunktmäßig Ergebnisse empirischer Untersuchungen Berücksichtigung fanden.[134] Der enumerative Charakter der Darstellung begründet sich in der grundsätzlichen Schwierigkeit einer Systematisierung der heterogenen Akteure und der damit verbundenen Vielfalt potenzieller Strukturierungsmöglichkeiten.

Politik	Gewerkschaften	Kammern	Verbände
ansässige Unternehmen	Verwaltung	Bildungs- einrichtungen	Lokale Medien
Kultureinrichtungen	Bürger	Einzelhandel	Hotellerie
Gastronomie	Vereine	Grundstücks- eigentümer	Kirchen
Finanzinstitute	Initiativen	Pächter	...

Abb. 8:   Potenzielle Akteure des Stadtmarketing

Ungeachtet dieses Systematisierungsproblems sei hier auf ein zentrales Defizit der bisherigen Forschung hingewiesen: Die Frage nach dem Betreiber bzw. Verantwortlichen des Stadtmarketing, d. h. dem **Trägeräquivalent zum unterneh-**

---

[132] Soweit nicht anders vermerkt, werden die Begriffe Anbieter, Akteure und Träger im Folgenden synonym verwendet.

[133] Vgl. Spieß, S., Marketing für Regionen. Anwendungsmöglichkeiten im Standortwettbewerb, a. a. O., S. 36.

[134] Vgl. Grabow, B., Hollbach-Grömig, B., Stadtmarketing – Eine kritische Zwischenbilanz, a. a. O., S. 71, Weber, A., Stadtmarketing in bayerischen Städten und Gemeinden – Bestand und Ausprägungen eines kommunalen Instruments der neunziger Jahre, a. a. O., S. 58, Bornemeyer, C., Erfolgskontrolle im Stadtmarketing, a. a. O., S. 152.

merischen Marketing, bleibt bislang unbeantwortet. Vielmehr suggerieren derartige Auflistungen, dass mehrere Anbieter existieren, die kein ganzheitliches Marketing, sondern Marketing für die einzelnen Themenfelder (z. B. Kultur, Sport, Wirtschaft) innerhalb einer Stadt betreiben. Dies belegt die Terminologie vieler Verfasser, die von *„den* Trägern" des Stadtmarketing sprechen.[135]

Aufgrund der Tatsache, dass der Führungsaspekt im Zentrum der vorliegenden Arbeit steht, erscheint es jedoch terminologisch für das weitere Vorgehen zweckmäßig, analog zum Unternehmensbereich den Träger dieser Führungsfunktion zu benennen. Dabei stellt sich das Problem, dass nicht *einer* der genannten Akteure generell als Führungsinstanz fungiert.[136] Vielmehr **variiert** sowohl die Zusammensetzung als auch die Kompetenzverteilung der Akteure in der Regel interkommunal. BORNEMEYER hat in diesem Zusammenhang ermittelt, dass die durchschnittliche Anzahl der am Stadtmarketing beteiligten Akteure neun Gruppierungen umfasst, wobei die Zahlen stadtspezifisch zwischen zwei und maximal 15 Gruppen schwanken.[137]

Es kann allerdings davon ausgegangen werden, dass in Städten, die das Stadtmarketing bereits seit einiger Zeit erfolgreich betreiben, ein Führungsgremium grundsätzlich vorhanden und die Führungskonstellation zumindest kurzfristig stabil ist. Die Führungsaufgabe wird dabei in den seltensten Fällen an eine einzelne Institution übertragen, sondern in der Regel durch eine stadtspezifische Akteurskombination wahrgenommen. Wenn somit im Rahmen der vorliegenden Arbeit von der „Führung des Stadtmarketing" bzw. „der Stadt" oder „dem Stadtmarketing" als Anbieter gesprochen wird, so ist damit ein **stadtspezifisches Konglomerat** von Interessenvertretern gemeint, welches die Führungsaufgabe gemeinschaftlich wahrnimmt. Akteure aus Abb. 8, die nicht als Teil dieses Führungssystems fungieren, sind in der Regel mit operativen Aufgaben in den spezifischen Themenfeldern betraut.

---

[135] Vgl. etwa Meissner, H. G., Stadtmarketing – Eine Einführung, a. a. O., S. 25, Bertram, M., Marketing für Städte und Regionen – Modeerscheinung oder Schlüssel zur dauerhaften Entwicklung?, a. a. O., S. 36, Spieß, S., Marketing für Regionen. Anwendungsmöglichkeiten im Standortwettbewerb, a. a. O., S. 36 ff.

[136] Vgl. Seaton, A. V., Destination Marketing, a. a. O., S. 351.

[137] Vgl. Bornemeyer, C., Erfolgskontrolle im Stadtmarketing, a. a. O., S. 152.

Ungeachtet der konkreten Zusammensetzung resultieren aus der Heterogenität und Vielfalt der Akteure spezifische Herausforderungen für das Stadtmarketing. Insbesondere aus der Beteiligung **öffentlicher Vertreter** erwächst dabei ein führungsbezogenes Spannungsfeld.

Führung wird im kommunalen Kontext generell als „regieren" bezeichnet, was eine originäre Aufgabe der Politik ist.[138] In diesem Zusammenhang stellt sich die Frage nach der **Rollenverteilung zwischen Stadtmarketing und Politik.**[139] Generell stehen die politischen Vertreter als durch Wahlakte legitimierte und demnach autorisierte Träger der Führung einer Stadt der Etablierung des Stadtmarketing kritisch gegenüber, da dieses die politischen Aufgabenbereiche tangiert. Die Vorbehalte der Politik reichen dabei von der Befürchtung des Aufbrechens tradierter Entscheidungsstrukturen über die Besorgnis eines Angriffs auf existierende Entscheidungskompetenzen bis hin zur Gefahr der Installation eines tatsächlichen oder vermeintlichen Nebenparlaments.[140]

Hinzu kommen Probleme, die aus der zeitlichen Dimension des Ansatzes resultieren. Die vom Marketing im Sinne einer strategischen Führungskonzeption zu erwartende Problemlösungs- und Gestaltungskompetenz setzt in der Regel langfristige Planungshorizonte voraus. Die Politik dagegen steht unter dem Primat der raschen Erfolgsvermittlung an potenzielle Wähler.[141] Neben das inhaltliche tritt somit auch ein **zeitliches Spannungsfeld** zwischen dem Langfristcharakter des Marketing und dem an Legislaturperioden orientierten kurz- bis mittelfristigen Denken der Politik.

Auch das **Verhältnis zwischen dem Marketing und der Verwaltung** als ausführendes Organ der Kommunalpolitik ist problembehaftet. Zur Anpassung an sich wandelnde Marktbedingungen erfordert das Marketing generell ein hohes

---

[138] Vgl. Manschwetus, U., Regionalmarketing, Marketing als Instrument der Wirtschaftsentwicklung, a. a. O., S. 85.

[139] Vgl. Stember, J., Stadt- und Regionalmarketing. Praxisprobleme, Vorbehalte und kritische Erfolgsfaktoren, a. a. O., S. 136.

[140] Vgl. Keller, E., Modellvorhaben City-Marketing Velbert, in: Institut für Landes- und Stadtentwicklungsforschung des Landes Nordrhein-Westfalen (ILS) (Hrsg.), Stadtmarketing in der Diskussion, ILS-Schriften 56, Duisburg 1991, S. 43.

[141] Vgl. Hammann, P., Grundprobleme eines regionalen Marketing am Beispiel der Industrieregion Ruhr, a. a. O., S. 67.

Maß an Flexibilität und Innovationsbereitschaft. Dem sind jedoch durch die strukturellen Charakteristika einer Verwaltung in der kommunalen Praxis Grenzen gesetzt. Gerade die **mangelnde Flexibilität und Autonomie** werden gemeinhin als zentrale Schwächen einer Behörde angesehen.[142] Haushaltsrechtliche Vorschriften, langwierige Bewilligungsverfahren und umständliche Kontrollmechanismen stehen einer konsequenten Nutzung von Marktchancen entgegen.[143] Überspitzt formuliert ließe sich folgern, dass die Charakteristika einer Verwaltung den Einsatz des Stadtmarketing grundsätzlich konterkarieren. Das Marketing basiert auf dem Grundprinzip der Außensteuerung, d. h. dem Denken und Handeln gemäß den Erfordernissen des Marktes. Bürokratie dagegen kann als stark innenorientiert verstanden werden, da für die ordnungsgemäße Aufgabenerledigung eine Orientierung an vorgegebenen Handlungsmustern unerlässlich ist.[144] Dem Primat der Markt- und Zielgruppenorientierung des Marketing steht somit eine mangelnde Flexibilität und Innovationsbereitschaft der Verwaltung aufgrund interner Vorgaben gegenüber.

Die Etablierung einer marktorientierten Führung im kommunalen Kontext wird durch einen weiteren Aspekt erschwert. In der unternehmerischen Praxis herrscht allgemein das Leistungsprinzip vor, d. h. die mit dem Marketing betrauten Mitarbeiter profitieren in Abhängigkeit vom Erfolg ihrer Maßnahmen etwa in Form von Bonuszahlungen, Aktienoptionen oder Beförderungen. Unternehmen sind somit durch ein hohes Eigeninteresse der Beteiligten an der Verwirklichung und Umsetzung des Marketing geprägt. Bei Beamten der öffentlichen Verwaltung hingegen ist die Anstellung auf Lebenszeit vereinbart, so dass ein wichtiger Leistungsanreiz fehlt. Beförderungen erfolgen innerhalb der Verwaltung in der Regel nach dem **Senioritätsprinzip**, d. h. mit steigendem Alter werden die Bezüge automatisch erhöht.[145]

---

[142] Vgl. Lamb, Ch. W., Public Sector marketing is different, in: Business Horizons, Heft 4, 1987, S. 58.

[143] Vgl. Hammann, P., Grundprobleme eines regionalen Marketing am Beispiel der Industrieregion Ruhr, a. a. O., S. 67.

[144] Vgl. Merton, R. K., Bürokratische Struktur und Persönlichkeit, in: Mühlfeld, C., Schmidt, M. (Hrsg.), Soziologische Theorie, Hamburg 1974, S. 478.

[145] Vgl. Manschwetus, U., Regionalmarketing, Marketing als Instrument der Wirtschaftsentwicklung, a. a. O., S. 75 f.

An dieser Stelle kann festgehalten werden, dass die konstitutionellen Elemente und Merkmale öffentlicher Einrichtungen eine marktorientierte Ausrichtung der kommunalen Aktivitäten prinzipiell behindern. Neben Politik und Verwaltung existieren jedoch zahlreiche private Akteure, die ebenfalls Interesse an der Profilierung der Stadt haben. Aufgrund der Tatsache, dass das Marketing für Privatunternehmen aus dem wirtschaftlichen, kulturellen und sozialen Bereich zum Tagesgeschäft gehört, ist die Grundlage für einen marktorientierten Diskurs prinzipiell vorhanden. Dabei darf jedoch nicht übersehen werden, dass die Einbeziehung privater Akteure in die Politikformulierung erst eine zentrale, **stadtspezifische Zielproblematik** aufwirft.

Voraussetzung für die normative Ausrichtung der Betriebswirtschaftslehre ist die Festlegung einer Zielsetzung im Sinne eines zukünftig angestrebten Zustandes der Realität.[146] In Analogie zum Unternehmensbereich stellt sich auch im Stadtmarketing die Aufgabe der Zielbildung, weil ansonsten die Entwicklung einer Stadt zu einem „muddling through"[147] zu degenerieren droht. Während im unternehmerischen Marketing die Gewinnmaximierung als ökonomisches Oberziel dominiert, sind öffentliche Leistungen „(…) auch und gerade dann anzubieten, wenn damit ausreichende Einnahmeüberschüsse bzw. Gewinne nicht zu erzielen sind"[148]. Zwar verfolgen privatwirtschaftlich organisierte Unternehmen innerhalb einer Stadt ökonomische Zielsetzungen, doch eine Vielzahl kultureller, sportlicher und gesellschaftlicher Leistungen wird von Vereinen und Verbänden **ohne Gewinnerzielungsabsicht** angeboten.[149]

Allein die Existenz solcher außerökonomischen Ziele wäre aus Führungsgesichtspunkten weniger problembehaftet, da zahlreiche Nonprofit-Unternehmen diese ihrer Arbeit ebenfalls erfolgreich zugrunde legen. Stadtspezifisch ist hinge-

---

[146] Vgl. Heinen, E., Das Zielsystem der Unternehmung. Grundlagen betriebswirtschaftlicher Entscheidungen, Wiesbaden 1966, S. 17 ff.

[147] Vgl. Raffée, H., Grundfragen und Ansätze des strategischen Marketing, in: Raffée, H., Wiedmann, K.-P. (Hrsg.), Strategisches Marketing, Stuttgart 1985, S. 11.

[148] Braun, G. E., Kommunales Marketing – Mehr Marktwirtschaft in der öffentlichen Verwaltung?, in: Schauer, R. (Hrsg.), Ortsmanagement und kommunales Marketing, Linz 1993, S. 13.

[149] Vgl. Röber, M., Stadtmarketing – Analyse eines neuen Ansatzes der Stadtentwicklungspolitik, in: Verwaltungsrundschau, Heft 10, 1992, S. 356, Schelte, J., Stadtmarketing und Citymanagement, Dortmund 1991, S. 43 ff.

gen die **parallele Existenz mehrerer Zielsetzungen**, welche sowohl ökonomischer wie auch nicht-ökonomischer Natur sein können. Diese Zielsetzungen des Stadtmarketing wurden in der Vergangenheit in zahlreichen Arbeiten konzeptionell ermittelt und empirisch fundiert. Exemplarisch sei verwiesen auf die Untersuchung des DIFU, in deren Rahmen 14 grundsätzliche Ziele aus unterschiedlichen Themenfeldern identifiziert wurden (z. B. Förderung öffentlich-privater Kooperation, Modernisierung der Verwaltung, Information der Bürger, Wirtschaftsförderung etc.).[150]

Wenngleich derartige Breitenuntersuchungen ein Indiz für das Vorhandensein multipler Ziele im Stadtmarketing sind, liefern sie keinen Beleg für die Existenz unterschiedlicher Zielsetzungen *innerhalb* einer Stadt und den damit verbundenen Einfluss auf die Stadtmarketing-Führung. Vor diesem Hintergrund wurden im empirischen Teil der vorliegenden Arbeit[151] unter anderem die von verschiedenen Akteuren einer Stadt verfolgten Zielsetzungen erhoben. Dabei wurden ausgewählte Interessenvertreter der Stadt Münster gebeten, maximal fünf Ziele anzugeben, die sie für die zukünftige Entwicklung ihrer Stadt als besonders wichtig erachten. Die Ergebnisse dieser Untersuchung sind in Abb. 9 dargestellt.

---

[150] Vgl. Grabow, B., Hollbach-Grömig, B., Stadtmarketing – Eine kritische Zwischenbilanz, a. a. O., S. 63.

[151] Vgl. zum Design der Untersuchung und Zusammensetzung der Stichprobe Kapitel C.1.

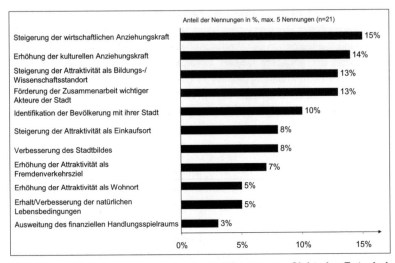

Abb. 9:   **Zielsetzungen für die Stadt Münster aus Sicht der Entscheidungsträger**

Die Ergebnisse machen zunächst die **Vielfalt der innerhalb einer Stadt existierenden Zielsetzungen** deutlich. Trotz der relativ geringen Fallzahl wurde nahezu jedes der zur Auswahl stehenden Ziele mindestens einmal genannt.[152] Dabei fällt auf, dass die angegebenen Ziele in der Spitze relativ gleichmäßig verteilt sind. Es existiert weder ein dominierendes Ziel, noch lassen sich die Antworten einem eindeutigen Themenfeld zuordnen. Die drei erstgenannten Ziele etwa beziehen sich auf die Bereiche Wirtschaft, Kultur und Bildung und haben mehr substitutiven als komplementären Charakter. Eine Betrachtung der von den Akteuren vertretenen Interessen macht zudem deutlich, dass die artikulierten Ziele in hohem Maße von den dahinter stehenden Motivlagen abhängig sind.[153]

---

[152] Keine Nennungen entfielen einzig auf die Statements „Verbesserung des Sport-/ Freizeitangebots" und „Stabilisierung der politischen Strukturen".

[153] Die Attraktivität als Einkaufsort etwa wird in besonderem Maße von den befragten Einzelhändlern als Zielsetzung genannt, während der Vertreter der Grünen-Fraktion dem Erhalt bzw. der Verbesserung der natürlichen Lebensbedingungen eine vorrangige Bedeutung einräumt.

Aus einer genaueren Analyse der Individualebene lassen sich zwei weitere Erkenntnisse ziehen. Zum einen divergieren die angegebenen Zielsetzungen nicht nur zwischen den befragten Interessenvertretern, sondern auch bei einer intrapersonalen Betrachtung wird deutlich, dass die von den einzelnen Personen angegebenen Zielkombinationen oftmals substitutiven Charakter aufweisen.[154] Zum anderen liefert eine quantitative Analyse der gewählten Zielkombinationen ein Indiz für den Umfang des stadtspezifischen Abstimmungsbedarfs. Grundsätzlich können bei einem Stichprobenumfang von n Befragten ebenso viele verschiedene Kombinationsmöglichkeiten angegeben werden, wobei der Koordinationsbedarf mit der Anzahl unterschiedlicher Kombinationen steigt. Im vorliegenden Fall verdeutlicht ein Anteil unterschiedlicher Anforderungskombinationen von 95 %[155] die Komplexität und damit die Koordinationsnotwendigkeit innerhalb des stadtspezifischen Zielsystems.

Ein Grund für die mangelnde Einheitlichkeit des Zielsystems im Stadtmarketing ist das **Fehlen eines zentralen Oberziels als integrative Klammer**.[156] Bereits das in der Literatur am häufigsten genannte und recht abstrakte Oberziel des Stadtmarketing, die Profilierung einer Stadt als Wirtschafts-, Fremdenverkehrs-, Wohn- und Freizeitstandort,[157] verdeutlicht, dass sich dieses auf unterschiedliche Themengebiete bezieht, die teilweise in einer konfliktären Beziehung zueinander stehen. Auch die Erhöhung des Marktanteils als abstrakte Zielgröße des unternehmerischen Marketing erscheint für Städte wenig geeignet, da zum einen die Operationalisierung des Begriffs Marktanteil im Stadtmarketing Schwierigkeiten bereitet und zum anderen die Marktanteilssteigerung im Stadtmarketing auch inhaltlich in Frage gestellt werden muss.[158]

---

[154] So steht etwa die mehrmals genannte Zielkombination „Steigerung der wirtschaftlichen Anziehungskraft" und „Erhalt/Verbesserung der natürlichen Lebensbedingungen" in einem substitutiven Zusammenhang.

[155] Nur in einem einzigen Fall stimmten die fünf angegebenen Ziele vollständig überein.

[156] Vgl. Rabe, H., Süß, W., Stadtmarketing zwischen Innovation und Krisendeutung, a. a. O., S. 15.

[157] Vgl. Meffert, H., Frömbling, S., Regionenmarketing Münsterland – Fallbeispiel zur Segmentierung und Positionierung, in: Haedrich, G. et al. (Hrsg.), Tourismus-Management – Tourismus-Marketing und Fremdenverkehrsplanung, 2. Aufl., Berlin 1993, S. 631.

[158] Wenn die nationale Bevölkerung als externer Gesamtmarkt einer Stadt definiert wird, stellt sich die Frage, inwieweit es sich lohnt, anderen Städten Bürger, Touristen oder Investoren

(Fortsetzung der Fußnote auf der nächsten Seite)

Abb. 9 hat zudem deutlich gemacht, dass neben der Mehrdimensionalität des Zielsystems im Stadtmarketing die damit verbundenen **Zieldivergenzen bzw. -konflikte** einen weiteren Indikator des stadtbezogenen Führungsbedarfs bilden.[159] Aufgrund der Vielschichtigkeit des Stadtmarketing sind dabei Zielkonflikte auf unterschiedlichen Ebenen denkbar, die sich systemtheoretisch erfassen lassen. Versteht man ein System als eine Menge von Elementen, die in wechselseitiger Beziehung stehen und gegenüber ihrer Umwelt gedanklich abgegrenzt sind,[160] so kann auch eine Stadt als ein System interpretiert werden, welches durch eine besondere Komplexität gekennzeichnet ist. Diese Komplexität ergibt sich zum einen aus der Vielschichtigkeit des städtischen Angebots, zum anderen aus der Vielzahl der bereits skizzierten Akteure und deren politischen, ökonomischen und sozialen Beziehungen.[161] Als öffentliche und private Institutionen sollen diese Akteure im Rahmen der vorliegenden Arbeit als Subsysteme des „Systems Stadt" interpretiert werden, die somit ebenfalls durch Komplexität geprägt sind. Daraus lässt sich folgern, dass potenzielle Zielkonflikte nicht nur auf der übergeordneten Stadtebene, sondern auch auf der Ebene dieser Subsysteme auftreten können.[162]

Denkbar sind etwa die bereits empirisch aufgezeigten persönlichen Zielkonflikte einzelner Akteure innerhalb eines solchen Subsystems. Treten derartige Konflikte auf der Individualebene auf, so wird von **intraindividuellen bzw. intrapersonellen Konflikten** gesprochen. Intrapersonelle Konflikte resultieren somit aus Ziel- bzw. Motivkonflikten eines einzelnen Akteurs. Verlässt man diese individuel-

---

„wegzunehmen". Bezogen auf Deutschland wird für die nahe Zukunft weder von einem nennenswerten Bevölkerungs- noch Wirtschaftswachstum ausgegangen. Unter der Annahme eines konstanten Gesamtmarktes lässt sich die Marktanteilssteigerung einer Stadt somit als Nullsummenspiel interpretieren, weil sog. „Sieger-Städte" durch politisch legitimierte Kompensationszahlungen leicht zu Verlierern werden können. Vgl. Lüdtke, H., Stratmann, B., Nullsummenspiel auf Quasimärkten. Stadtmarketing als theoretische und methodologische Herausforderung für die Sozialforschung, in: Soziale Welt, 47. Jg., 1996, S. 306 sowie Munier, G., Stadtmarketing kontrovers – Warum wird überhaupt am Image gefeilt?, in: AKP, Heft 5, 2001, S. 58.

[159] Vgl. hierzu auch Meissner, H. G., Stadtmarketing – Eine Einführung, a. a. O., S. 23.

[160] Vgl. Popp, K.-J., Unternehmenssteuerung zwischen Akteur, System und Umwelt, a. a. O., S. 6, Ulrich, H., Die Unternehmung als produktives soziales System, 2. Aufl., Bern 1971, S. 1 ff.

[161] Vgl. Balderjahn, I., Standortmarketing, a. a. O., S. 59.

[162] Vgl. im Folgenden Krüger, W., Konfliktsteuerung als Führungsaufgabe. Positive und negative Aspekte von Konfliktsituationen, München 1973, S. 46 ff.

le Betrachtungsebene, so liegt ein zweiter Konfliktbereich zwischen den beteiligten Personen innerhalb einer Gruppierung. Diese **Konflikte innerhalb eines
Subsystems** sind Folge von inhaltlichen oder formalen Kompetenzüberschnei-
dungen einzelner Gruppenmitglieder. Auf einer nächsten Betrachtungsebene
können **Zielkonflikte zwischen beteiligten Gruppen** (z. B. Handelsverein,
Gaststättenverband) identifiziert werden, die als eigenständige Handlungssyste-
me einen externen Abstimmungsbedarf haben. Solche Konflikte zwischen Sub-
systemen resultieren in erster Linie aus Spannungen an den Berührungspunkten
der einzelnen Gruppen. Im politischen Kontext entstehen derartige Polarisierun-
gen oftmals aus Prinzip.[163] Während die beiden erstgenannten Spannungsfelder
grundsätzlich unter Ausschluss der Öffentlichkeit ablaufen, wird den Konflikten
zwischen den beteiligten Gruppierungen oftmals eine große mediale Aufmerk-
samkeit zuteil. Sie sollen dennoch gemeinsam mit den Intrapersonal- und Intra-
systemkonflikten unter den Innenkonflikten subsumiert werden, weil sie sich innerhalb des Stadtmarketing-Führungssystems abspielen. Verlässt man hingegen
diese interne Betrachtungsebene, so liegt zwischen einer Stadt und ihrer externen Umwelt ein weiterer potenzieller Konfliktbereich. Derartige **Außenkonflikte**
sind Folge der Marktorientierung und können als Spannungsbeziehungen zwischen dem System Stadt und seiner Systemumwelt bezeichnet werden.

Diese Darstellung verdeutlicht, dass das Stadtmarketing als Kollektivproduktion
in hohem Maße konfliktträchtig ist. Neben den skizzierten Konfliktpotenzialen
erwächst aus einer Kollektivproduktion wie dem Stadtmarketing eine besondere
Herausforderung an die **Zusammenarbeit der Akteure**. Da ein Ausschluss Einzelner an den Ergebnissen des Stadtmarketing praktisch unmöglich und somit
ein Anreiz zur Mitarbeit nur in Ansätzen vorhanden ist, stellt sich die Frage, wie
die relevanten Akteure überhaupt zur Mitarbeit bewegt werden können. Eine organisatorische Einbindung sämtlicher Akteure erscheint kaum möglich, da die
Teilnahme am Stadtmarketing oftmals auf freiwilliger Basis verläuft. Insbeson-

---

[163] HONERT merkt zur Schwierigkeit der Abstimmung parteipolitischer Interessen an: „Wenn A
„a" sagt und fordert, *muß* (Hervorhebung in der Originalquelle) B aus Parteiräson zum
Beweis des eigenen Profils gegen „a" sein." Vgl. Honert, S., Stadtmarketing und Stadtmanagement, a. a. O., S. 396.

re die Einbindung der Politik in ein langfristiges Konzept stellt für die Praxis ein zentrales Problemfeld dar.[164]

Hinsichtlich des Risikos der Leistungserbringung lässt sich ein weiterer Unterschied zum unternehmerischen Marketing kennzeichnen. Während ein privatwirtschaftlich geführtes Unternehmen bei Nichterfüllung der Zahlungsaufforderungen Konkurs anmelden muss, existiert ein derartiges Selektionsprinzip im Stadtmarketing nicht. [165] Eventuell anfallende Haushaltslöcher werden zumindest langfristig durch Steuerzahlungen oder Ausgleichsleistungen des Landes ausgeglichen. Die **mangelnde Konkursmöglichkeit** im kommunalen Kontext steht somit dem Effizienzgedanken des Marketing gegenüber.[166]

Zusammenfassend bleibt festzuhalten, dass die Vielzahl der Interessenvertreter spezifische Herausforderungen an die Führung im Stadtmarketing aufwirft. Besondere Bedeutung kommt dabei dem inhaltlichen und zeitlichen Spannungsfeld zwischen öffentlichen und privaten Institutionen bzw. Politik und Marketing zu. Neben der parallelen Existenz kommerzieller und nicht-kommerzieller Zielsetzungen wirft insbesondere die Ermangelung eines klaren Oberziels Probleme auf, weil dem Stadtmarketing somit ein für die Führung notwendiger inhaltlicher Referenzpunkt fehlt.[167] Abb. 10 gibt die für den Führungsbedarf ausschlaggebenden Spezifika auf der Anbieterseite des Stadtmarketing überblicksartig wieder.

---

[164] Vgl. Walchshöfer, J., Der Weg durch die Instanzen, a. a. O., Haedke, G., Mann, A., Marketing nach innen: Problemfelder und Lösungsansätze aus Sicht der Praktiker, in: Töpfer, A. (Hrsg.), Stadtmarketing – Herausforderung und Chance für Kommunen, a. a. O., S. 385.

[165] Vgl. Manschwetus, U., Regionalmarketing, Marketing als Instrument der Wirtschaftsentwicklung, a. a. O., S. 80 f.

[166] Unter Bezugnahme auf die Argumentation in Kap. B.1.1 kann gefolgert werden, dass neben dem Markteintritt somit auch ein Marktaustritt im Stadtmarketing de facto nicht möglich ist.

[167] Vgl. Lüdtke, H., Stratmann, B., Nullsummenspiel auf Quasimärkten. Stadtmarketing als theoretische und methodische Herausforderung für die Sozialforschung, a. a. O., S. 304.

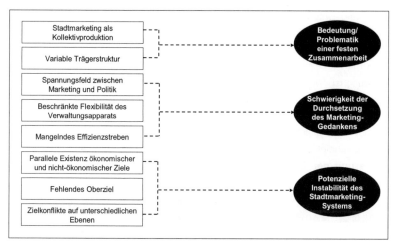

Abb. 10: **Führungsrelevante Spezifika der Angebotsseite des Stadtmarketing**

1.22   Spezifika der Nachfragerseite

Ebenso wie auf der Anbieterseite lassen sich auch auf der Nachfragerebene diverse Anspruchsgruppen einer Stadt identifizieren. Hierzu gehören lokale, nationale und internationale Unternehmen und Verbände, ebenso wie öffentliche Einrichtungen, Bürger und Besucher einer Stadt. Generell können unter den **Zielgruppen einer Stadt** alle ansässigen und externen Personen sowie Institutionen verstanden werden, denen das Angebot kommunaler Leistungen potenziellen Nutzen stiftet.[168] Die Breite dieser Definition verdeutlicht, dass eine systematische Erfassung der Zielgruppen des Stadtmarketing mit Schwierigkeiten behaftet ist, da im Extremfall sämtliche Bewohner und Institutionen eines Landes als potenzielle Zielgruppen interpretiert werden können.

Für eine inhaltliche Differenzierung der Nachfrager kommunaler Leistungen hat sich in der Literatur eine grobe Unterscheidung in die Zielgruppen Bürger, Tou-

---

[168] Vgl. Spieß, S., Marketing für Regionen – Anwendungsmöglichkeiten im Standortwettbewerb, a. a. O., S. 32.

risten und Unternehmen durchgesetzt,[169] die sich je nach Bedarf detaillierter
strukturieren lassen.[170] Wenngleich eine solche Systematik den divergierenden
Interessen und Erwartungen der Nachfrager tendenziell Rechnung trägt, ist sie
doch mit Problemen behaftet, weil eine Zuordnung in diese Kategorien selten
eindeutig ist. Vielmehr zeichnet sich die Nachfragerstruktur des Stadtmarketing
durch erhebliche **Interdependenzen zwischen den Zielgruppen** aus: Ein externer Investor vermag ebenso als Tourist eine Stadt besuchen, wie ein Bewohner der Stadt gleichzeitig ein ansässiges Unternehmen führen kann. Zweckmäßiger erscheint daher in Analogie zur Marktabgrenzung eine **räumliche Differenzierung der Zielgruppen** in Zielsegmente innerhalb und außerhalb einer
Stadt (vgl. Tab. 2).

interne Zielgruppen	externe Zielgruppen
• Bürger	• potenzielle Investoren
• ansässige Wirtschaft	• Touristen
• Lokale Medien	• Pendler
• Bildungseinrichtungen	• potenzielle Bewohner
• Vereine, Verbände	• Bund/Land
• Reisebüros	• Shoppinginteressierte
• soziale Einrichtungen	• Reiseveranstalter
• etc.	• etc.

Tab. 2:   Potenzielle Zielgruppen des Stadtmarketing

Zu den internen Zielgruppen zählen neben den eigenen Bewohnern die ansässige Wirtschaft, Bildungseinrichtungen, Medien, Sportvereine sowie sämtliche kulturellen, gesellschaftlichen und sozialen Verbände und Institutionen. Den externen Zielgruppen einer Stadt lassen sich Existenzgründer, auswärtige Unterneh-

---

[169] Vgl. Bertram, M., Marketing für Städte und Regionen – Modeerscheinung oder Schlüssel zur
       dauerhaften Entwicklung?, a. a. O., S. 34, Lackes, R., Stadtmarketing im Internet –
       Gestaltungsmöglichkeiten und empirischer Befund, a. a. O., S. 173. Diese Systematisierung
       wird durch empirische Untersuchungen gestützt, die belegen, dass sich die von der Praxis
       am häufigsten genannten Zielgruppen diesen Segmenten zuordnen lassen. Vgl. etwa
       Töpfer, A., Mann, A., Kommunale Kommunikationspolitik. Befunde einer empirischen
       Analyse, in: der städtetag, Heft 1, 1996, S. 11.

[170] So wird bspw. im Zielsegment der Touristen zwischen erholungsorientierten,
       kulturorientierten und wirtschaftsorientierten Besuchern unterschieden. Vgl. Spieß, S., Mar-
       keting für Regionen – Anwendungsmöglichkeiten im Standortwettbewerb, a. a. O., S. 34.

men und Investoren, Touristen und Messebesucher, Medien, Reiseveranstalter und Reisemittler sowie Arbeitnehmer aus anderen Städten zuordnen. Wenngleich diese Aufzählung keinen abschließenden Charakter hat, erscheint die Unterscheidung in interne und externe Nachfrager im Vergleich zu inhaltlichen Abgrenzungskriterien hinreichend trennscharf.

Aus der Existenz interner Zielgruppen einer Stadt lassen sich verschiedene Besonderheiten für die Führung im Stadtmarketing ableiten. Während ein Unternehmen im kommerziellen Marketing grundsätzlich Zielsegmente selektieren kann, ist die Möglichkeit der **Zielgruppenselektion im Stadtmarketing nur ansatzweise gegeben.** Eine Stadt kann sich seine Bürger und die ansässige Wirtschaft nicht „aussuchen", vielmehr ist die Ansiedlung von Unternehmen bzw. der Zuzug von Bewohnern prinzipiell jedem erlaubt.[171] Vor dem Hintergrund unterschiedlicher Zielgruppenbedürfnisse steht das Stadtmarketing somit vor der Herausforderung, unter Berücksichtigung der spezifischen Nutzenerwartungen ein für alle Segmente wünschenswertes Angebot sicherzustellen.

Ferner ist zu beachten, dass die **internen Zielgruppen zugleich als Akteure** des Stadtmarketing in Erscheinung treten können. Während interne Nachfrager das kommunale Angebot einerseits in Anspruch nehmen, gestalten sie es anderseits durch ihr Verhalten in gewissem Ausmaß mit, ohne dabei konkrete, auf die Stadt bezogene Ziele zu verfolgen.[172] Dies hat zur Folge, dass sich nach erfolgter Ansiedlung vormals externer Zielsegmente zugleich eine Änderung des existierenden Angebotpotenzials ergibt.[173] Eine besondere Rolle kommt in diesem Zusammenhang den Bürgern einer Stadt zu, die als zentrales Kundensegment gleichzeitig bewusst und unbewusst die Komponenten des Produkts „Stadt" prägen. Insbesondere die Vertreter sog. „lokaler Eliten"[174] haben auf-

---

[171] Vgl. Lüdtke, H., Stratmann, B., Nullsummenspiel auf Quasimärkten. Stadtmarketing als theoretische und methodologische Herausforderung für die Sozialforschung, a. a. O., S. 305.

[172] Vgl. Meffert, H., Städtemarketing – Pflicht oder Kür, a. a. O., S. 275.

[173] Vgl. Spieß, S., Marketing für Regionen – Anwendungsmöglichkeiten im Standortwettbewerb, a. a. O., S. 36.

[174] Die Bedeutung lokaler Eliten für die Stadtentwicklung wird unter akteurs- und interessentheoretischen Gesichtspunkten in jüngerer Zeit von der New Urban Sociology vermehrt diskutiert. Vgl. hierzu Gottdiener, M., The Social Production of Urban Space, 2. Aufl., Austin 1994, Logan, J. R., Molotch, H. L., Urban Fortunes: The Political Economy of Place, Berkeley 1987.

grund ihres Einflusses die Möglichkeit, Bürgerinteressen aktiv in den Konzeptions- und Gestaltungsprozess des Stadtmarketing einzubringen. Für die Stadtmarketing-Führung bedeutet dies, dass die aus dem unternehmerischen Marketing bekannte „Produzenten-Kunden-Beziehung" das Verhältnis der Stadt zu den Bürgern nur zum Teil widerspiegelt.[175]

Festzuhalten bleibt an dieser Stelle, dass sich auch die Nachfragerseite des Stadtmarketing aus heterogenen Zielsegmenten zusammensetzt, die das kommunale Angebot entsprechend den eigenen Nutzenerwartungen wahrnehmen. Wenngleich eine Unterscheidung in interne und externe Zielgruppen aus modelltechnischen Gesichtspunkten zweckmäßig erscheint, lassen sich innerhalb einer Stadt Zielgruppen und Akteure nicht eindeutig voneinander trennen. Diese und weitere nachfragerseitige Besonderheiten mit Auswirkungen auf den Führungsbedarf im Stadtmarketing sind in Abb. 11 zusammenfassend dargestellt.

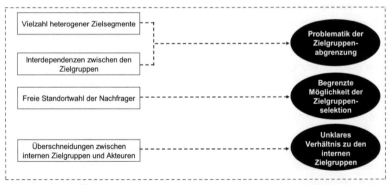

Abb. 11:   **Führungsrelevante Spezifika der Nachfragerseite des Stadtmarketing**

1.3   Führungsrelevante Spezifika auf der Ebene des Austauschprozesses

Ausgehend vom Verständnis einer Stadt als Objekt des Stadtmarketing in Kap. A.2 dieser Arbeit stellt sich die Frage der Charakterisierung einer **„Stadt als Produkt"**. Im unternehmerischen Marketing wird ein Produkt als ein Bündel ma-

---

[175] Vgl. Honert, S., Stadtmarketing und Stadtmanagement, a. a. O., S. 396.

terieller und immaterieller Eigenschaften und Leistungen verstanden, welches
zum Zwecke der Bedürfnisbefriedigung aktueller und potenzieller Nachfrager
angeboten wird.[176] Wie noch zu zeigen ist, kann diese Auffassung in ihren
Grundzügen auch auf eine Stadt als Leistungsbündel übertragen werden, so
dass im Folgenden bewusst am Terminus „Produkt Stadt" festgehalten wird.[177]
Aufgrund einiger Unterschiede im Vergleich zu einem klassischen Produkt sollen
im Folgenden die für das Stadtmarketing relevanten Spezifika des Austauschgegenstandes sowie des Austauschprozesses herausgearbeitet werden.

Der Versuch einer definitorischen Erfassung des Produkts im Stadtmarketing
lässt zwei grundsätzlich unterschiedliche Interpretationen zu:[178] Zum einen kann
damit die Stadt als Ganzes verstanden werden, als eine räumliche und inhaltliche Einheit. Eine solche Interpretation, in der Literatur als „nuclear product"[179]
bezeichnet, kommt bspw. in der Formulierung „wir machen Urlaub in New York"
zum Ausdruck. Zum anderen kann sich die Bezeichnung auf spezifische Einzelleistungen und Merkmale einer Stadt beziehen. Beispiele hierfür sind die kommunale Wirtschaftsförderung oder die Museen einer Stadt. Dieser Auffassung
soll im Rahmen der vorliegenden Arbeit jedoch nicht gefolgt werden, weil die
Vermarktung spezifischer Einzelleistungen Aufgabe der jeweils verantwortlichen
Anbieter ist. Analog zum Unternehmensbereich beschäftigt sich die Führung des
Stadtmarketing dagegen mit der strategischen Ausrichtung der Stadt auf einer
übergeordneten Ebene. Dabei werden nicht die Einzelfacetten des Produkts,
sondern das Produkt „Stadt" als Ganzes an die Zielgruppen herangetragen.[180]
Vor diesem Hintergrund soll das Produkt „Stadt" im Folgenden als **ein komple-
xes Bündel einer Vielzahl komplementärer Angebotskomponenten** aufge-

---

[176] Vgl. Brockhoff, K., Produktpolitik, 3. Aufl., Stuttgart u. a. 1999, S. 19.

[177] Aus terminologischen Gründen wird diese Auffassung von zahlreichen Autoren getragen.
Vgl. etwa Ashworth, G. J., Voogd, H., Can Places be sold for Tourism?, in: Ashworth, G. J.,
Goodall, B. (ed.): Marketing Tourism Places, a. a. O., S. 6 oder bezogen auf das
Regionenmarketing Spieß, S., Marketing für Regionen – Anwendungsmöglichkeiten im
Standortwettbewerb, a. a. O., S. 28.

[178] Vgl. hierzu auch Ashworth, G. J., Voogd, H., Selling the City: Marketing approaches in public
sector urban planning, London 1990, S. 66.

[179] Vgl. bspw. Sliepen, W., Marketing van de historische omgeving, Netherlands Research
Institute for Tourism, Breda 1988.

[180] Vgl. Meffert, H., Städtemarketing – Pflicht oder Kür?, a. a. O., S. 275.

fasst werden, welche in ihrem Zusammenwirken das spezifische Leistungsprofil einer Stadt erkennbar machen.[181]

Die Vielzahl städtischer Angebotskomponenten erschwert ihre vollständige Erfassung. Aus Gründen der Übersichtlichkeit erscheinen daher grobe Systematisierungen zweckdienlicher als exemplarische Enumerationen. So lassen sich etwa hinsichtlich des Angebotsursprungs natürliche (z. B. Landschaft, Klima, geografische Lage, Rohstoffe etc.), soziokulturelle (z. B. Historie, Tradition, Mentalität, Sprache, Sitten, Religion etc.) und leistungsbezogene (z. B. Bürgerberatung, Theater, Bildungseinrichtungen, Einkaufsmöglichkeiten etc.) Angebotskomponenten einer Stadt unterscheiden.

Wenngleich das Produkt „Stadt" i. d. R. von den Zielgruppen ganzheitlich wahrgenommen wird, werden situationsspezifisch nur ausgewählte Komponenten des Gesamtprodukts genutzt. In Abhängigkeit von den zielgruppenspezifischen Bedürfnissen (z. B. Bürger, Investor, Tourist etc.) werden die Angebotskomponenten jeweils **rollenbezogen und selektiv** in Anspruch genommen bzw. kombiniert. Dies hat zur Folge, dass das kommunale Leistungsbündel parallel an unterschiedliche Zielgruppen mit spezifischen Bedürfnissen verkauft wird: Eine Stadt kann bspw. gleichzeitig als historische Stadt, als Einkaufsstadt oder als Messestadt vermarktet werden.[182]

Dies macht zugleich deutlich, dass eine Zerlegung des Produkts „Stadt" in einzelne Komponenten als Strukturierungshilfe nur gedanklicher Natur sein kann. In der Realität existieren zahlreiche **Verflechtungen und Interdependenzen zwischen den Bestandteilen**, wobei Veränderungen einer Komponente Auswirkungen auf andere Komponenten und somit das Gesamtprodukt haben können.[183] Für das Stadtmarketing bedeutet dies, dass das Produkt „Stadt" ähnlich einem Prisma zwar aus verschiedenen Blickwinkeln und Abstraktionsebenen

---

[181] Vgl. Balderjahn, I., Marketing für Wirtschaftsstandorte, a. a. O., S. 121.

[182] Vgl. Ashworth, G. J., Voogd, H., Can Places be sold for Tourism?, in: Ashworth, G. J., Goodall, B. (ed.): Marketing Tourism Places, a. a. O., S. 9.

[183] Werden etwa in einer Einkaufspassage die etablierten Fachgeschäfte zu Gunsten einer hochmodernen Shopping-Mall geschlossen, so hat dies Einfluss auf das Stadtbild und damit auch auf das kulturelle Image einer Stadt.

betrachtet werden kann, diese Perspektiven jedoch auf einem zentralen Wahrnehmungskern aufbauen.

Eine weitere Herausforderung für die Stadtmarketing-Führung resultiert aus der
Tatsache, dass ein derartiger Wahrnehmungskern zwar originär stadtspezifischen Charakter hat, in der Realität jedoch zunehmende **Homogenisierungstendenzen in Bezug auf das kommunale Angebot** auftreten. So haben die
Stadterneuerungsprogramme der Vergangenheit und die Sanierung historischer
Stadtzentren in den letzten Jahren zu einem Verlust der Einzigartigkeit und Individualität vieler Städte geführt.[184] Neben einigen Großstädten existieren nur wenige klein- bis mittelgroße Städte mit einem eigenständigen Profil.[185] Gefördert
wird diese Entwicklung durch die zunehmend stereotypen Botschaften massen-
medialer Berichterstattung bzw. selbstinitiierter Imagekampagnen: „In der Regel
lagen alle Standorte mitten in Europa, mit entsprechend gleichem Markt bzw.
gleichen Bezugsmöglichkeiten, verfügten alle Standorte über hervorragende
Verkehrserschließungen (...), hervorragende Arbeitskräfte (...), alle denkbaren
öffentlichen Finanzhilfen, besterschlossene Grundstücke zu günstigen Preisen,
eine Lebensqualität mit einer Mischung aus Alpen und Sylt, Kölner Dom und
Berliner Philharmonie und einem Serviceangebot, das alles vergessen lässt, was
Verwaltung heißen kann"[186]. Derartige Werbekampagnen fördern durch ihre
schematischen Inhalte tendenziell eine Angleichung der Städteprofile im Wettbewerb.

Wenngleich dies nicht auf sämtliche Angebotskomponenten einer Stadt zutrifft,
so lassen sich viele Besonderheiten des Austauschgegenstandes und
-prozesses im Stadtmarketing aus den Parallelen zum Dienstleistungsmarketing
erklären. Ähnlich einer Dienstleistung ist auch bei der Inanspruchnahme kom-

---

[184] Vgl. Lalli, M., Plöger, W., Corporate Identity für Städte. Ergebnisse einer bundesweiten
       Gesamterhebung, a. a. O., S. 237.

[185] Als Beispiele seien die Städte Heidelberg oder Weimar genannt. Vgl. hierzu auch Suttner,
       W., Markenzeichen Kultur, in: der gemeinderat, Heft 11, 2000, S. 28 f.

[186] Diese Aussage ist das Ergebnis einer umfangreichen qualitativen Analyse von
       Werbekampagnen verschiedener Standorte in den 80er Jahren. Hotz, D., Zielgruppe:
       Unbekannt. Informationsmarketing in der kommunalen Wirtschaftsförderung, in
       RaumPlanung/Mitteilungen des Informationskreises für Raumplanung e. V., o. O.,
       September 1985, S. 164. Vgl. hierzu auch Vgl. Spiller, H. J., Der Standort – von außen
       gesehen, a. a. O., S. 137.

munaler Leistungen der Kunde oftmals direkt an der Leistungserstellung beteiligt.[187] Die **Integration des externen Faktors** kann sich sowohl auf die Nutzung einzelner Angebote beziehen (z. B. Museumsbesuch) als auch auf die vom Kunden vorgenommene Kombination von Teilleistungen (z. B. Anreise, Übernachtung und Aufenthaltsgestaltung im Rahmen einer Urlaubsreise). Diese Einwirkung des Kunden auf den Prozess der Leistungserstellung hat zur Folge, dass das Ergebnis eines solchen Prozesses eine vom Anbieter nur begrenzt kontrollierbare Variable darstellt. In der Konsequenz ist die Vermarktung des Produkts „Stadt" dadurch gekennzeichnet, dass der Anbieter nur über einen unvollkommenen Informationsstand hinsichtlich der Wirkungen auf den Nachfrager verfügt.[188]

Hinzu kommt, dass zahlreiche Bestandteile des städtischen Leistungsangebots **immateriellen Charakter** aufweisen. Neben den von einer Stadt offerierten Leistungen (z. B. Bürgerberatung) ist hierzu insbesondere das natürliche und soziokulturelle Angebot zu zählen (z. B. Geschichte, Kultur). Dies impliziert, dass das Angebot einer Stadt durch fehlende Mobilität gekennzeichnet ist und die Leistung vor Ort in Anspruch genommen werden muss. Bezogen auf die erstgenannten (Dienst-)Leistungen kommt hinzu, dass Leistungserstellung und Leistungsverwendung auch zeitlich zusammenfallen.

Aus der Immaterialität der Leistungskomponenten folgt ferner, dass das Produkt „Stadt" durch einen hohen **Anteil an Vertrauenseigenschaften** gekennzeichnet ist. Im Unterschied zu Sucheigenschaften, welche bereits vor der Inanspruchnahme beurteilt werden können und Erfahrungseigenschaften, deren Qualität sich nach bzw. während der Leistungserstellung bewerten lässt, lassen Vertrauenseigenschaften eine Beurteilung durch den einzelnen Nachfrager oftmals gar nicht zu.[189] So kann bspw. das Wetter eines Urlaubsortes auch nach mehrmaligem Besuch nicht mit vollständiger Sicherheit vorhergesagt werden. Die Immate-

---

[187] Vgl. hierzu allg. Meffert, H., Bruhn, M., Dienstleistungsmarketing. Grundlagen – Konzepte – Methoden, 4. Aufl., Wiesbaden 2003, S. 62 ff.

[188] Vgl. Ashworth, G. J., Voogd, H., Can Places be sold for Tourism?, in: Ashworth, G. J., Goodall, B. (ed.): Marketing Tourism Places, a. a. O., S. 8.

[189] Vgl. Adler, J., Informationsökonomische Fundierung von Austauschprozessen. Eine nachfragerorientierte Analyse, Wiesbaden 1996, S. 68 ff.

rialität steigert das wahrgenommene Risiko des Nachfragers, wodurch der Vertrauensnachweis im Stadtmarketing eine besondere Bedeutung erlangt.

Ein zentrales Unterscheidungskriterium zum klassischen Marketing ist die nur begrenzte Beeinflussbarkeit des Austauschgegenstandes im Stadtmarketing. Diese resultiert neben der bereits skizzierten Kundenintegration in den Erstellungsprozess aus der **Unveränderlichkeit zahlreicher Angebotskomponenten**. Faktoren wie Landschaft, Klima und Stadtgeschichte sind entweder langfristig oder gar nicht zielgerichtet gestaltbar.[190] Der Entwicklung innovativer Produktideen sind im Stadtmarketing somit Grenzen gesetzt, so dass die Profilierung gegenüber dem Wettbewerb zusätzlich erschwert wird.

Schließlich ist anzumerken, dass trotz der hier vertretenen ganzheitlichen Interpretation einer Stadt als Produkt das Entscheidungsfeld potenzieller Zielgruppen durch die alleinige Betrachtung des kommunalen Angebots nicht vollständig wiedergegeben ist. Mit dem Raumbezug gewinnt im Stadtmarketing ein weiterer Aspekt an Bedeutung, der die Stadt von einem klassischen Produkt unterscheidet: Als nur eine **Komponente innerhalb eines räumlichen Hierarchiegefüges** ist das Produkt „Stadt" stets im regionalen bzw. nationalen Kontext zu betrachten.[191] So wird ein potenzieller Tourist bei der Wahl eines Urlaubsortes das Umland in seine Entscheidung einbeziehen und das regionale Angebot ggf. ebenfalls in Anspruch nehmen. Dieser Aspekt gewinnt zwar im Hinblick auf die Gestaltung regionaler und überregionaler Städtekooperationen an Bedeutung. Für die Entwicklung eines wissenschaftlichen Führungskonzeptes für das Stadtmarketing besitzt er jedoch keine unmittelbare Relevanz, so dass im Folgenden zunächst von ihm abstrahiert werden soll.

Zusammenfassend kann festgehalten werden, dass der Austauschgegenstand im Stadtmarketing gegenüber einem Konsumgut durch zahlreiche Spezifika abzugrenzen ist, die sich teilweise aus den Analogien zum Dienstleistungsmarketing erklären lassen. Daneben existieren weitere Charakteristika, die aus der Unveränderlichkeit einzelner Angebotskomponenten, der simultanen und selektiven

---

[190] Vgl. Meffert, H., Städtemarketing – Pflicht oder Kür, a. a. O., S. 278.

[191] Vgl. hierzu die Abgrenzung zwischen City-, Stadt- und Regionenmarketing in Kap. A.3.2 dieser Arbeit. Zu berücksichtigen sind weiterhin die übergeordnete nationale bzw. supranationale Hierarchieebene.

Inanspruchnahme sowie der zunehmend homogeneren Wahrnehmung des kommunalen Angebots resultieren. Nachfolgende Abbildung verdeutlicht die für die Stadtmarketing-Führung relevanten Spezifika auf der Austauschebene des Stadtmarketing (vgl. Abb. 12).

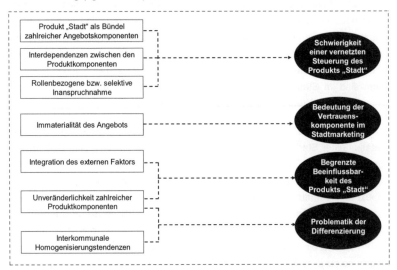

Abb. 12:   Führungsrelevante Spezifika des Austauschgegenstandes bzw. -prozesses des Stadtmarketing

1.4   Anforderungen an ein Führungskonzept für das Stadtmarketing

Die in den vorangegangenen Kapiteln aufgezeigten Spezifika verdeutlichen die zentralen Unterschiede zwischen dem Marketing für Unternehmen und dem Stadtmarketing. Diese Charakteristika beruhen auf kommunalen Besonderheiten, die sich nur bedingt beeinflussen lassen. Die Aufgabe des Stadtmarketing kann somit nicht darin bestehen, die situativen Faktoren an den unternehmerischen Kontext anzupassen, sondern vielmehr darin, die bestehenden Denkansätze im Hinblick auf die spezifische Problemstellung von Städten zu adaptieren. Vor diesem Hintergrund sollen nachfolgend **Anforderungen** an ein den spezifischen Führungsbedarf berücksichtigendes Referenzkonzept für das Stadtmarketing abgeleitet werden. Zu unterscheiden ist dabei hinsichtlich inhaltlicher Konstruktanforderungen, die einen unmittelbaren Bezug zum Koordinations- bzw. Steuerungsproblem aufweisen und konzeptionellen Anforderungen an das darauf aufbauende Modell.

Wie aufgezeigt werden konnte, ist die mangelnde Existenz eines einheitlichen Oberziels ein zentrales Spezifikum des Stadtmarketing im Gegensatz zur kommerziellen Marketing. Grundlage eines jeglichen Führungsprozesses ist jedoch das Vorhandensein von Zielen, ohne die eine rationale Planung nicht möglich ist.[192] Dem hier zu entwickelnden Modellkonzept ist somit ein Konstrukt zugrunde zu legen, welches als **inhaltlicher Referenzpunkt** für die Führung im Stadtmarketing geeignet erscheint. Auf Grundlage der in den vorangegangenen Kapiteln erarbeiteten Spezifika hat ein solches Referenzkonstrukt dabei einigen Ansprüchen hinsichtlich des Koordinations- und Steuerungsbedarfs im Stadtmarketing zu genügen.

Im Hinblick auf den **Koordinationsaspekt** wurde deutlich, dass die Teilnahme am Stadtmarketing zumeist auf freiwilliger Basis erfolgt. Die Vielzahl potenzieller Akteure sowie die variierende Zusammensetzung der Trägerschaft erschweren eine feste Zusammenarbeit. Vor diesem Hintergrund stellt sich für die Führung des Stadtmarketing die Herausforderung, die verschiedenen Akteure zur Teilnahme zu bewegen bzw. in den Stadtmarketing-Prozess einzubinden. Ein Referenzpunkt für die Stadtmarketing-Führung hat somit das Kriterium der Mehrdimensionalität zu erfüllen, um eine **Integration** der Interessen möglichst vieler Akteure zu gewährleisten. Wenngleich dies im Idealfall eine Abdeckung sämtlicher Angebotsdimensionen einer Stadt bedeutet, ist aus Komplexitätsgründen eine Fokussierung auf die stadtspezifisch relevanten Faktoren vorzuziehen.

Mit der Integration der Interessenvertreter ist jedoch nur ein Aspekt der Koordinationsaufgabe des Stadtmarketing angesprochen. Neben der formellen oder informellen Einbindung der Akteure stellt deren aktive Mitarbeit eine weitere Herausforderung an das Stadtmarketing dar. Ein Referenzpunkt für die Stadtmarketing-Führung hat somit **Anreiz- bzw. Stimulierungspotenziale** für die Beteiligten zu leisten. Vor dem Hintergrund der Berücksichtigung der spezifischen Akteursinteressen ist darauf zu achten, die damit verbundenen potenziellen Konfliktfelder möglichst gering zu halten. Der Beitrag zur **Konfliktreduktion bzw. Systemstabilisierung** stellt somit eine weitere koordinationsbezogene Anforderung an ein inhaltliches Referenzkonstrukt für die Stadtmarketing-Führung dar.

---

[192] Vgl. Adam, D., Planung und Entscheidung, Modelle – Ziele – Methoden, a. a. O., S. 99.

Die mangelnde Existenz eines einheitlichen Oberziels hat insbesondere Auswirkungen auf die **Steuerung** des Stadtmarketing, die einen solchen Referenzpunkt
grundsätzlich erfordert.[193] Die situationsspezifische Vernetzung und Ausrichtung
des Produkts „Stadt" auf den relevanten Markt kann nur erfolgen, wenn ein anzustrebender Sollzustand eindeutig definiert ist. Dem zu erarbeitenden Führungskonzept für das Stadtmarketing ist somit ein Referenzpunkt mit **Zukunfts-
bezug** zugrunde zu legen. Bei der Formulierung eines solchen Konstruktes ist
dabei das Spannungsfeld zwischen der den Charakteristika einer Stadt gerecht
werdenden Multidimensionalität und den damit verbundenen komplexitätsinduzierten negativen Effekten zu berücksichtigen.

Weiterhin wurde deutlich, dass die mediale Darstellung kommunaler Angebote
zunehmenden Homogenisierungstendenzen ausgesetzt ist. Zur Ausnutzung von
Profilierungspotenzialen hat ein für die Steuerung heranzuziehender inhaltlicher
Referenzpunkt somit dem **Differenzierungsgedanken** Rechnung zu tragen. Da
es sich zur Herausstellung der Einzigartigkeit anbietet, auf den existierenden
Potenzialen einer Stadt aufzubauen, ist bei der Entwicklung eines Führungsansatzes die Unveränderlichkeit dieser Angebotskomponenten zu berücksichtigen.

Während insbesondere die koordinationsbezogenen Anforderungen vornehmlich
die Anbieterseite des Stadtmarketing betreffen, haben die aus den Analogien
zum Dienstleistungsmarketing abgeleiteten Spezifika des Produkts „Stadt" direkte Auswirkungen auf die nachfragerseitige Wahrnehmung. Vor allem der Ver-
trauensgutcharakter des städtischen Angebots und die Immaterialität vieler Leistungskomponenten führen zu einem im Vergleich zum Konsumgütermarketing
höheren subjektiv wahrgenommenen Risiko. Da dieses bei der Formulierung
eines Führungskonzeptes für das Stadtmarketing ebenfalls in Betracht gezogen
werden muss, hat das Referenzkonstrukt somit einen Beitrag zur **Risikoreduktion** zu leisten. In diesem Zusammenhang gewinnt die Signalisierung von Vertrauen im Stadtmarketing eine besondere Bedeutung, weil dem Vertrauenskonstrukt komplexitäts- bzw. risikoreduzierende Potenziale zugesprochen werden.[194]

---

[193] Vgl. Kap. A.3.1.

[194] Vgl. auch Kapitel B.2.3 dieser Arbeit.

Neben den skizzierten koordinations- und steuerungsbezogenen inhaltlichen Voraussetzungen lassen sich aus den erarbeiteten Spezifika **modellbezogene Anforderungen** an einen Führungsansatz für das Stadtmarketing ableiten. In besonderem Maße ist dabei auf die **integrative Berücksichtigung der Innen- und Außenperspektive** des Stadtmarketing zu verweisen. Diese ergibt sich nicht nur aus der im Rahmen dieser Arbeit vorgenommenen Fokussierung auf eine interne Koordinations- und externe Steuerungsaufgabe der Stadtmarketing-Führung, sondern auch aus der Erkenntnis, dass mit der internen und externen Perspektive zwei grundsätzlich unterschiedliche Märkte im Stadtmarketing existieren.

Bezogen auf die Anbieterseite sind im Rahmen des zu entwickelnden Führungskonzeptes die unterschiedlichen Träger des Stadtmarketing zu erfassen. Während sich für eine einzelne Stadt hierbei keine nennenswerten Probleme ergeben, stellt sich für die Erarbeitung eines wissenschaftlichen Führungsmodells die Notwendigkeit der Berücksichtigung einer interkommunal variierenden Trägerschaft. Dem Konzept ist somit ein **allgemeingültiger Ansatz zur Erfassung der Anbieterstruktur** zugrunde zu legen. Werden in einem solchen Modell die unterschiedlichen Interessen der Akteure berücksichtigt, so leiten sich daraus zwangsläufig potenzielle Konfliktfelder ab. Wie bereits aufgezeigt wurde, können diese Konflikte nicht nur auf der Anbieterebene (Koordinationsbedarf), sondern auch zwischen den Vorstellungen der Anbieter und den Erwartungen der Zielgruppen (Steuerungsbedarf) entstehen.[195] Unter Berücksichtigung der normativen Zielsetzung dieser Arbeit ist die **Aufdeckung potenzieller Konfliktfelder** eine notwendige Voraussetzung für deren Schließung.

Ebenso wie die Träger auf der Anbieterseite sind auch die Nachfrager des Stadtmarketing möglichst vollständig zu erfassen. Im Rahmen der Modellentwicklung ist in diesem Zusammenhang neben den externen Zielgruppen die besondere **Rolle der Bürger** zu berücksichtigen. Während diese einerseits das kommunale Angebot als Nachfrager wahrnehmen, beeinflussen sie es andererseits durch die Gestaltung von Leistungskomponenten bzw. ihre persönliche Kommunikation ganz wesentlich. Das Vorhandensein multipler externer Zielgruppen hingegen ist kein spezifisches Charakteristikum des Stadtmarketing.

---

[195] Vgl. Kap. B.1.21.

Vielmehr muss auch das auf die Unternehmensebene bezogene kommerzielle Marketing den Erwartungen und Bedürfnissen zahlreicher Gruppierungen (z. B. Verbraucher, Aktionäre) gerecht werden. Da dieser Aspekt unter dem Begriff „Corporate Branding" bereits seit einiger Zeit in der Marketingwissenschaft vermehrt diskutiert wird,[196] soll er im Rahmen der Entwicklung eines stadtspezifischen Führungskonzepts nicht im Mittelpunkt stehen.

Folgende Abbildung verdeutlicht noch einmal überblicksartig die aus den Spezifika der Markt-, Anbieter-, Nachfrager- und Austauschebene abgeleiteten inhaltlichen und modellbezogenen Anforderungen an ein wissenschaftliches Referenzkonzept für die Führung im Stadtmarketing (vgl. Abb. 13).

Abb. 13:   **Anforderungen an ein Führungskonzept für das Stadtmarketing**

2.   Identität einer Stadt als inhaltlicher Referenzpunkt der Führung im Stadtmarketing

Im vorangegangenen Kapitel wurde aufgezeigt, dass das Stadtmarketing im Vergleich zum unternehmerischen Marketing durch führungsrelevante Besonderheiten gekennzeichnet ist. Darauf aufbauend konnten inhaltliche und konzeptionelle Anforderungen an ein Führungskonzept für das Stadtmarketing abgelei-

---

[196] Vgl. bspw. Demuth, A., Das strategische Management der Unternehmensmarke, in: Markenartikel, Heft 1, 2000, S. 14 ff., Bickerton, D., Corporate Reputation versus Corporate Branding: the realist debate, in: Corporate Communications, Heft 1, 2000, S. 42-48, Ind, N., The Corporate Brand, Ebbw Vale 1997.

tet werden. Bezugnehmend auf die inhaltlichen Voraussetzungen soll im Folgenden untersucht werden, inwieweit das interdisziplinär diskutierte Konstrukt der
Identität als inhaltlicher Referenzpunkt für die Führung im Stadtmarketing
geeignet ist.

Angesichts der Tatsache, dass die Identität kein ursprüngliches Forschungsfeld
des Stadtmarketing ist, erscheint für eine inhaltliche Annäherung zunächst ein
Rückgriff auf den allgemeineren Forschungszweig der räumlichen Identität angemessen. In diesem Zusammenhang ist die Frage zu klären, inwieweit einer
Stadt als Mikromaßstab räumlicher Hierarchieebenen identitätsstiftender Charak-
ter zukommt. Anschließend ist eine für die Zielsetzung dieser Arbeit adäquate
Präzisierung des Begriffs der Stadtidentität abzuleiten. Eine derartige Operatio-
nalisierung bildet zugleich die Grundlage für die empirische Fundierung des zu
erarbeitenden Modells in Kap. C dieser Arbeit. Aufbauend auf dem erarbeiteten
Identitätsverständnis soll im letzten Teil des folgenden Kapitels der Beitrag der
Stadtidentität für die Führung im Stadtmarketing anhand von Funktionen für die
Koordination und Steuerung analysiert werden.

2.1   Stadtidentität im Kontext der raumbezogenen Identitätsforschung

2.11   Eignung räumlicher Bezugsebenen zur Erfassung identitätsbilden-
der Prozesse

Aspekte der räumlichen bzw. raumbezogenen Identität werden in zahlreichen
Teildisziplinen der Sozialwissenschaft terminologisch unterschiedlich diskutiert.[197] Den verwendeten Begriffen wie z. B. emotionale Ortsverbundenheit, terri-
toriale Bindung oder raumbezogene Identifikation ist gemeinsam, dass sie Aspekte der Beziehung zwischen Menschen und ihrer mittelbaren oder unmittelbaren räumlichen Umwelt in den Mittelpunkt der Betrachtung stellen. Die diesbezügliche Forschung hatte lange Zeit schlaglichtartigen Charakter und fand weitgehend im theoriefreien Raum statt.[198] Erst durch die Arbeiten zur **geografi-**

---

[197] Ohne Anspruch auf Vollständigkeit seien genannt: Soziologie, Psychologie, Geografie,
Sozialgeografie, Umweltpsychologie, Ethnologie, Kulturanthropologie, Politologie, Kommuni-
kationswissenschaften, Sprachwissenschaften.

[198] Vgl. Weichhardt, P., Raumbezogene Identität. Bausteine zu einer Theorie räumlich-sozialer
Kognition und Identifikation, Erdkundliches Wissen, Heft 102, Schriftenreihe für Forschung
und Praixs (hrsg. von Meynen, E., Kohlhepp, G., Leidlmair, A.), Stuttgart 1990, S. 13.

schen **Regionalbewusstseinsforschung (RBF)** sowie die daraus resultierende kontroverse Diskussion innerhalb der Geografie entwickelte sich das Thema räumliche Identität zu einem intensiv bearbeiteten und eigenständigen Forschungsfeld.

Als Begründer der geografischen RBF gelten die Autoren BLOTEVOGEL, HEINRITZ und POPP, die sich ausdrücklich auf den Begriff des Regionalbewusstseins beziehen, um etwaige Missverständnisse zu vermeiden, die in der Heterogenität und dem umfassenden Anspruch des Identitätsbegriffs begründet liegen.[199] In Anlehnung an die sozialwissenschaftliche Aufspaltung der Identitätsträger in Individuen und Gruppen legen sie dem Regionalbewusstsein zwei Bedeutungskomplexe zugrunde: Auf der Individualebene interpretieren sie Regionalbewusstsein als den „Inhalt des Raumgefühls, den jemand hat" bzw. als raumbezogene Einstellung (individueller Zugang).[200] Auf der Kollektivebene wird Regionalbewusstsein als die „Gesamtheit raumbezogener Einstellungen" (kollektiver Zugang) verstanden.[201] Beiden Auffassungen ist das **Einstellungskonstrukt** gemeinsam, welches in der verhaltenswissenschaftlichen Forschung als der „Zustand einer gelernten und relativ dauerhaften Bereitschaft, in einer entsprechenden Situation gegenüber dem betreffenden Objekt regelmäßig mehr oder weniger stark positiv bzw. negativ zu reagieren"[202] verstanden wird.

In Anlehnung an die Dreikomponententheorie der Verhaltensforschung[203] kann auch die raumbezogene Einstellung in **drei Dimensionen** gegliedert werden: Die **kognitive** Dimension charakterisiert das Wissen über eine Region hinsichtlich ihrer physischen Merkmale, Grenzen und Symbole. Die **affektive** Dimension steht für die gefühlsmäßige Komponente und umfasst die emotionale Besetzung

---

[199] Vgl. Blotevogel, H. H., Heinritz, G., Popp, H., Regionalbewußtsein – Überlegungen zu einer geografischen-landeskundlichen Forschungsinitiative, a. a. O., S. 409.

[200] Vgl. Blotevogel, H. H., Heinritz, G., Popp, H., Regionalbewußtsein. Bemerkungen zum Leitbegriff einer Tagung, in: Bericht zur deutschen Landeskunde, Band 60, Heft 1, 1986, S. 104.

[201] Vgl. Blotevogel, H. H., Heinritz, G., Popp, H., „Regionalbewußtsein" – Zum Stand der Diskussion um einen Stein des Anstosses, in: Geographische Zeitschrift, Jg. 77, Heft 2, 1989, S. 68.

[202] Trommsdorff, V., Konsumentenverhalten, 5. Aufl., Stuttgart 2003, S. 150.

[203] Vgl. ebenda, S. 155 ff.

wahrgenommener Elemente in positiver oder negativer Hinsicht sowie das darauf aufbauende Zugehörigkeitsgefühl. Regionale Handlungsorientierungen werden anhand der **konativen** Dimension beschrieben, die intentionalen Charakter
hat.

Analog zur Dreikomponententheorie werden die Ebenen des RBF als verschiedene **Intensitätsstufen** raumbezogener Einstellungen interpretiert.[204] So setzt
die artikulierte Zugehörigkeit zu einer Region (z. B. Mitwirkung in Vereinen) als
konative Komponente eine emotionale Verbundenheit mit der Region voraus. Ein
solches Gefühl der Verbundenheit hängt wiederum von der Wahrnehmung regi-
onsspezifischer Eigenschaften ab. Andererseits muss für die räumliche Wahrnehmung keine gefühlsmäßige Bindung vorhanden sein, wie auch das Zugehörigkeitsgefühl nicht zwingend die Umsetzung dieser Verbundenheit in regionale
Handlungen mit sich zieht (vgl. Abb. 14).

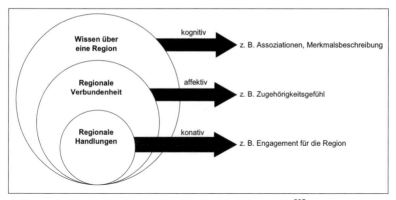

Abb. 14:   Intensitätsstufen des Regionalbewusstseins[205]

Die Veröffentlichungen zur geografischen RBF haben einige kritische Stellung-
nahmen hervorgebracht, die nicht nur auf einzelne Unstimmigkeiten oder ver-
kürzte Aussagen abzielen, sondern den geografischen Ansatz grundsätzlich in
Frage stellen. Ohne auf die Argumentationslinien der Regionalbewusstseinskriti-

---

[204] Vgl. Blotevogel, H. H., Heinritz, G., Popp, H., Regionalbewußtsein – Überlegungen zu einer
geografischen-landeskundlichen Forschungsinitiative, a. a. O., S. 414 ff.

[205] Vgl. Blotevogel, H. H., Heinritz, G., Popp, H., Regionalbewußtsein – Überlegungen zu einer
geografisch-landeskundlichen Forschungsinitiative, a. a. O., S. 415.

ker erschöpfend einzugehen,[206] erscheint für das weitere Vorgehen die im Zentrum der Kritik stehende Frage nach der **Sinnhaftigkeit des Raumbezugs** zur Erklärung von Bewusstseins- bzw. Identifikationsprozessen von besonderer Bedeutung.

Das Hauptargument der RBF-Gegner besteht darin, dass **räumliche Ebenen** als Bezugspunkte individueller oder kollektiver Identifikation in modernen Gesellschaften **keinerlei Bedeutung** haben. Während in den Anfängen der Industrialisierung der Raumüberwindung eine erhebliche Bedeutung zukam, haben Globalisierung und die damit verbundene Normierung und Gleichschaltung zu einer Auflösung segmentärer Systeme geführt.[207] An die Stelle vorgegebener physisch-materieller Grenzen treten im Zuge der Entwicklungen im Informations- und Kommunikationssektor selbst geschaffene „virtuelle Räume".[208] In einem „Global Village", gekennzeichnet durch ein weltumspannendes Transport- und Kommunikationssystem, Konzentrationstendenzen im Finanzsektor und zunehmend globalisierte Märkte, bieten sich vielfältige Handlungsoptionen unabhängig vom physischen Aufenthaltsort der Individuen. Anstelle des interaktionsbezogenen räumlichen Umfelds tritt in der modernen Gesellschaft ein weltweites kommunikationsorientiertes System. In einem derart strukturierten Weltsystem, so die Kritik an der RBF, sei raumbezogenes Denken in Bezug auf die individuelle Bewusstseinswerdung Ausdruck veralteter, eskapistischer Ideologien.[209]

Im Sinne eines theoretischen Fundaments berufen sich die RBF-Kritiker auf die Systemtheorie LUHMANS, wonach moderne Systeme keinerlei räumliche Existenz

---

[206] Exemplarisch sei auf die Publikationen von HARD und BAHRENBERG verwiesen. Vgl. Hard, G., Das Regionalbewußtsein im Spiegel der regionalistischen Utopie, in: Informationen zur Raumentwicklung, o. Jg., Heft 7/8, 1987, S. 419-439, Bahrenberg, G., Unsinn und Sinn des Regionalismus in der Geographie, in: Geographische Zeitschrift, 75. Jg., Heft 3, 1987, S. 149-160.

[207] Vgl. Schuhbauer, J., Wirtschaftsbezogene Regionale Identität, a. a. O., S. 12.

[208] ROHRBACH schildert diesen Prozess des „Geografie-Machens" am Beispiel des Internet, welches er als großes Haus beschreibt, in dem die Webseiten für eine unendliche Anzahl von Räumen stehen. Betritt ein User dieses Haus, so ist er sowohl in der Wahl seines Weges, wie auch der Selektion seiner Kommunikationspartner frei. Vgl. Rohrbach, C., Regionale Identität im Global Village – Chance oder Handicap für die Regionalentwicklung, Frankfurt a. M. 1999, S. 30 ff.

[209] Vgl. Weichhardt, P., Raumbezogene Identität. Bausteine zu einer Theorie räumlich-sozialer Kognition und Identifikation, a. a. O., S. 6.

besitzen.[210] Innerhalb dieser Systeme, die sich ausschließlich durch Kommunikation konstituieren, tritt der Raum in den Hintergrund und verkommt zu einer Metapher.[211] Aus der **Bedeutungslosigkeit des Raumes** ergebe sich nahezu zwangsweise die Sinnlosigkeit der Auseinandersetzung mit regionalem Bewusstsein. Durch die Beschreibung eines psychischen Prozesses wie der Bewusstseinsbildung in einer räumlichen Sprache betreibe die geografische RBF eine „Verräumlichung nicht-räumlicher Phänomene"[212]. Die Vorwürfe der RBF-Kritiker gipfeln in der These, dass die Raumabstraktion der Geografie eine semantische Substitution darstellt, bei der komplexe Sachverhalte in einer simplen und sachlich unangemessenen Semantik beschrieben werden.[213]

Vor dem Hintergrund der skizzierten Sachverhalte erscheinen die These der Bedeutungslosigkeit räumlicher Bindungen und die daraus abgeleitete Sinnlosigkeit einer Regionalbewusstseinsforschung durchaus plausibel. Es ist kaum zu bezweifeln, dass im Zuge der gesellschaftlichen Modernisierung die Bedeutung der Raumüberwindung abgenommen hat. Daraus allerdings zu folgern, dass Kommunikation per se unräumlich ist, wird einer differenzierten Betrachtungsweise nicht gerecht. Vielmehr erfordert Kommunikation von ihren Trägern prinzipiell die **Überwindung räumlicher Distanzen**.[214] Offensichtlich wird die Bedeutung räumlicher Präsenz hierbei im Falle des persönlichen Kontakts (face-to-face), dem auch in modernen Gesellschaften ein weiterhin hoher Stellenwert eingeräumt wird.[215]

---

[210] HARD zitiert eine briefliche Mitteilung N. LUHMANNS an ihn. Vgl. Hard, G., „Bewusstseinsräume" – Interpretationen zu geographischen Versuchen, regionales Bewusstsein zu erforschen, in: Geographische Zeitschrift, Jg. 75., Heft 3, 1987, S. 128.

[211] Vgl. Rohrbach, C., Regionale Identität im Global Village – Chance oder Handicap für die Regionalentwicklung, a. a. O., S. 21 sowie Klüter, H., Raum als Element sozialer Kommunikation, Giessener Geographische Schriften, Heft 60, Gießen 1986, S. 54 ff.

[212] Hard, G., Das Regionalbewußtsein im Spiegel der regionalistischen Utopie, in: Informationen zur Raumentwicklung, a. a. O., S. 426.

[213] Vgl. Weichhardt, P., Raumbezogene Identität. Bausteine zu einer Theorie räumlich-sozialer Kognition und Identifikation, a. a. O., S. 7.

[214] Vgl. Bassand, M., Villes, régions et sociétés. Introduction à la sociologie des phénomènes urbains et régionaux, Lausanne 1982, S. 286.

[215] Vgl. Rohrbach, C., Regionale Identität im Global Village – Chance oder Handicap für die Regionalentwicklung, a. a. O., S. 19.

Als Gegenentwurf zum Weltbild der Moderne wird in der jüngeren Vergangenheit versucht, die skizzierten gesellschaftlichen Entwicklungen unter dem Begriff der „Postmoderne" empirisch und konzeptionell neu zu beleuchten.[216] Ein Resultat des Veränderungsprozesses hin zur globalen Weltgesellschaft ist der systembedingte Zwang zur Individualisierung. Vor dem Hintergrund des soziokulturellen Wandels sieht sich der Mensch im Rahmen seiner Identitätsfindung jedoch einer zunehmenden Orientierungslosigkeit ausgesetzt. Dem Zwang zur Individualisierung steht ein Verlust an traditionellen Identitätsnormen und Identifikationsangeboten wie Religion, Klasse, Stand etc. gegenüber.[217] Vor diesem Hintergrund kann der Rückbesinnung auf das unmittelbare räumliche Umfeld eine zunehmende Bedeutung als Orientierungsanker in einer entankerten Welt zugesprochen werden. In diesem Zusammenhang sei auf die Renaissance des **Heimatbegriffs** verwiesen, der als Folgeerscheinung einer gestörten Mensch-Umwelt-Beziehung zunehmend als Flucht- oder Widerstandsphänomen interpretiert wird.[218]

Insbesondere von anglo-amerikanischen Autoren wird auf die **Bedeutung räumlicher Aspekte für die Identitätsforschung** explizit verwiesen: „What is most striking by its conspicuous absence in all of these conceptualizations, however, is the utter disregard for the influence of physical settings generally, and in particular for the places and spaces that provide the physical contexts for all of the social and cultural influences on the self noted above"[219]. Ähnliche Aussagen lassen sich in zahlreichen weiteren soziologischen Arbeiten finden.[220] Der Psychologe LALLI folgert hinsichtlich der Bedeutung des Raumbezuges für die menschli-

---

[216] Vgl. hierzu exemplarisch Beck, U., Risikogesellschaft. Auf dem Weg in eine neue Moderne, Frankfurt a. M. 1986.

[217] Vgl. Weichhardt, P., Raumbezogene Identität. Bausteine zu einer Theorie räumlich-sozialer Kognition und Identifikation, a. a. O., S. 27.

[218] Stellvertretend zur Fülle der Arbeiten zum Heimatbegriff seien erwähnt: Greverus, I.-M., Auf der Suche nach Heimat, München 1979, Confino, A., A Nation as a local Metaphor. Würrtemberg , Imperial Germany and National Memory, 1871-1918, London 1997, Klueting, Edeltraud, Heimatschutz, in: Krebs, D., Reulecke, J. (Hrsg.), Handbuch der deutschen Reformbewegungen 1880-1933, Wuppertal 1998, S. 47-57.

[219] Proshansky, H. M., The City and Self-Identity, in: Environment and Behavior, Heft 10, 1978, S. 155.

[220] Vgl. Weichhardt, P., Raumbezogene Identität. Bausteine zu einer Theorie räumlich-sozialer Kognition und Identifikation, a. a. O., S. 9 ff. und die dort angegebene Literatur.

che Identität: „Die Frage, ob die räumlich-physikalische Umwelt für die Identität von Menschen relevant ist, kann von Seiten der Psychologie eindeutig bejaht werden"[221].

Wenngleich diese exemplarische Auflistung von Zitaten kein Beweis für die sachliche Richtigkeit der geografischen RBF sein kann, so zeigt sie doch, dass der Begriff des Regionalbewusstseins kein konstruiertes Phänomen eines bestimmten Fachbereichs ist. Der Raum als Grundkategorie menschlicher Erfahrung verliert nicht an Bedeutung, vielmehr unterliegt seine Erfahrung einem momentanen Umbruch.[222] Zugleich sei darauf verwiesen, dass es nicht das Anliegen der RBF ist, die Region als in sich geschlossenes Gesamtsystem zu betrachten.[223] Der Raum leistet vielmehr eine ideologische Abgrenzungsfunktion zur Herstellung von Identität in funktionalen Teilsystemen.[224] Die Leistung der geografischen RBF liegt somit in der Bereitstellung eines räumlichen Codes zur Abbildung sozialer Systeme. Aufgrund der hohen Komplexität der Systemtheorie und auch der Identitätsforschung ist diese geografische Codierung der Wirklichkeit jedoch nicht als „stupide"[225], sondern vielmehr als ausgesprochen zweckmäßig einzustufen.

2.12 Stellenwert der Mikroebene Stadt im Hierarchiegefüge räumlicher Identitätsmaßstäbe

Als grundsätzliche Maßstabsbereiche raumbezogener Identität lassen sich lokale, regionale, nationale und supranationale Bezugsgrößen ausmachen. Der Forschung stellt sich in diesem Zusammenhang die Frage nach der Gewichtung und dem Verhältnis der einzelnen Raumebenen. So ist z. B. zu erörtern, inwieweit

---

[221] Lalli, M., Stadtbezogene Identität. Theoretische Präzisierung und empirische Operationalisierung, Darmstadt 1989, S. 36.

[222] Vgl. Rohrbach, C., Regionale Identität im Global Village – Chance oder Handicap für die Regionalentwicklung, a. a. O., S. 19.

[223] Vgl. Pohl, J., Regionalbewußtsein als Thema der Sozialgeographie. Theoretische Überlegungen und empirische Untersuchungen am Beispiel Friaul, Kallmünz/Regensburg 1993, S. 56.

[224] Vgl. ebenda S. 57.

[225] Vgl. Hard, G., „Bewusstseinsräume" – Interpretationen zu geographischen Versuchen, regionales Bewusstsein zu erforschen, a. a. O., S. 135.

sich regionale und nationale Bindungen beeinflussen, ob einer der Ebenen eine objektiv größere Bedeutung zukommt, ob überhaupt räumliche Identität parallel auf mehreren Maßstabsebenen existiert und falls ja, wie sich diesbezügliche „Identitätssprünge" erklären lassen.[226] Da sich die bisherige Forschung fast ausschließlich auf die Region als Bezugsgröße räumlicher Identität bezieht, ist im Rahmen dieser Arbeit zu untersuchen, welcher **Stellenwert dem lokalen Umfeld für identitätsbildende Prozesse** in einem räumlichen Hierarchiegefüge zukommt. Hierzu sollen die in der wissenschaftlichen Diskussion am häufigsten herangezogenen Referenzobjekte Europa, Nation, Region und Stadt hinsichtlich ihres identitätsstiftenden Charakters miteinander verglichen werden.

Im Zuge der EU-Integration und der europäischen Währungsunion ist **Europa** für die beteiligten Länder ohne Zweifel zu einem zunehmend wichtigeren Bezugspunkt politischen und wirtschaftlichen Handelns geworden.[227] Während sich die europäische Vereinigung auf hoheitlicher Ebene in einem augenscheinlich fortgeschrittenen Stadium befindet, ist die Unterstützung derartiger Bemühungen durch die Bevölkerung als eher gering einzustufen. So findet in einer aktuellen Eurobarometerumfrage die EU-Mitgliedschaft des eigenen Landes nur von 54% der EU-Bürger Zustimmung[228] und auch der Euro als gemeinschaftliche Währung wird knapp 2 Jahre nach seiner Einführung nur von zwei Drittel der Bevölkerung befürwortet.[229] Als Ursache für eine derart kritische Grundhaltung gegenüber Europa kann unter anderem die wachsende Angst vor Arbeitslosigkeit ausgemacht werden, die in der zuwanderungsbedingten Konkurrenz um Ausbildungs- bzw. Arbeitsplätze begründet ist.[230] Hinzu kommt die von den Konsumen-

---

[226] Vgl. ebenda, S. 130 f.

[227] Ansätze einer gemeinsamen Beschäftigungs-, Sozial-, Außen- und Sicherheitspolitik sind ebenso ein Indiz dafür wie der wachsende Stellenwert europäischer Vorgaben für die nationale Gesetzgebung. Vgl. Buß, E., Regionale Identitätsbildung. Zwischen globaler Dynamik, fortschreitender Europäisierung und regionaler Gegenbewegung, Schriftenreihe der Stiftung Westfalen-Initiative, Band 2, Münster u. a. 2002, S. 37.

[228] Vgl. European Opinion Research Group (Hrsg.), Standard Eurobarometer 59 – Die öffentliche Meinung in der Europäischen Union, Brüssel 2003, S. 12 f.

[229] 66% der Bevölkerung der Europäischen Union stimmt der Einheitswährung grundsätzlich zu. Besonders schwach ist die Unterstützung in Dänemark (53%), Schweden (41%) und Großbritannien (24%). Vgl. ebenda, S. 14.

ten wahrgenommene und empirisch belegte Preissteigerung zahlreicher Branchen im Zuge der Euro-Einführung.[231] Derartige Tendenzen stehen einem gemeinsamen Selbstverständnis und damit der Entwicklung einer europäischen Identität behindernd gegenüber.[232] Vereinzelt wird davon ausgegangen, dass sich die Mehrzahl der Bürger zukünftig verstärkt an nationalen Gegebenheiten orientieren wird.[233]

Doch auch der nationalen Ebene kann nur ein eingeschränktes Potenzial zur Identitätsstiftung zugeschrieben werden. Zwar weist eine **Nation** als Maßstabsbereich im Gegensatz zur EU eine natürliche und traditionsreiche Geschichte auf. Nationale Identität wird jedoch in neueren Ansätzen der Nationalforschung als ein soziales Konstrukt aufgefasst, welches zum Zwecke der Akzeptanz von Machtansprüchen dem Individuum aufoktroyiert wird.[234] Deutlich wird dies durch die Tatsache, dass aufgrund der Größe einer Nation die Interaktion der Bevölkerung nur selektiv erfolgen kann und somit den von politischen oder gesellschaftlichen Eliten eingesetzten und gesteuerten Massenmedien eine entscheidende

---

[230] Ende der 90er Jahre hatte mehr als die Hälfte der bundesdeutschen Bevölkerung Sorge um Arbeitslosigkeit und 84% der Befragten glaubten, dass davon die Zukunft des Landes abhängt. Vgl. Noelle-Neumann, E., Köcher, R. (Hrsg.), Allensbacher Jahrbuch der Demoskopie 1993-1997, München 1997, S. 18 und 63.

[231] Im Auftrag des Westdeutschen Rundfunks (WDR) untersuchte das Institut für angewandte Verbraucherforschung (IFAV) die Veränderungen der Verbraucherpreise im Zeitraum Juni/Juli 2001 bis Mai 2002 in ausgewählten Branchen. Während im Lebensmittelhandel die durchschnittliche Preisveränderung mit +0,7% moderat ausfiel, betrug der Preisanstieg im Dienstleistungsbereich 7,1%, wobei 82,1% Preiserhöhungen und nur 10,3% Preissenkungen ermittelt wurden. Vgl. Institut für angewandte Verbraucherforschung (Hrsg.), Preisbeobachtungen nach der Umstellung auf den Euro. Eine Studie im Auftrag des Westdeutschen Rundfunks (WDR), Köln 2002.

[232] In einer Eurobarometerumfrage vom Frühjahr 1996 wurde die Bevölkerung der zwölf EU-Länder gefragt, inwieweit sie sich auf dem Weg zu einer europäischen Identität sieht. Davon gaben nur 15% an, sich in erster Linie mit Europa zu identifizieren, dagegen fühlen sich 22% mit der Region und 61% mit dem Land, in dem sie wohnen, verbunden. Vgl. European Opinion Research Group (Hrsg.), Standard Eurobarometer 45, Brüssel 1996, S. 86.

[233] Vgl. Buß, E., Regionale Identitätsbildung. Zwischen globaler Dynamik, forschreitender Europäisierung und regionaler Gegenbewegung, a. a. O., S. 38.

[234] Vgl. Hard, G., Auf der Suche nach dem verlorenen Raum, in: Fischer, M. M., Sauberer, M. (Hrsg.), Gesellschaft – Wirtschaft – Raum. Festschrift für Karl Stiglbauer, Wien 1987, S. 24-38.

Bedeutung hinsichtlich der Beeinflussung nationaler Ideen zukommt.[235] Zwar existiert jenseits der hoheitlichen Einflussnahme mit der Sprache eine nationenbezogene Eigenschaft mit identitätsstiftendem Potenzial.[236] Allerdings taugt auch die Sprache nur bedingt zur naturgegebenen Differenzierung gegenüber „Fremden", da Sprachen grundsätzlich erlernt werden können.[237] Zudem existieren innerhalb vieler Nationen räumliche Teilgebiete, in denen historisch bedingt dialektische Variationen bzw. gänzlich unterschiedliche Sprachen zur Anwendung kommen.[238]

Gerade diese Existenz regionaler Kulturen dient den Begründern der RBF als ein Erklärungsfaktor für die Konzentration auf die mittlere Maßstabsebene.[239] Durch den engeren räumlichen Fokus verfügt die **regionale Ebene** über stärkeres identifikatorisches Potenzial als nationale oder übernationale Bezugsgrößen. Sowohl die Bevölkerung als auch die Wirtschaftsstruktur einer Region zeichnen sich durch eine größere Homogenität im Vergleich zu übergeordneten Raumebenen aus. Hinzu kommt, dass im Zuge der Globalisierung der Begriff eines „Europas der Regionen" an Popularität gewonnen hat.[240] So wird in einer in den USA in Auftrag gegebenen Studie unter dem Begriff „The United States of Europe" eine Neuordnung Europas in 75 historisch gewachsene Regionen vorgeschlagen.[241]

---

[235] Vor der Entwicklung des Buchdrucks etwa war das Zustandekommen nationaler Identitäten nahezu unmöglich. Vgl. hierzu Anderson, B., Die Erfindung der Nation: zur Karriere eines erfolgreichen Konzepts, Frankfurt a. M. 1988, S. 44 ff.

[236] In der Türkei etwa wurde die Einführung der lateinischen Schrift in den zwanziger Jahren als eindeutiger Schritt im Hinblick auf die Herausbildung einer nationalen Identität und die Abgrenzung zu islamistischen Identifikationsangeboten gewertet. Vgl. Wellenreuther, R., Lefkosa (Nikosia-Nord). Stadtentwicklung und Sozialraumanalyse einer Stadt zwischen Orient und Okzident, Mannheim 1995, S. 198 ff.

[237] Vgl. Schuhbauer, J., Wirtschaftsbezogene Regionale Identität, a. a. O., S. 39.

[238] In der Schweiz etwa wird neben deutsch (75%) und französisch (20%) in einigen Teilen italienisch (4%) sowie vereinzelt rätoromanisch (1%) gesprochen.

[239] Neben der inhaltlichen Erklärung ziehen die Autoren zwei pragmatisch-forschungstechnische Gründe heran: Zum einen soll eine derartige Fokussierung Gemeinsamkeiten und damit Vergleichbarkeit der raumbezogenen Identitätsforschung hervorbringen, zum anderen ist die Region ein originärer Maßstabsbereich der Landeskunde. Vgl. Blotevogel, H. H., Heinritz, G., Popp, H., „Regionalbewußtsein" – Zum Stand der Diskussion um einen Stein des Anstoßes, a. a. O., S. 70 f.

[240] Vgl. Harhues, D., Europa der Regionen. Zwischen Vision und Wirklichkeit, Rheine 1996, S. 19 ff.

[241] Vgl. Parkinson, C. N., The United States of Europe (A Eurotopia?), New York 1992.

Ähnlich verfährt DELAMAIDE, der ebenfalls auf Basis der Historie zehn sog. „Superregionen" identifiziert, die den Anforderungen an eine globale Ökonomie entsprechend positioniert sind.[242]

Ungeachtet der Tatsache, dass DELAMAIDES Superregionen die Mehrzahl der Nationalstaaten in ihrer Größe übertreffen, wird an dieser Stelle mit der Frage der raumbezogenen Abgrenzung ein zentrales wissenschaftliches Problem regionaler Identitätsmaßstäbe deutlich. Regionen konstituieren sich in der Regel durch ihre Historie und verfügen oftmals über keine eindeutig festgelegten administrativen Grenzen. Werden diese nicht über landschaftliche Gegebenheiten definiert (z. B. Flüsse), dann sind die Übergänge zwischen benachbarten Regionen überlappend bzw. fließend. Hinzu kommt, dass Regionen im Unterschied zu Städten oder Nationen aus Sicht ihrer Bewohner nicht eindeutig zu benennen sind: Fragt man einen Bewohner Münsters nach der Region, in der er wohnt, so kann damit das Münsterland, die Region Westfalen und auch das Bundesland Nordrhein-Westfalen gemeint sein. Mit der parallelen Existenz multipler regionaler Identitäten steht die Forschung somit vor der Herausforderung eines Untersuchungsobjekts, welches situationsspezifisch inhaltlich unterschiedlich belegt ist.

Nicht nur vor diesem Hintergrund kann der **Stadt als Mikromaßstab** bei der Betrachtung raumbezogener Identität eine primäre Bedeutung beigemessen werden.[243] Auf der lokalen Ebene besteht ein direkter Handlungsbezug für das Individuum, der in der Wahrnehmung von Arbeit und Partizipationsmöglichkeiten am politischen Willensbildungsprozess bzw. in Vereinen seinen Ausdruck findet. Der Wohnstandort und die unmittelbare Wohnumgebung bilden die „subjektive Mitte der Welt", auf die individuelle Identifikationsprozesse zentriert sind.[244] Mit der Familie und dem Freundes- und Bekanntenkreis existiert ein Großteil des sozialen Netzes einer Person auf der örtlichen Ebene, die somit den vertrauten Lebenskontext konzipiert.[245] Ein derartiges soziales Interaktionssystem kann als

---

[242] Vgl. Delamaide, D., The new Superregions of Europa, New York 1994.

[243] Vgl. Schuhbauer, J., Wirtschaftsbezogene Regionale Identität, a. a. O., S. 34.

[244] Weichhardt, P., Raumbezogene Identität. Bausteine zu einer Theorie räumlich-sozialer Kognition und Identifikation, a. a. O., S. 77.

[245] Vgl. Rohrbach, C., Regionale Identität im Global Village – Chance oder Handicap für die Regionalentwicklung, a. a. O., S. 32.

Voraussetzung für die Entwicklung raumbezogener Identität betrachtet werden.[246]

Im Unterschied zur Region sind auf der lokalen Ebene die Grenzen des Interaktionssystems tendenziell deckungsgleich mit dem Raum und eindeutig definiert. Sowohl administrativ als auch physisch-materiell kann eine Stadt, stärker als eine Region, als einheitliches Gebilde angesehen werden. Diese Einprägsamkeit und Klarheit des lokalen Umfelds ist wiederum die Basis für identifikatorische Prozesse.[247] Das Vorhandensein eindeutiger Grenzen führt zu einer im Vergleich zum regionalen Maßstab größeren Bevölkerungshomogenität, die als weiteres Kriterium für die Entstehung von Identität angesehen werden kann.[248]

Es ist somit festzuhalten, dass die im Zentrum der vorliegenden Arbeit stehende Stadt unter theoretischen Gesichtspunkten als Bezugsgröße raumbezogener Identität in besonderem Maße geeignet erscheint. Dabei soll allerdings nicht der Eindruck erweckt werden, dass höherrangige Maßstabsbereiche keinen Beitrag zur räumlichen Identifikation leisten. Vielmehr kann davon ausgegangen werden, dass alle angeführten Maßstabsebenen gleichermaßen ihre Berechtigung haben.[249] Die Beziehungen des Menschen zu seiner räumlich-sozialen Umwelt können anhand eines Kontinuums beschrieben werden, welches von der lokalen bis zur supranationalen Ebene reicht.[250] Situationsabhängig kann dabei die raumbezogene Identität zwischen den unterschiedlichen Stufen des Kontinuums variieren,[251] so dass grundsätzlich von einer parallelen Existenz unterschiedlicher räumlicher Identitäten gesprochen werden kann.

---

[246] Vgl. Göschel, A., Lokale Identität: Hypothesen und Befunde über Stadtteilbindungen in Großstädten, in: Informationen zur Raumentwicklung, Heft 3, 1987, S. 92.

[247] Vgl. Rohrbach, C., Regionale Identität im Global Village – Chance oder Handicap für die Regionalentwicklung, a. a. O., S. 31.

[248] Vgl. Göschel, A., Lokale Identität: Hypothesen und Befunde über Stadtteilbindungen, a. a. O., S. 94 f.

[249] Vgl. Weichhardt, P., Raumbezogene Identität. Bausteine zu einer Theorie räumlich-sozialer Kognition und Identifikation, a. a. O., S. 75.

[250] Vgl. Lalli, M., Eine Skala zur Erfassung der Identifikation mit der Stadt. Informationen zum Beitrag für den 36. Kongress der Deutschen Gesellschaft für Psychologie, Berlin, 3.-6.10.1988, Darmstadt 1988, S. 2.

[251] WEICHHARDT beschreibt dies plastisch: „Beim Match des lokalen Fußballclubs gegen den Verein des Nachbarviertels wird sich der Zuseher als loyaler Viertelsbewohner fühlen, der

(Fortsetzung der Fußnote auf der nächsten Seite)

2.2 Ansatzpunkte zur Operationalisierung stadtbezogener Identität

2.21 Konstitutive Identitätsmerkmale als Grundlage der identitätsorientierten Interpretation einer Stadt

Zu Beginn von Kapitel B.2.11 wurde auf die Heterogenität der raumbezogenen Identitätsdiskussion hingewiesen. Einerseits wird dieser Ausdruck mit unterschiedlichen Inhalten belegt, andererseits werden verschiedene Begriffe für denselben Sachverhalt benutzt.[252] Auffällig ist, dass trotz der intensiven wissenschaftlichen Auseinandersetzung den meisten Arbeiten **keine eindeutige Definition** zugrunde liegt. Die Mehrzahl der Autoren setzt sich zwar mit den unterschiedlichen Auffassungen räumlicher Identität auseinander, eine inhaltliche Präzisierung wird jedoch zumeist vermieden.

Zumindest partiell liegt dies darin begründet, dass den vornehmlich geografischen Arbeiten der Charakter konzeptioneller Grundlagenwerke ohne dahinter stehende Problemstellung zukommt. WEICHHARDT bemerkt, dass das Fehlen konkreter Schlussfolgerungen im Hinblick auf den praktischen Nutzen als zentrale Kritik an seiner Arbeit angesehen werden kann. Er selbst bezeichnet sein Werk als „Reaktion auf eine bereits getroffene disziplinpolitische Entscheidung"[253] mit dem Versuch, Bausteine für eine übergreifende Theorie der raumbezogenen Identität zu identifizieren.[254]

Damit ist zugleich die Abgrenzung zur vorliegenden Arbeit gegeben, die unter Marketingaspekten einen praktisch-normativen Ansatz verfolgt. Wird die Identität als Referenzpunkt der Führung im Stadtmarketing zur Begegnung des identifizierten Koordinations- und Steuerungsproblems verstanden, so ist diese Bezugsgröße im Hinblick auf ihre Anwendbarkeit zu **operationalisieren**. Im Be-

---

gegen „die anderen" pfeift, spielt die Nationalmannschaft, dann wechselt die Bezugsebene, und die nationale Identität tritt (so banal der Anlass auch ist) in den Vordergrund." Vgl. Weichhardt, P., Raumbezogene Identität. Bausteine zu einer Theorie räumlich-sozialer Kognition und Identifikation, a. a. O., S. 77.

[252] Vgl. Aschauer, W., Identität als Begriff und Realität, in: Heller, W. (Hrsg.), Identität – Regionalbewusstsein – Ethnizität, Potsdam 1997, S. 3.

[253] Weichhardt, P., Raumbezogene Identität. Bausteine zu einer Theorie räumlich-sozialer Kognition und Identifikation, a. a. O., S. 87.

[254] Vgl. ebenda, S. 13.

wusstsein der Vielzahl sozialwissenschaftlicher Identitätsauffassungen und der terminologischen Unschärfen soll im Folgenden der Begriff der Stadtidentität inhaltlich präzisiert werden. Aus zweierlei Gründen wird dabei explizit der Identitätsbegriff anstelle des Terminus „Stadt-Bewusstsein" verwendet: Zum einen erscheint er inhaltlich treffender, da der Bewusstseinsbegriff suggeriert, die ihm zugrunde liegenden psychischen Abläufe würden vollständig bewusst ablaufen. Es kann aber davon ausgegangen werden, dass die Identitätsbildung zumindest teilweise auf Prozessen des Unterbewusstseins beruht. Zum anderen verwenden die Initiatoren der geografischen RBF in der Reaktion auf die Kritik an ihrer Arbeit selbst den Begriff der Identität.[255] Damit und mit einer Vielzahl folgender Veröffentlichungen unter diesem Terminus erscheint die Übernahme des Identitätsbegriffs auch in die Geografie als vollzogen.[256]

Voraussetzung für eine stadtbezogene Identitätsinterpretation und zugleich ein Ansatzpunkt für die Operationalisierung des Begriffs der Stadtidentität ist das Vorhandensein **grundlegender Identitätsmerkmale**, die auch bei einer Übertragung auf Städte Gültigkeit besitzen. Unabhängig vom jeweiligen Begriffsverständnis lassen sich in der sozialwissenschaftlichen Forschung mit der Wechselseitigkeit, der Kontinuität, der Konsistenz und der Individualität vier übergreifende, charakteristische Merkmale des Identitätsbegriffs aufzeigen, die für jede Verwendungsrichtung bestimmend sind (vgl. Tab. 3).[257]

---

[255] Vgl. exemplarisch Blotevogel, H. H., Heinritz, G., Popp, H., „Regionalbewußtsein" – Zum Stand der Diskussion um einen Stein des Anstosses, a. a. O., S. 73 ff.

[256] Vgl. Aschauer, W., Identität als Begriff und Realität, a. a. O., S. 1.

[257] Vgl. u. a. Frey, H.-P., Haußer, K., Entwicklungslinien sozialwissenschaftlicher Identitätsforschung, a. a. O., S. 17.

Konstitutive Merkmale	Individuen	*Städte*
Wechselseitigkeit	Identität durch die Beziehung zu anderen Menschen.	*Wechselseitige Wahrnehmung einer Vielzahl interner und externer Anspruchsgruppen.*
Kontinuität	Identität durch die zeitliche Konstanz personenbezogener Eigenschaften.	*Langfristige Unveränderlichkeit natur-historischer Komponenten.*
Konsistenz	Identität durch die widerspruchsfreie Kombination von Persönlichkeitsmerkmalen.	*Zusammenwirken stadtbezogener Attribute zu einem stimmigen Gesamtbild.*
Individualität	Identität durch die biologisch bedingte Einmaligkeit eines Individuums.	*Unverwechselbare Kombination der Gesamtheit stadtbezogener Eigenschaften.*

Tab. 3:   **Konstitutive Identitätsmerkmale von Individuen und Städten**

Das Kriterium der **Wechselseitigkeit** kennzeichnet den Tatbestand, dass Identität erst aus dem Zusammenspiel zwischen dem Identitätsträger und seiner Umwelt resultiert. Persönliche Identität bspw. entwickelt sich erst dann, wenn das Individuum in Gemeinschaft mit anderen Menschen lebt. In Situationen, die von der Außenwelt isoliert sind, besteht hingegen keine Möglichkeit, die eigene Identität zu entwickeln.[258] Dieser auch als Paradigma der Identitätsforschung bezeichnete dialektische Kreislauf[259] ist auch für die Stadtidentität von Bedeutung, weil Städte durch die Vielzahl interner und externer Anspruchsgruppen in besonderem Maße einer wechselseitigen Wahrnehmung ausgesetzt sind.

Mit dem Merkmal der **Konsistenz** wird die Stabilität identitätsstiftender Elemente einer Person oder Gruppe über einen längeren Zeitraum beschrieben.[260] In dieser Verwendungsrichtung kennzeichnet Identität die Tatsache, dass sich der Identitätsträger in seinen wesentlichen Eigenschaften nicht ändert. Eine Person etwa entwickelt sich im Laufe der Jahre zwar weiter, jedoch bleibt sie in ihren biografisch begründeten Kerneigenschaften (z. B. Geschlecht, Geburtsdatum, Augenfarbe) identisch.[261] Dies führt zu einer Unterscheidung identitätsstiftender

---

[258] Für Robinson Crusoe wäre Identität demnach völlig bedeutungslos. Vgl. de Levita, D. J., Der Begriff der Identität, a. a. O., S. 67 ff.

[259] Vgl. Frey, H.-P., Haußer, K., Entwicklungslinien sozialwissenschaftlicher Identitätsforschung, a. a. O., S. 17.

[260] Vgl. ebenda.

[261] Dieses Verhältnis wird in der Literatur als ein Dilemma der Identitätsforschung von ERIKSON gesehen, der die Ich-Identität einerseits als zeitlich konstant beschreibt, andererseits jedoch bemerkt, dass sich diese im Zeitablauf weiterentwickelt. Vgl. zu dieser Kritik de Levita, D. J., Der Begriff der Identität, a. a. O., S. 74.

Faktoren in essenzielle Identitätsmerkmale, die das Wesen einer Person begründen, und in akzidentielle Identitätsmerkmale, die sich im Zeitablauf ändern können, ohne dass eine Person ihre Identität verliert.[262] Da eine Stadt aufgrund ihrer Historie über zahlreiche essenzielle Identitätskomponenten verfügt (z. B. Name, Tradition, Landschaft), trifft auch das konstitutive Merkmal der Kontinuität auf die Stadtidentität zu.

Im Gegensatz zur Kontinuität, welche die Unveränderlichkeit von Identitätsfaktoren im Zeitablauf kennzeichnet, bezieht sich **Konsistenz** auf den zeitpunktbezogenen Zusammenhang von Identitätskomponenten. Die Bedeutung eines konsistenten Erscheinungsbildes ist darin zu sehen, dass erst die in sich widerspruchsfreie Kombination einzelner Persönlichkeitsmerkmale eine starke Individualidentität begründet.[263] Von einem grundsätzlichen Zutreffen des Konsistenzaspektes auf Städte kann an dieser Stelle nicht gesprochen werden, da im Einzelfall zu prüfen ist, inwieweit das Erscheinungsbild einer Stadt in sich stimmig ist. In jedem Fall kommt dieser konstitutiven Eigenschaft jedoch Aufforderungscharakter bezüglich der innen- und außengerichteten Abstimmung aller auf die Stadtidentität abzielenden Maßnahmen des Stadtmarketing zu.

Das Kriterium der **Individualität** schließlich entspricht weitgehend dem umgangssprachlichen Identitätsverständnis, welches die Einzigartigkeit des Identitätsträgers zum Gegenstand hat.[264] Diese Einmaligkeit kann entweder auf der Existenz einzelner Merkmale beruhen oder aber in der individuellen Verknüpfung auch anderweitig verfügbarer Eigenschaften begründet sein. Bei einem personenbezogenen Identitätsverständnis ist dieses Merkmal der Individualität aufgrund biologischer bzw. soziologischer Merkmale in besonderem Maße erfüllt. Auch auf Städte bezogen kann davon ausgegangen werden, dass historisch bedingte Eigenschaften existieren, die alleine oder in Kombination mit anderen Merkmalen zur Unverwechselbarkeit einer Stadt beitragen.

---

[262] Vgl. Böhm, B., Identität und Identifikation. Zur Persistenz physikalischer Gegenstände, Frankfurt a. M. u. a. 1989, S. 48 f.

[263] Vgl. Wiedmann, K. P., Markenpolitik und Corporate Identity, in: Bruhn, M. (Hrsg.), Handbuch Markenartikel, Band 2, Wiesbaden 1994, S. 1041.

[264] Vgl. Werthmöller, E., Räumliche Identität als Aufgabenfeld des Städte- und Regionenmarketing - ein Beitrag zur Fundierung des Placemarketing, a. a. O., S. 45.

Die konstitutiven Identitätsmerkmale, die auch für Städte Gültigkeit besitzen, verdeutlichen neben der bereits aufgezeigten sachlichen Sinnhaftigkeit die inhaltliche Möglichkeit einer Übertragung des Identitätsbegriffs auf das Stadtmarketing. Zugleich liefern sie einen ersten Ansatzpunkt für die Operationalisierung des Begriffs der Stadtidentität. Trotz der generellen Gültigkeit der genannten Kriterien ist jedoch zu berücksichtigen, dass ihnen mehr oder weniger auch der Charakter einer normativen Forderung an das Stadtmarketing zukommt.

2.22   Inhaltliche Präzisierung des Begriffs der Stadtidentität

Ungeachtet der Existenz konstitutiver Identitätsmerkmale existieren in der Literatur unterschiedliche Interpretationsformen stadtbezogener Identität. Wenngleich die Anzahl der genannten Bedeutungskomplexe in Abhängigkeit von der jeweiligen Verwendungsrichtung variiert, lassen sich in Anlehnung an die sozialwissenschaftlichen Identitätsauffassungen jedoch **zwei grundlegende Bedeutungsvarianten** unterscheiden (vgl. Abb. 15).

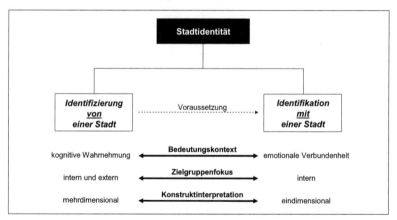

Abb. 15:   Interpretationsformen stadtbezogener Identität

In der ersten Bedeutungsrichtung kennzeichnet Stadtidentität die Wahrnehmung einer Stadt im Kopf eines Individuums bzw. im kollektiven Urteil.[265] Als psycholo-

---

[265] WEICHHARDT beschreibt diese Bedeutungsrichtung als „die subjektiv oder gruppenspezifisch wahrgenommene Identität eines bestimmten Raumausschnittes". Vgl. Weichhardt, P.,

(Fortsetzung der Fußnote auf der nächsten Seite)

gische Repräsentation dient sie der Identifizierung und Klassifizierung von Städten und macht diese als kognitive Konstrukte nutzbar. Stadtidentität beschreibt dabei den Inhalt der Vorstellungen von einer Stadt, repräsentiert als ein Bündel potenzieller Identifikationsmerkmale, welche vom Einzelnen selektiv wahrgenommen werden. In dieser Bedeutungsrichtung kann Stadtidentität als die **Identifizierung *von* einer Stadt** charakterisiert werden.[266]

Bei der zweiten Begriffsvariante wird in Anlehnung an psychologische Erklärungsansätze das Individuum stärker in den Mittelpunkt gerückt. Nach dieser Auffassung dient die Stadt als Projektionsfläche für die eigene Persönlichkeit und wird als „Ich-Komponente" internalisiert.[267] In diesem Sinne lässt sich Stadtidentität als die Teilidentität einer Person bzw. Gruppe auffassen.[268] Stadtbezogene Identität kennzeichnet somit ein räumliches Verbundenheits- und Zusammengehörigkeitsgefühl, welches sowohl individuellen als auch kollektiven Charakter haben kann. Gemäß dieser Teilbedeutung wird Stadtidentität als die **Identifikation *mit* einer Stadt** aufgefasst.[269]

Wenngleich zahlreiche Autoren unterschiedliche Ansätze zur Erfassung räumlicher Identität hervorgebracht haben, so wird eine derartige Aufspaltung des stadtbezogenen Identitätsbegriffs von der relevanten Literatur grundsätzlich gestützt. ASCHAUER bspw. arbeitet in Anlehnung an die Umweltpsychologie[270] drei Bedeutungsformen der Identität heraus: *etwas* identifizieren, *sich* identifizieren und identifiziert *werden*.[271] Während die beiden erstgenannten Auffassungen mit der hier vorgenommenen Differenzierung einhergehen, besitzt das dritte Beg-

---

Raumbezogene Identität. Bausteine zu einer Theorie räumlich-sozialer Kognition und Identifikation, a. a. O., S. 20.

[266] Vgl. Werthmöller, E., Räumliche Identität als Aufgabenfeld des Städte- und Regionenmarketing - ein Beitrag zur Fundierung des Placemarketing, a. a. O., S. 52.

[267] Vgl. Schuhbauer, J., Wirtschaftsbezogene Regionale Identität, a. a. O., S. 19.

[268] Vgl. Baier, G., Die Bedeutung räumlicher Identität für das Städte- und Regionenmarketing, Chemnitz 2001, S. 8.

[269] Vgl. Werthmöller, E., Räumliche Identität als Aufgabenfeld des Städte- und Regionenmarketing - ein Beitrag zur Fundierung des Placemarketing, a. a. O., S. 52.

[270] Vgl. Graumann, C. F., On Multiple Identities, in: International Social Science Journal, Heft 96, 1983, S. 309-381.

[271] Vgl. Aschauer, W., Identität als Begriff und Realität, a. a. O., S. 2.

riffsverständnis keine unmittelbare Relevanz für das Stadtmarketing. Zum einen bildet es, definiert als die Beobachtung, selbst zum Gegenstand eines Identifikationsprozesses zu werden, das reflexive Gegenstück zur ersten Interpretationsform. Zum anderen muss argumentiert werden, dass Städte in ihrer Eigenschaft als Systeme, anders als Individuen, nicht die Fähigkeit zu einer derartigen Selbsterkenntnis besitzen. WERTHMÖLLER identifiziert gar fünf verschiedene Ansatzpunkte zur Präzisierung räumlicher Identität, indem er eine Gegenüberstellung der sozialwissenschaftlichen Identitätskonzepte mit den Identitätsobjekten Person und Raum vornimmt.[272] Im Rahmen der personenbezogenen Perspektive (räumliche Identität als Identität einer Person) leitet er dabei jedoch die Teilprozesse der Identifizierung *von* und der Identifikation *mit* einer Stadt ab.[273] Auch die Begründer der RBF sprechen von einer Trennung des Regionalbewusstseins in zwei Aspekte, „die Intensität des Gefühls der Zugehörigkeit" und „den Inhalt der Raumvorstellung".[274] Zwar vernachlässigen sie damit die ihrer einstellungsbasierten Interpretation zugrunde liegende konative Komponente des Regionalbewusstseins. Diese Auffassung ist jedoch konform mit der TROMMSDORFFschen Interpretation der Dreikomponententheorie, der Einstellungen ebenfalls als kognitiv und affektiv bedingt sieht und das Verhalten als abhängige Variable definiert.[275]

Obgleich sich mit der kognitiv-orientierten Identifizierung *von* und der affektivgeprägten Identifikation *mit* einer Stadt zwei unterschiedliche Bedeutungsvarianten stadtbezogener Identität ableiten lassen, bezieht sich die **relevante Literatur fast ausschließlich auf den emotionalen Aspekt der Stadtidentität.** Zwar wird in der Forschung eine explizite Begriffsfokussierung zumeist vermieden, doch deutet die Terminologie der Verfasser darauf hin, dass die Arbeiten auf dem affektiven Identitätsverständnis aufbauen. So sprechen BLOTEVOGEL/HEIN-

---

[272] Vgl. Werthmöller, E., Räumliche Identität als Aufgabenfeld des Städte- und Regionenmarketing - ein Beitrag zur Fundierung des Placemarketing, a. a. O., S. 54 f.

[273] Vgl. ebenda, S. 52 f.

[274] Vgl. Blotevogel, H. H., Heinritz, G., Popp, H., Regionalbewußtsein. Bemerkungen zum Leitbegriff einer Tagung, a. a. O., S. 104.

[275] Zu anderen Interpretationsformen der Dreikomponententheorie vgl. Bagozzi, R. P., Burnkrant, R. E., Attitude Organization and the Attitude Behavior Relationship, Working Paper, School of Business Administration, Berkeley 1978 sowie Steffenhagen, H., Kommunikationswirkung – Kriterien und Zusammenhänge, Aachen 1984, S. 50 ff.

RITZ/POPP des Öfteren von einem räumlichen „Zugehörigkeitsbewusstsein",[276] GÖSCHEL fasst Identität als „Bindung" an eine Stadt auf[277] und auch WEICHHARDT verwendet häufig den Begriff der „territorialen Bindung"[278]. WERTHMÖLLER unterscheidet zwar auf theoretischer Ebene explizit zwischen den beiden Bedeutungskomplexen, legt jedoch seiner empirischen Untersuchung die Variante „Identifizierung *mit*" zugrunde.[279] Zum Ende seiner Arbeit folgert er allerdings, dass diese Interpretation der Tiefe des Forschungsfeldes nur unzureichend gerecht wird.[280]

Im Rahmen der vorliegenden Arbeit soll nun die bisherige Forschungsperspektive verlassen werden und der **kognitive Bedeutungskomplex** der Stadtidentität als Identifizierung *von* einer Stadt stärker in den Mittelpunkt gerückt werden. Folgende Gründe lassen sich dafür anführen:

Erstens stehen die beiden Konstrukte nicht gleichgerichtet nebeneinander, sondern in einer **Mittel-Zweck-Beziehung**. Zwar ist die Erzeugung einer emotionalen Zugehörigkeit ein besonderes Anliegen des Stadtmarketing, doch notwendige Bedingung für die Identifikation *mit* einer Stadt ist deren kognitive Wahrnehmung. Erst wenn ein Individuum eine Stadt anhand spezifischer Merkmale kennt, ist es in der Lage, sich mit ihr zu identifizieren.[281] Andererseits muss die Identifizierung *von* nicht zwangsläufig zur Identifikation *mit* einer Stadt führen.[282] Während das zu erreichende Verbundenheitsgefühl somit derivativen Charakter hat,

---

[276] Vgl. Blotevogel, H. H., Heinritz, G., Popp, H., Regionalbewußtsein. Bemerkungen zum Leitbegriff einer Tagung, a. a. O., S. 104 ff.

[277] Vgl. Göschel, A., Lokale Identität: Hypothesen und Befunde über Stadtteilbindungen, a. a. O., S. 91 ff.

[278] Vgl. Weichhardt, P., Raumbezogene Identität. Bausteine zu einer Theorie räumlich-sozialer Kognition und Identifikation, a. a. O., S. 13 ff.

[279] Er misst explizit die Identifikation mit räumlichen Bezugsgrößen als graduelle Intensität anhand einer Fünfer-Notenskala. Vgl. Werthmöller, E., Räumliche Identität als Aufgabenfeld des Städte- und Regionenmarketing - ein Beitrag zur Fundierung des Placemarketing, a. a. O., S. 138 ff.

[280] Vgl. ebenda, S. 204.

[281] Vgl. Rohrbach, C., Regionale Identität im Global Village – Chance oder Handicap für die Regionalentwicklung, a. a. O., S. 31.

[282] Vgl. Werthmöller, E., Räumliche Identität als Aufgabenfeld des Städte- und Regionenmarketing - ein Beitrag zur Fundierung des Placemarketing, a. a. O., S. 77.

bestehen die Ansatzpunkte des Marketing in der direkten Einflussnahme auf die kognitive Wahrnehmung der Stadt.[283]

Der zweite Grund setzt an den Zielgruppen des Verbundenheitsgefühls sowie den dieser Arbeit zugrunde liegenden Führungsherausforderungen der Koordination und Steuerung an. Der Schaffung eines gemeinsamen Selbstverständnisses als Zielsetzung des Stadtmarketing kommt einzig innengerichteter Charakter zu, da sich externe Zielgruppen in den seltensten Fällen mit einer Stadt identifizieren.[284] Eine Fokussierung auf diese Begriffsvariante würde somit einer Überbetonung des Koordinationsbedarfs und der damit einhergehenden **Vernachlässigung des Steuerungsproblems** gleichkommen.

Aus marketingspezifischer Sicht ist ein dritter Punkt in Betracht zu ziehen. Identität – verstanden als die Identifikation *mit* einer Stadt – ist gleichbedeutend mit dem Grad der Verbundenheit zu einer Stadt. Diesem Konstrukt liegt somit ein eindimensionales Messkonzept zugrunde. Für das Marketing reicht jedoch, insbesondere in Bezug auf das Steuerungsproblem, eine holistische Identitätsbetrachtung nicht aus. Vielmehr wird mit dem Marketing die Differenzierung gegenüber dem Wettbewerb durch die Herausstellung spezifischer Eigenschaftsdimensionen bezweckt. Auch für die Identitätsbildung sind vor allem diejenigen Faktoren relevant, die als besonders einzigartig oder typisch angesehen werden.[285] Diesem Verständnis kann allerdings nur Rechnung getragen werden, wenn die dem Stadtmarketing zugrunde liegende Stadtidentität als **mehrdimensionales Konstrukt** aufgefasst wird.

Für eine Operationalisierung des Begriffs der Stadtidentität ist somit das **Merkmal der Mehrdimensionalität** von entscheidender Bedeutung. Daneben soll für die inhaltliche Präzisierung stadtbezogener Identität auf die konstitutiven Identi-

---

[283] Nach WEICHHARDT besteht der zukünftige Forschungsschwerpunkt in der Identitätsgestaltung. Vgl. Weichhardt, P., Raumbezogene Identität. Bausteine zu einer Theorie räumlich-sozialer Kognition und Identifikation, a. a. O., S. 32.

[284] Eine hohe Verbundenheit externer Zielgruppen mit einer Stadt ist zu erwarten, wenn die Stadt als Geburtsort fungiert bzw. die Personen längere Zeit dort gelebt haben.

[285] Vgl. Gröppel-Klein, A., Braun, D., Stadtimage und Stadtidentifikation. Eine empirische Studie auf der Basis einstellungstheoretischer Erkenntnisse, in: Tscheulin, D. K. et al. (Hrsg.), Branchenspezifisches Marketing. Grundlage, Besonderheiten, Gemeinsamkeiten, Wiesbaden 2001, S. 351.

tätsmerkmale der Wechselseitigkeit, Konsistenz, Kontinuität und Individualität zurückgegriffen werden. Aufbauend darauf kann **Stadtidentität** verstanden werden als *die aus der wechselseitigen Beziehung zwischen internen und externen Anspruchsgruppen resultierende widerspruchsfreie Kombination von Merkmalen einer Stadt, die diese dauerhaft von anderen Städten unterscheidet.*[286] Diese Definition verdeutlicht den Aufforderungscharakter der Stadtidentität und bildet zugleich das Fundament für die konzeptionelle Ableitung der Identitätskomponenten.[287]

Im Hinblick auf die **inhaltlichen Komponenten** stadtbezogener Identität kann grundsätzlich zwischen eigenschaftsbezogener und angebotsbezogener Messung unterschieden werden. Während im Rahmen der eigenschaftsbezogenen Messung eine Stadt ähnlich einer Person anhand eines Eigenschaftsprofils (z. B. attraktiv, sympathisch, lebenslustig) bewertet wird,[288] stellt die angebotsorientierte Messung die Identitätsbeurteilung auf Basis eines Angebotskataloges (z. B. Bildungseinrichtungen, Gastronomie, Verkehrsanbindung) in den Mittelpunkt.[289] Der Vorteil der Eigenschaftsmessung besteht zwar darin, dass sie die Identität auf einem relativ abstrakten Niveau erfasst und damit ein Vergleich mit anderen Städten ermöglicht wird. Aufgrund des konkreteren Handlungsbezugs für das Stadtmarketing wird in der Literatur jedoch eine Ergänzung um angebotsbezogene Faktoren gefordert.[290]

Abschließend sei darauf verwiesen, dass die hier vorgenommene Fokussierung auf die kognitiv-mehrdimensionale Identitätsinterpretation nicht mit einer Vernachlässigung des stadtbezogenen Zugehörigkeitsgefühls einhergeht. Sie dient vielmehr als Grundlage für die mehrdimensionale Operationalisierung stadtbe-

---

[286] Vgl. hierzu auch Meffert, H., Burmann, Ch., Theoretisches Grundkonzept der identitätsorientierten Markenführung, a. a. O., S. 47.

[287] Vgl. Kapferer, J. N., Die Marke - Kapital des Unternehmens, a. a. O., S. 50 f.

[288] Vgl. bspw. Kölner Statistische Nachrichten (Hrsg.), Das Image Kölns bei Kölner Unternehmern und Entscheidungsträgern, Köln 1992, S. 7 f., Bauer, A., Das Allgäu-Image. Studie zum Fremdimage des Allgäus bei der deutschen Bevölkerung, Kempten 1999, S. 22 ff.

[289] Vgl. etwa Stadtmarketing Regensburg (Hrsg.), Fremdimageanalyse Regensburg, Regensburg 2000, S. 22 f., Schüttemeyer, A., Eigen- und Fremdimage der Stadt Bonn. Eine empirische Untersuchung, Bonner Beiträge zur Geografie, Heft 9, Bonn 1998, S. 48 ff.

[290] Vgl. Werthmöller, E., Räumliche Identität als Aufgabenfeld des Städte- und Regionenmarketing - ein Beitrag zur Fundierung des Placemarketing, a. a. O., S. 204.

zogener Identität. Zur Ableitung konkreter Funktionen der Stadtidentität im Rahmen des aufgezeigten Koordinations- und Steuerungsbedarfs ist dagegen ein
Rückgriff auf den damit verbundenen emotionalen Bedeutungskomplex notwendig.

2.3 Nutzenpotenziale der Identität im Kontext des stadtspezifischen Führungsproblems

Für eine Erörterung von Bedeutungskomplexen der Identität für das Stadtmarketing ist zunächst der führungsbezogene Fokus einer Stadt zu verlassen und
stattdessen eine systemtheoretische Perspektive einzunehmen. Wird eine Stadt
als komplexes soziales System verstanden, so ist auf der Grundlage sozial er-
weiterter Komplexität die Suche nach Ansatzpunkten zur Komplexitätsreduktion
eine logische Konsequenz.[291] In diesem Zusammenhang gewinnt die Verbindung zwischen dem Identitäts- und dem Vertrauenskonstrukt an Bedeutung.
Identität verschafft Glaubwürdigkeit und stellt somit die notwendige Bedingung
für die Entstehung von Vertrauen dar.[292] Vertrauen wiederum „hat eine Funktion
für die Erfassung und Reduktion von Komplexität"[293]. Durch die Verallgemeine-
rung von Erfahrungen werden in Vertrauensurteilen gewisse Entwicklungsmög-
lichkeiten von der Berücksichtigung ausgeschlossen.[294] Derartige Prozesse werden in der Lerntheorie auch als Generalisierung bezeichnet.[295] Folgt man dem
dieser Argumentation zugrunde liegenden Kausalzusammenhang zwischen
Identität und Vertrauen, so kann auch der Identität ein Beitrag zur **Komplexitätsreduktion** zugesprochen werden.[296]

---

[291] Vgl. Luhmann, N., Vertrauen. Ein Mechanismus der Reduktion sozialer Komplexität, 4. Aufl.,
Stuttgart 2000, S. 8.

[292] Vgl. Meffert, H., Burmann, Ch., Theoretisches Grundkonzept der identitätsorientierten
Markenführung, a. a. O., S. 42.

[293] Luhmann, N., Vertrauen. Ein Mechanismus der Reduktion sozialer Komplexität, a. a. O., S.
38.

[294] Vgl. ebenda, S. 30.

[295] Vgl. für einen Überblick Stendenbach, F. J., Soziale Interaktion und Lernprozesse, Köln,
Berlin, 1963, S. 90 ff.

[296] Diese Erkenntnis wird von der breiten sozialwissenschaftlichen Identitätsforschung
akzeptiert. Vgl. exemplarisch Luhmann, N., Identitätsgebrauch in selbstsubstitutiven
Ordnungen, besonders Gesellschaften, in: Marquard, O., Stierle, K. (Hrsg.), Identität, a. a.

(Fortsetzung der Fußnote auf der nächsten Seite)

Wie noch zu zeigen ist, lassen sich die koordinations- und steuerungsbezogenen Funktionen der Identität für das Stadtmarketing mehrheitlich aus dieser „Metafunktion" der Komplexitätsreduktion ableiten. Für eine systematische Erörterung der Funktionen stadtbezogener Identität ist jedoch die in der Literatur dominante Systemebene aus mehreren Gründen um die Betrachtung der Individualebene zu erweitern:[297] Erstens konstituieren sich Städte in ihrer Eigenschaft als soziale Gebilde durch die Interaktion und Kommunikation von Individuen, so dass sich viele Wirkungszusammenhänge nur durch die Berücksichtigung der personalen Ebene erfassen lassen. Zweitens bilden die Bedürfnisse der Zielgruppen die informatorische Grundlage jeglicher Marketingaktivitäten. Insbesondere für die steuerungsbezogenen Funktionen der Stadtidentität sind somit auch die Wirkungen auf der Zielgruppenebene zu berücksichtigen. Drittens schließlich ist darauf zu verweisen, dass das Identitätskonstrukt selbst als psychologisches bzw. soziologisches Phänomen gilt und eine Erfassung seiner Funktionen einen Rückgriff auf die Erkenntnisse der individualistischen Forschung voraussetzt.

2.31   Koordinationsbezogene Funktionen der Stadtidentität

2.311   Integration der heterogenen Interessenvertreter

Im kommunalen Kontext existieren zahlreiche Akteure mit einem spezifischen Interesse an der Gestaltung und Vermarktung einer Stadt. Anders als in einem privatwirtschaftlichen Unternehmen, in dem die Organisationsstruktur einen Integrationsrahmen für die Beteiligten bildet, sind die Handlungsträger des Stadtmarketing ihrerseits verfestigte Teilsysteme. Da diese Subsysteme einer Stadt untereinander häufig über keine strukturelle Anbindung verfügen, stellt sich die Frage, wie die unterschiedlichen Akteure zur Zusammenarbeit bewegt werden

---

O., S. 316 f., de Levita, D. J., Der Begriff der Identität, a. a. O., S. 192, Bickmann, R., Chance Identität. Impulse für das Management von Komplexität, Berlin u. a. 1998.

[297]   Insbesondere in der Geografie wird die Berücksichtigung der personalen Ebene zugunsten der Systemebene häufig vernachlässigt. Die Begründer der geografischen RBF etwa beziehen sich in ihren konzeptionellen Ausführungen fast ausschließlich auf das räumlich-soziale System Region bzw. die dort ansässigen organisatorisch verfestigten Institutionen. Diese alleinige Betrachtung gruppenspezifischer Phänomene wird in der Literatur des öfteren kritisiert. Vgl. Gumunchian, H., Représentations et Aménagement du Territoire, Paris 1991, S. 31.

können. Analog zum Unternehmensbereich kann die Stadtidentität hier eine **Integrationsfunktion** übernehmen.[298]

In ihrer Eigenschaft als informelle Integrationsbasis leistet die Identität durch Bewusstseinsbildung und den Aufbau von Einstellungen einen wertvollen Beitrag zur Zusammenarbeit der Akteure.[299] Neben den individuell erwarteten Kooperationsgewinnen setzt die Beteiligung einzelner Handlungsträger am Stadtmarketing das Vorhandensein eines einheitlichen, problemadäquaten Wissenstandes voraus.[300] Bereits das Vorhandensein einer solchen inhaltlichen Basis ruft eine Art unbewusster Gemeinschaft hervor und führt damit zu lokaler Integration.[301] Durch ihren komplexitätsreduzierenden Charakter bringt die Stadtidentität die vielfältigen Informationen auf eine verständliche und kommunizierbare Formel und dient damit als informatorische Bezugsgröße lokaler Aktivitäten. Die daraus resultierende Interaktionssicherheit ist eine Determinante der Beteiligungsbereitschaft einzelner Gruppierungen am Stadtmarketing.

Neben diesem primär kognitiven Aspekt leistet die daraus resultierende emotionale Ortsverbundenheit einen weiteren Beitrag zur Beteiligung der Akteure am Stadtmarketing. Dieses als Grundlage der Kooperation geltende Zugehörigkeitsgefühl beschreibt die am deutlichsten nachvollziehbare Funktion der Stadtidentität. Für die Bindung an eine Stadt muss dabei nicht zwingend ein tatsächlicher Interaktionszusammenhang vorliegen, vielmehr können auch Symbole das Identifikationsgefühl begründen.[302] Als Beispiele stadtbezogener Symbole, die als bedeutsames Medium für die Ausbildung und Festigung von Gruppenkohärenz gelten, lassen sich der Name einer Stadt, physische Einrichtungen (z. B. Gebäu-

---

[298] BICKMANN spricht der Identität eine Integrationsfunktion in „atomisierten Unternehmen" zu. Vgl. Bickmann, R., Chance Identität. Impulse für das Management von Komplexität, a. a. O., S. 45 f.

[299] Vgl. Birkigt, K., Stadler, M. M., Corporate Identity – Grundlagen, a. a. O., S. 41.

[300] Vgl. Spieß, S., Marketing für Regionen – Anwendungsmöglichkeiten im Standortwettbewerb, a. a. O., S. 44.

[301] Vgl. Lenz-Romeiß, F., Die Stadt – Heimat oder Durchgangsstation?, München 1970, S. 71.

[302] Vgl. Schuhbauer, J., Wirtschaftsbezogene Regionale Identität, a. a. O., S. 29.

de), ortsspezifische Gegenstände, lokalhistorische Gegebenheiten oder auch
bestimmte Verhaltensweisen anführen.[303]

Werden Symbole für die Bildung eines lokalen Zugehörigkeitsgefühls herangezogen und damit die Teilnahme eines Akteurs am Stadtmarketing begründet, so
führt dies zur Übernahme systembezogener Rollen durch die Mitglieder. Diese
Rollenübernahme erklärt einen weiteren Teilbeitrag der stadtbezogenen Identität
zur Gruppenintegration: die Bildung und Sicherung der Ich-Identität der Beteiligten.[304] Stadtidentität schlägt sich nicht nur in einem artikulierten Gruppenzugehö-
rigkeitsgefühl nieder, sondern wird aktiv zur Beschreibung und Interpretation des
eigenen Selbst herangezogen.[305] Durch die Ausübung politischer Mandate oder
die Übernahme repräsentativer Funktionen in einer Stadt definieren die betroffenen Akteure sich selbst und ihre Wahrnehmung durch andere. Die Stadt dient
dabei als Darstellungsraum bzw. Projektionsfläche für das eigene Ich. Neben
themenspezifischen Sachaspekten ist dieser ideologische Nutzen von besonderer Bedeutung für die Beteiligungsbereitschaft der Interessenvertreter am Stadtmarketing.

2.312 Stabilisierung von Systemstrukturen

In Kapitel B.1.4 konnte gezeigt werden, dass die Frage nach dem Zusammenfin-
den bzw. der Mitarbeit einzelner Gruppierungen nur eine Anforderung an die Koordination im Stadtmarketing darstellt. Ist die Grundlage für eine Zusammenarbeit auf systemischer Ebene erstmal geschaffen, ergibt sich die Herausforderung
der Erhaltung und Stabilisierung der Systemstrukturen. In engem Zusammenhang mit der Integrationsfunktion beschreibt dabei die **Systemstabilisierungs-**

---

[303] Vgl. Weichhardt, P., Raumbezogene Identität. Bausteine zu einer Theorie räumlich-sozialer
Kognition und Identifikation, a. a. O., S. 71.

[304] Vgl. Schuhbauer, J., Wirtschaftsbezogene Regionale Identität, a. a. O., S. 26. HARD merkt
hierzu an, dass die bloße Existenz eines Symbols (hier: Name) ausreicht, um das
Vorhandensein einer regionalen Kultur, Ethnie oder Mentalität zu suggerieren. Vgl. Hard, G.,
Regionalbewußtsein als Thema der Sozialgeographie. Bemerkungen zu einer Untersuchung
von Jürgen Pohl, in: Heller, W. (Hrsg.), Identität – Regionalbewußtsein – Ethnizität, a. a. O.,
S. 21.

[305] Vgl. Mai, U., Gedanken über räumliche Identität, in: Zeitschrift für Wirtschaftsgeographie, 33.
Jg., Heft 1/2, 1989, S. 13.

funktion einen zweiten Wirkungsbereich der Stadtidentität im Rahmen der Koordination.

Die auf Systeme bezogene Stabilisierungsfunktion der Identität wird in der Literatur auch als „Kontextualität" bzw. „Kontextualisierung" bezeichnet.[306] „Ähnlich wie eine gemeinsame kulturelle, weltanschauliche oder biographische Bezugsbasis bildet auch eine Übereinstimmung hinsichtlich der verschiedenen Aspekte räumlicher Identität einen Kontext, in dessen Rahmen Verhaltenssicherheit und die Realisierung wechselseitiger Erwartungshaltungen mit höherer Wahrscheinlichkeit gewährleistet sein können als beim Fehlen einer solchen gemeinsamen Bezugsbasis"[307]. Als Bestandteil und Inhalt der Kommunikation der Handlungsträger bildet die Stadtidentität einen Orientierungsanker für ihr Handeln und bietet somit physische Sicherheit und Stabilität. Die Bedeutung eines inhaltlichen Bezugspunktes resultiert dabei, analog zu der weiter oben dargestellten Funktion auf der Individualebene, aus dem komplexitätsreduzierenden Charakter der Identität. Im Sinne eines „kulturellen Erkennungscodes"[308] fungiert die Stadtidentität als vereinfachtes Grundraster für die Systemprozesse und trägt somit zur Verringerung vom Unbestimmtheit und Unsicherheit bei.

Eine weitere Teilleistung stadtbezogener Identität im Rahmen der Systemstabilisierung ist ihr Beitrag zur Konfliktvermeidung auf der Systemebene.[309] Den unterschiedlichen Interessen der Handlungsträger des Stadtmarketing steht mit der Stadtidentität ein inhaltlicher Anker gegenüber, der als verbindliches Grundmuster Vorgabecharakter hat. Die Existenz geteilter Normen- und Wertevorstellungen auf der Basis der Identität trägt zu einer Harmonisierung der Interessenlagen bei, um ein nachträgliches Konfliktmanagement zu vermeiden. Stadtidentität

---

[306] Vgl. Giddens, A., Die Konstitution der Gesellschaft. Grundzüge einer Theorie der Strukturierung, Frankfurt a. M., New York 1988, S. 430, Heymann, T., Komplexität und Kontextualität des Sozialraumes, Stuttgart 1989, Weichhardt, P., Raumbezogene Identität. Bausteine zu einer Theorie räumlich-sozialer Kognition und Identifikation, a. a. O., S. 47.

[307] Ebenda, S. 47 f.

[308] Buß, E., Regionale Identitätsbildung. Zwischen globaler Dynamik, fortschreitender Europäisierung und regionaler Gegenbewegung, a. a. O., S. 27.

[309] Vgl. etwa Kerscher, U., Raumabstraktionen und regionale Identität, Eine Analyse des regionalen Identitätsmanagements im Gebiet zwischen Augsburg und München, Kallmünz/Regensburg 1992, S. 120, Singer, C., Kommunale Imageplanung, in: AfK Heft II, 1988, S. 277.

kann in diesem Zusammenhang als ein Rollensystem interpretiert werden, in
dem die Inhalte und Handlungsaufträge der Beteiligten strukturiert sind und mögliche Konfliktfelder ex-ante ausgeräumt werden.[310]

2.313 Stimulation und Motivation der Akteure

Als dritte koordinationsbezogene Anforderung an ein Referenzkonstrukt für die
Führung im Stadtmarketing konnte in Kap. B.1.4 die Notwendigkeit der Stimulation der Akteure erarbeitet werden. Hier übernimmt die stadtbezogene Identität
eine spezifische Bedeutung im Rahmen ihrer **Motivationsfunktion** für die Beteiligten.[311] Diese beruht auf der subjektiv wahrgenommenen Eignung einer Stadt
für beabsichtigte Handlungen, die sich bedürfnistheoretisch auf das Wachs-
tumsmotiv der Selbstverwirklichung zurückführen lässt.[312]

Identifizieren sich die Handlungsträger mit ihrer Stadt und erkennen daraus spezifische Nutzenpotenziale, so regt die Stadtidentität kommunal bezogene Aktivitäten oder Handlungen an. Es kann von einem „Aufforderungscharakter"[313] lokaler Identität gesprochen werden, der auf der aktiven Auseinandersetzung der
Akteure mit ihrer Stadt beruht. Diese hängt zusammen mit der subjektiv empfun-
denen Autonomie und Kompetenz im unmittelbaren lokalen Lebensumfeld eines
Individuums. Im Rahmen eines Aneignungsprozesses wird die Stadt als räumlicher Referenzpunkt aktiv erworben bzw. verinnerlicht und trägt auf diese Weise
zum Erleben existenzieller Sicherheit bei.[314] Hieraus wiederum erwächst das

---

[310] Vgl. zur Unternehmensidentität Birkigt, K., Stadler, M. M., Corporate Identity – Grundlagen,
       a. a. O., S. 42.

[311] Vgl. Singer, C., Kommunale Imageplanung, a. a. O., S. 277 f.

[312] Vgl. Schuhbauer, J., Wirtschaftsbezogene Regionale Identität, a. a. O., S. 25.

[313] GIBSON spricht in diesem Zusammenhang von *affordance*. Vgl. Gibson, J. J., The Theory of
       Affordances, in: Shaw, R., Bransford, J. (Hrsg.), Perceiving, Acting and Knowing. Toward an
       Ecological Psychology, New York u. a. 1977, S. 67-82.

[314] Vgl. Weichhardt, P., Raumbezogene Identität. Bausteine zu einer Theorie räumlich-sozialer
       Kognition und Identifikation, a. a. O., S. 39 f.

Gefühl, das unmittelbare Lebensumfeld zu nutzen, kontrollieren und durch eigenen Aktivitäten zu gestalten.[315]

2.32 Steuerungsbezogene Funktionen der Stadtidentität

2.321 Zukunftsbezogenes Zielsurrogat

Außer den primär innengerichteten koordinationsbezogenen Teilleistungen der
Integration, Systemstabilisierung und Motivation kann die Stadtidentität einen
Beitrag zur außengerichteten Steuerung im Stadtmarketing übernehmen. Die
Notwendigkeit eines Referenzpunktes für die Steuerung lässt sich in erster Linie
auf das Fehlen eines einheitlichen Oberziels für das Stadtmarketing zurückführen. Die parallel existierenden und teilweise substitutiven Zielvorstellungen wie
z. B. Steigerung der Übernachtungszahlen, Ansiedlung neuer Unternehmen oder
Verbesserung der Lebensqualität werden einer gesamtstadtbezogenen Ausrichtung jedoch nicht gerecht.[316] Hier kann die stadtbezogene Soll-Identität eine
wichtige Funktion als **zukunftsbezogenes Zielsurrogat** übernehmen.

Wird die Stadtidentität als mehrdimensionale Identifizierung *von* einer Stadt interpretiert, kann ihr aufgrund ihres umfassenderen und integrativeren Charakters
eine grundsätzlich bessere Eignung zur Ausrichtung einer Stadt zugesprochen
werden als herkömmlichen Zielen. Anstelle spezifischer Einzelkomponenten repräsentiert sie als „mentales Konzept" ein zukünftiges Gesamtbild einer Stadt.
Die Facettenvielfalt einer Stadt wird im Rahmen der Identität auf die zentralen,
stadtspezifischen Identitätskomponenten reduziert.

Der Begriff Zielsurrogat ist jedoch nicht gleichbedeutend mit der Vernachlässigung der kommunalen Ziele im Rahmen der Identitätsorientierung. Es sollen lediglich auf der Führungsebene die Verabsolutierung eines einzelnen Ziels vermieden und stattdessen sämtliche Zwecksetzungen ausgewogen berücksichtigt

---

[315] Vgl. Winter, G., Church, S., Ortsidentität, Umweltbewußtsein und kommunalpolitisches
Handeln, in: Moser, H., Preiser, S. (Hrsg.), Umweltprobleme und Arbeitslosigkeit, Weinheim
1984, S. 83.

[316] Vgl. hierzu auch Singer, C., Kommunale Imageplanung, a. a. O., S. 278.

werden.[317] Die Stadtidentität definiert somit das Selbstverständnis bzw. die „strategische Mission" einer Stadt und dient der akteursübergreifenden, einheitlichen und langfristigen Orientierung des Stadtmarketing. Wenn sie die einzelnen Themenfelder angemessen berücksichtigt, liefert sie zugleich die Grundlage zur Ableitung strategischer Stoßrichtungen und weist damit einen indirekten Handlungsbezug auf.[318]

2.322 Differenzierung im Wettbewerb

Neben ihrer Bedeutung als Zielsurrogat kann die Stadtidentität auch zur **Differenzierung** im Stadtmarketing beitragen. Vor dem Hintergrund eines zunehmenden kommunalen Wettbewerbs hat die Differenzierung, d. h. die Abgrenzung gegenüber konkurrierenden Standorten, auch im Stadtmarketing an Bedeutung gewonnen. Der „Verkauf" einer Stadt im Rahmen von Imagekampagnen ist dazu nur begrenzt geeignet, da sich die Werbeinhalte insbesondere im Bereich der Wirtschaftsförderung primär an den Standortanforderungen von Unternehmen orientieren. Aufgrund der zunehmenden Angleichung dieser Ansprüche sind derartige Werbeaussagen häufig wenig ortsspezifisch.[319]

Im Unterschied zu der marktorientierten Konzeption von Imagekampagnen entspricht die Profilierung auf der Basis der Identität einer ressourcenorientierten Denkweise.[320] Als inhaltlich-mentaler „Kern" baut die Stadtidentität auf den spezifischen Potenzialen einer Stadt auf und kann dadurch zur Differenzierung gegenüber Konkurrenzstandorten beitragen. Dies erfordert jedoch das aktive Bemühen der Handlungsträger, die Stadtidentität im Rahmen kommunikativer Maßnahmen nach außen darzustellen. In seltenen Fällen sind es nur einzelne Merkmale, die diese Abgrenzungsfunktion gegenüber anderen Städten erfüllen.

---

[317]   Vgl. allgemein auf Systeme bezogen Luhmann, N., Zweckbegriff und Systemrationalität, Frankfurt a. M. 1973, S. 285.

[318]   GÖSCHEL versteht die lokale Identität gleichermaßen als Ziel wie auch als grundlegendes Planungsinstrument. Vgl. Göschel, A., Lokale Identität: Hypothesen und Befunde über Stadtteilbindungen in Großstädten, a. a. O., S. 91.

[319]   Vgl. Singer, C., Kommunale Imageplanung, a. a. O., S. 276.

[320]   Vgl. zum ressourcenorientierten Ansatz der strategischen Unternehmensführung Barney, J. B., Firm Resources and Sustained Competitive Advantage, in: Journal of Management, Heft 1, 1991, S. 105 f.

In Frage kommen neben natur-historischen Komponenten insbesondere selbsterschaffene stadtspezifische Symbole (z. B. Freiheitsstatue in New York). Häufig jedoch haben einzelne Merkmale oder Eigenschaften einen allgemeinen Charakter und treffen ebenso auf andere Städte zu (z. B. Universitätsstadt, Kulturstadt). In solchen Fällen ist daher die kombinatorische Verknüpfung von Identitätsfaktoren entscheidend, um die Einzigartigkeit einer Stadt zu begründen.[321] Im Rahmen eines professionellen Identitätsmanagements bietet eine klare und eindeutige Stadtidentität die Chance zur Profilierung und Reputation[322] und dient einer Stadt als Basis für ein positives, authentisches und einzigartiges Außenimage.

2.323 Reduktion des wahrgenommenen Risikos

Aufgrund des Vertrauensgutcharakters zahlreicher Angebotskomponenten im Stadtmarketing hat die Stadtidentität eine direkte Auswirkung auf der Nachfragerebene, die sich in ihrer **Risikoreduktionsfunktion** niederschlägt. Die Bedeutung dieser Funktion ist in dem vom Nachfrager subjektiv wahrgenommenen Risiko bei der Inanspruchnahme einzelner oder mehrerer städtischer Angebote begründet. Dieses resultiert zum einen aus dem Vertrauenscharakter zahlreicher Leistungskomponenten einer Stadt,[323] zum anderen aus der Vielfalt und Heterogenität möglicher Angebote im Rahmen eines Auswahlprozesses. Verfügt ein Nachfrager über keinerlei Erfahrung bzgl. des Angebotes einer Stadt, ist er in der Phase der Informationsbeschaffung aufgrund der vielfältigen Informationen häufig überfordert. Durch die Reduktion der Informationskomplexität auf eine einfache und griffige Formel kann eine klare und eindeutige Stadtidentität den Suchprozess des Nachfragers beschleunigen. Die Stadtidentität fungiert als so genannte „information chunk" und verringert aus transaktionskostentheoretischer Sicht somit den Such- und Informationsaufwand für den Nachfrager.[324]

---

[321] Vgl. Töpfer, A., Mann, A., Kommunale Kommunikationspolitik. Befunde einer empirischen Analyse, a. a. O., S. 9.

[322] Vgl. Buß, E., Regionale Identitätsbildung. Zwischen globaler Dynamik, fortschreitender Europäisierung und regionaler Gegenbewegung, a. a. O., S. 26.

[323] Vgl. Kapitel B.1.23.

[324] Vgl. zur Identität einer Marke Meffert, H., Burmann, Ch., Koers, M., Stellenwert und Gegenstand des Markenmanagement, in: Meffert, H., Burmann, Ch., Koers, M. (Hrsg.), Markenmanagement. Grundfragen der identitätsorientierten Markenführung. Mit Best Practice-Fallstudien, a. a. O., S. 9.

Diese Risikoreduktionsfunktion bei der Auswahl einer Stadt z. B. als Fremden-
verkehrsziel ist jedoch nicht nur auf Nachfrager beschränkt, die bislang keine
spezifischen Kenntnisse über den Standort erworben haben. Sie bezieht sich in
besonderem Maße auch auf Zielgruppen, die aufgrund früherer Besuche bereits
Erfahrungen in einer Stadt gesammelt haben. Zwar kann nur in den seltensten
Fällen davon gesprochen werden, dass sich externe Zielgruppen mit einer Stadt
identifizieren.[325] Die in einer Stadt gesammelten Erfahrungen dienen jedoch der
Festigung des Vertrauens in eine Stadt, weil spezifische Vorerfahrungen über
Generalisierungsprozesse als Vertrauensgrundlage gelten.[326] Auch hier reduziert
die Stadtidentität durch ihre Vertrauensfunktion das wahrgenommene Risiko und
fungiert für den Nachfrager als wertvolle Orientierungshilfe bei der Auswahl
kommunaler Leistungen.

In einer **zusammenfassenden Darstellung des bisherigen Erkenntnisstan-
des** kann an dieser Stelle festgehalten werden, dass das Identitätskonstrukt vor
dem Hintergrund des aufgezeigten Führungsbedarfs als inhaltlicher Referenzpunkt für das Stadtmarketing geeignet erscheint. Aufbauend auf der geografischen Identitätsforschung konnte zunächst die Bedeutung der Stadt als räumliche Bezugsebene identitätsbildender Prozesse herausgearbeitet werden, wodurch die Sinnhaftigkeit einer wissenschaftlichen Auseinandersetzung mit dem
Identitätsaspekt auf lokaler Ebene gegeben ist. Anschließend wurde auf der Basis des sozialwissenschaftlichen Identitätsverständnisses der Begriff der stadtbezogenen Identität operationalisiert. Dabei wurde gezeigt, dass vor dem Hintergrund der Zielsetzung dieser Arbeit eine mehrdimensionale Interpretation der
Stadtidentität als Identifizierung *von* einer Stadt zweckmäßig erscheint. Im letzten Teil dieses Kapitels konnten unter Bezugnahme auf die inhaltlichen Anforderungen an einen Referenzpunkt für das Stadtmarketing die Funktionen der Stadtidentität herausgearbeitet werden. Auf der Ebene der Koordination kann Identität
zur Integration, Systemstabilisierung und Motivation der Akteure beitragen; auf
der Steuerungsebene erfüllt die Stadtidentität die Funktionen eines zukunftsbe-

---

[325] Prominentestes Beispiel einer artikulierten Identifikation ist die Aussage „Ich bin ein
Berliner!" des ehemaligen Präsidenten der USA John F. Kennedy im Rahmen seines Berlin-
Besuchs im Jahr 1963.

[326] Vgl. Luhmann, N., Vertrauen. Ein Mechanismus der Reduktion sozialer Komplexität, a. a. O.,
S. 31.

zogenen Zielsurrogats, der Differenzierung und der Risikoreduktion auf der Nachfragerseite.

Vor dem Hintergrund der theoriegestützt abgeleiteten Nutzenpotenziale der Identität für das Stadtmarketing soll im folgenden Kapitel ein identitätsbasiertes Führungskonzept für das Stadtmarketing entwickelt werden. Dabei wird auf das aus der Markenforschung bekannte Konzept der identitätsorientierten Markenführung zurückgegriffen und unter Bezugnahme auf die in Kapitel B.1 identifizierten Spezifika zunächst dessen Übertragbarkeit und Eignung für das Stadtmarketing untersucht.

3. Identitätsorientiertes Stadtmarketing als Referenzkonzept für die Führung im Stadtmarketing

3.1 Eignung des identitätsorientierten Ansatzes der Markenführung für das Stadtmarketing

Im Rahmen der geografisch geprägten räumlichen Identitätsforschung wird das Identitätskonstrukt vornehmlich zur Erklärung von individuellen Bewusstseinsprozessen herangezogen, ohne jedoch konkrete Schlussfolgerungen im Hinblick auf die konkrete Anwendbarkeit abzuleiten.[327] Aufgabe der entscheidungsorientierten Betriebswirtschaftslehre ist jedoch neben der Erklärung empirischer Phänomene die Leistung eines unmittelbaren Beitrags zur Bewältigung praktischer Probleme.[328] Um diesem Anspruch gerecht zu werden, erscheint es für die Generierung eines **praktisch-normativen Führungsmodells** für das Stadtmarketing zweckmäßig, die entscheidungsorientierte Forschung im Hinblick auf einen identitätsbasierten Führungsansatz zu durchleuchten. Aufgrund der hohen Bedeutung des Identitätskonstrukts für die Markenführung ist in diesem Zusammenhang der identitätsorientierte Ansatz der Markenführung von besonderem Interesse.[329] Für ein theoretisches Grundverständnis erscheint hierbei zunächst

---

[327] Vgl. Weichhardt, P., Raumbezogene Identität. Bausteine zu einer Theorie räumlich-sozialer Kognition und Identifikation, a. a. O., S. 86.

[328] Vgl. Heinen, E., Grundfragen der entscheidungsorientierten Betriebswirtschaftslehre, München 1976, S. 366 ff.

[329] Vgl. Meffert, H., Markenführung in der Bewährungsprobe, in: markenartikel, Heft 12, 1994, S. 480, Kapferer, J. N., Die Marke - Kapital des Unternehmens, a. a. O, S. 39 f.

eine Skizzierung der im Zeitablauf veränderten Auffassung vom Wesen einer Marke angemessen, die zugleich die Grundlage für eine Übertragung konzeptioneller Gedanken der Markenführung auf das Stadtmarketing bildet.[330]

Aufgrund ihrer hohen Relevanz für das Kauf- und Auswahlverhalten von Nachfragern stellt die **Marke** seit jeher ein Schlüsselthema des Marketing dar.[331] Wurde die Marke lange Zeit als ein Instrument der Unternehmenskommunikation begriffen, so kommt ihr heutzutage als betriebswirtschaftliche Wertschöpfungsquelle eine zentrale Rolle im Rahmen der marktorientierten Unternehmensführung zu.[332] Dies lässt sich u. a. zurückführen auf den Mitte der 70er Jahre vollzogenen Paradigmenwechsel der Markenführung von einer primär operativangebotsfokussierten Sichtweise hin zu einer strategisch-nachfragerbezogenen Betrachtungsperspektive. Die nunmehr dominierende **Outside-In-Orientierung** führte den Erfolg der Markenführung auf die herrschenden Marktstrukturen sowie die Bedürfnisse der Zielgruppen zurück. Im Rahmen des damit einhergehenden wirkungsbezogenen Markenverständnisses wird eine Marke als „ein in der Psyche des Konsumenten fest verankertes, unverwechselbares Vorstellungsbild von einem Produkt oder einer Dienstleistung"[333] verstanden. Eine Ergänzung dieser primär außenorientierten Perspektive um eine unternehmensbezogene **Inside-Out-Betrachtung** erfolgte Anfang der 90er Jahre.[334] Demnach werden die Ausrichtung der Markenstrategie und der daraus resultierende Erfolg auch durch die

---

[330] Zu einer ausführlichen Darstellung der Entwicklungsstufen der Markenführung vgl. Meffert, H., Burmann, Ch., Wandel in der Markenführung – vom instrumentellen zum identitätsorientierten Markenverständnis, in: Meffert, H., Burmann, Ch., Koers, M. (Hrsg.), Markenmanagement. Grundfragen der identitätsorientierten Markenführung. Mit Best Practice-Fallstudien, a. a. O., S. 17 ff.

[331] Vgl. Meffert, H., Marketing – Grundlagen marktorientierter Unternehmensführung, Konzepte – Instrumente – Praxisbeispiele, a. a. O., S. 846 ff. Zu den nachfragerbezogenen Funktionen einer Marke vgl. McKinsey & Company/MCM Marketing Centrum Münster (Hrsg.), Lohnen sich Investitionen in die Marke? Die Relevanz von Marken für die Kaufentscheidung in B2C-Märkten, Düsseldorf 2002.

[332] Vgl. Esch, F.-R., Wicke, A., Herausforderungen und Aufgaben des Markenmanagements, in: Esch, F.-R. (Hrsg.), Moderne Markenführung. Grundlagen – innovative Ansätze – praktische Umsetzung, 3. Aufl., Wiesbaden 2001, S. 3 ff.

[333] Meffert, H., Burmann, Ch., Koers, M., Stellenwert und Gegenstand des Markenmanagement, a. a. O., S. 6.

[334] Vgl. Kapferer, J. N., Strategic Brand Management, London 1997, S. 94 ff., Upshaw, L. B., Building Brand Identity: A Strategy for Success in a hostile Marketplace, New York u. a. 1995, Meffert, H., Markenführung in der Bewährungsprobe, a. a. O., S. 478-481.

spezifischen Fähigkeiten und Ressourcen des markenführenden Unternehmens begründet.

Im Sinne einer korrespondierenden Verknüpfung der innen- und außengerichteten Perspektive findet die Synthese zwischen Inside-Out- und Outside-In-Orientierung[335] ihren Niederschlag im Konzept der **identitätsorientierten Markenführung**, welches das sozialwissenschaftliche Identitätskonstrukt als inhaltlichen Referenzpunkt in den Mittelpunkt der Betrachtung rückt. Eine ausgeprägte Markenidentität bildet demnach die Voraussetzung für die Festigung des Vertrauens in eine Marke, welches wiederum die Grundlage langfristiger Kundenbindung und Markentreue bildet.[336] Aufbauend auf den beiden Betrachtungsweisen sowie dem konstitutiven Identitätsmerkmal der Wechselseitigkeit unterscheidet die identitätsorientierte Markenführung zwischen dem **Selbstbild** der Markenidentität aus Sicht der internen Anspruchsgruppen und dem **Fremdbild** aus Sicht der externen Anspruchsgruppen. Während sich das Selbstbild bei den Führungskräften und Mitarbeitern innerhalb eines Unternehmens aktiv konstituiert, entsteht das Fremdbild erst langfristig durch die subjektive Wahrnehmung der von der Marke ausgesendeten Impulse.

Eine starke **Markenidentität** als Voraussetzung für den Markenerfolg resultiert aus der dauerhaften Interaktion der internen und externen Bezugsgruppen einer Marke. Dabei können zahlreiche Identitätslücken, sowohl zwischen Selbst- und Fremdbild, als auch innerhalb des Selbst- (z. B. zwischen Top-Management und Mitarbeitern) und Fremdbildes (z. B. zwischen Konsumenten und Aktionären) auftreten. Mit einer Zunahme der Interaktion zwischen den verschiedenen Anspruchsgruppen wächst jedoch tendenziell das Vertrauen in eine Marke. Dies ist darauf zurückzuführen, dass eine hohe Interaktionsintensität in der Regel zu ei-

---

[335] Die Entwicklung der Markenführung ist vergleichbar mit der Synthese des markt- und ressourcenorientierten Ansatzes der strategischen Unternehmensführung. Vgl. hierzu überblicksartig Hungenberg, H., Strategisches Management in Unternehmen. Ziele – Prozesse – Verfahren, 2. Aufl., Wiesbaden 2001, S. 51-58 sowie zur market-based view Kaufer, E., Alternative Ansätze der Industrieökonomik, in: Freimann, K.-D., Ott, A. E. (Hrsg.), Theorie und Empirie der Wirtschaftsforschung, Tübingen 1988, S. 115-132 bzw. zur resource-based-view Grant, R., The Resource-Based View of Competitive Advantage: Implications for Strategy Formulation, in: California Management Review, Heft 3, 1991, S. 114-135.

[336] Vgl. Meffert, H., Burmann, Ch., Theoretisches Grundkonzept der identitätsorientierten Markenführung, a. a. O., S. 42 f.

ner Annäherung zwischen Selbst- und Fremdbild führt.[337] Ziel der identitätsorientierten Markenführung ist somit die Erlangung eines bestmöglichen Fit zwischen
Selbst- und Fremdbild der Markenidentität.

Auf Grundlage des wirkungsbezogenen Markenverständnisses können nicht nur
Produkte und Dienstleistungen, sondern auch räumlich-soziale Systeme wie
Städte als Marken verstanden werden, sofern sie als unverwechselbare Vorstellungsbilder von den Bezugsgruppen wahrgenommen werden. Diese Erkenntnis
sowie die Erfolge unternehmerischer Markenkonzepte haben dazu geführt, dass
der Begriff der Marke in der kommunalen Praxis seit einiger Zeit eine gesteigerte
Bedeutung erlangt hat. Nicht nur Städte, sondern auch Regionen und Nationen
befassen sich in jüngster Zeit mit der Erarbeitung eines Markenkonzepts bzw.
proklamieren den Titel einer Marke für sich.[338] Auch in der Wissenschaft wird die
Markenführung zunehmend in den Erkenntniszusammenhang des raumbezogenen Marketing gerückt. Analog zur praktischen Entwicklung werden dabei Städten, Regionen und Nationen Markeneigenschaften zugesprochen und die aus
der Marketingwissenschaft bekannten Konzepte und Instrumente auf räumliche
Bezugsebenen übertragen.[339]

Wenngleich diese Entwicklung verdeutlicht, dass die Wissenschaft einen Transfer von aus der Markenforschung bekannten Ansätzen auf das Stadtmarketing
grundsätzlich akzeptiert, ist die Möglichkeit der Interpretation einer Stadt als

---

[337] Vgl. Krappmann, L., Soziologische Dimensionen der Identität: Strukturelle Bedingungen für
die Teilnahme an Interaktionsprozessen, 7. Aufl., Stuttgart 1988, Conzen, P., E. H. Erikson
und die Psychoanalyse. Systematische Gesamtdarstellung seiner theoretischen und
klinischen Positionen, Heidelberg 1989, S. 72 f.

[338] Vgl. etwa Camison, C., Bigne, E., Monfort, V. M., The Spanish tourism industry, in: Seaton,
A. V. (Hrsg.), Tourism: The State of the Art, Chichester 1994, S. 442-452, Pesch, M., Marke
mit hohem Identifikationsgrad finden, in: Kölner Stadtanzeiger v. 09.04.2002, http://www-
ksta.de, abgerufen am 10.04.2002, o. V., Regionenmarke „graubünden". Markenprozess
abgeschlossen – Ulrich Immler wird Markenratspräsident, Medien-Mitteilung des
Markensekretariats Graubünden Ferien, Graubünden 2002, o. V., Rheinland als Marke. Auf
diesem Fundament Identität fördern, in: Rhein-Zeitung v. 19./20.05.2001, S. 3.

[339] Vgl. etwa Meffert, H., Ebert, Ch., Die Stadt als Marke? – Herausforderungen des identitäts-
orientierten Stadtmarketing, in: Imorde, J. (Hrsg.), Ab in die Mitte. Die City-Offensive NRW.
Stadtidentitäten 2002, S. 35-41, Franzen, O., Lulay, W., Strategische Markenführung für
Kurorte – Was ist zu tun?, in: planung & analyse, Heft 6, 2001, S. 26-31, Kirchgeorg, M.,
Kreller, P., Etablierung von Marken im Regionenmarketing - eine vergleichende Analyse der
Regionennamen "Mitteldeutschland" und "Ruhrgebiet" auf der Grundlage einer
repräsentativen Studie, HHL-Arbeitspapier Nr. 38, Leipzig 2000.

Marke noch keine sachliche Begründung für die Eignung des identitätsorientierten Markenführungsansatzes für das Stadtmarketing. Vielmehr ist in Analogie zur Analyse der Nutzenpotenziale des Identitätskonstrukts als inhaltlicher Referenzpunkt für das Stadtmarketing zu überprüfen, inwieweit eine identitätsbasierte Konzeption des Stadtmarketing den aufgezeigten Charakteristika gerecht wird. Hierzu ist auf die in Kap. B.1.4 abgeleiteten modellbezogenen Anforderungen an ein Führungskonzept für das Stadtmarketing zu rekurrieren.

Als erste Modellanforderung konnte die **integrative Berücksichtigung der Innen- und Außenperspektive** des Stadtmarketing herausgearbeitet werden. Diese basiert u. a. auf der im Rahmen dieser Arbeit vorgenommenen Unterscheidung in die interne Koordination und externe Steuerung als Aufgabenfelder des Stadtmarketing. Lag der Schwerpunkt des Stadtmarketing lange Zeit dominant auf der Outside-In-Perspektive, so wird diese Sicht im Rahmen des identitätsorientierten Ansatzes um eine Inside-Out-Betrachtung ergänzt. Letztlich kann nur die simultane Berücksichtigung der internen und externen Bezugsgruppen den Ansprüchen an ein ganzheitliches Stadtmarketing gerecht werden.

Zu berücksichtigen ist jedoch, dass die Unterscheidung in eine Innen- und Außenperspektive nicht zwingend mit einer Differenzierung in Träger und Zielgruppen des Stadtmarketing einhergeht. Es konnte im Gegenteil gezeigt werden, dass bei einer internen Betrachtungsweise keine eindeutige Trennung zwischen Akteuren und Zielgruppen möglich ist.[340] Insbesondere den **Bürgern einer Stadt** kommt unter diesen Gesichtspunkten eine Doppelfunktion zu, so dass eine klassische „Produzenten-Konsumenten-Beziehung" diesem Verhältnis nur begrenzt Rechnung trägt.

Eine derartige Beziehungsinterpretation ist allerdings keineswegs die Intention der im Rahmen eines identitätsorientierten Stadtmarketing vorgenommenen Differenzierung in ein Selbst- und ein Fremdbild. Zwar kann das Fremdbild der Stadtidentität als das Ergebnis der Wahrnehmung externer Zielgruppen einer Stadt aufgefasst werden. Analog zur markenbezogenen Konzeption des identitätsorientierten Führungsansatzes konstituiert sich das Selbstbild jedoch nicht nur bei den Führungskräften, d. h. den Trägern des Stadtmarketing, sondern in

---

[340] Vgl. Kapitel B.1.22.

besonderem Maße bei den Bürgern, die das Aussagenkonzept der Stadtidentität durch ihr Verhalten in entscheidendem Ausmaß prägen.

Als eine weitere Anforderung an ein Führungskonzept für das Stadtmarketing wurde die **Sichtbarmachung potenzieller Konfliktfelder** zwischen den einzelnen Akteuren, aber auch zwischen dem System Stadt und seiner Außenumwelt ausgemacht. Wenngleich dem Identitätskonstrukt im vorangegangenen Hauptkapitel konfliktreduzierende Eigenschaften nachgewiesen wurden, so muss davon ausgegangen werden, dass sich derartige Konfliktfelder im Stadtmarketing nicht vollständig eliminieren lassen. Die Aufdeckung dieser Konfliktfelder kann jedoch als Voraussetzung für die Ableitung von Handlungsmaßnahmen zu deren Reduktion aufgefasst werden. Hier leistet der identitätsorientierte Ansatz durch die Möglichkeit der Berücksichtigung unterschiedlicher Selbst- und Fremdbilder einen wertvollen Beitrag für die Stadtmarketing-Führung. Er ermöglicht nicht nur die Aufdeckung von Wahrnehmungslücken zwischen dem internen Aussagen- und externen Akzeptanzkonzept. Als Grundlage für die Analyse des Koordinationsbedarfs lassen sich vielmehr auch unterschiedliche Konfliktfelder innerhalb der Trägerschaft identifizieren.[341]

Die Erfassung unterschiedlicher Selbstbilder spricht eine weitere Anforderung an ein stadtspezifisches Führungskonzept an. Hier werden die Grenzen einer direkten Übertragbarkeit des identitätsorientierten Markenführungsansatzes deutlich, der entweder in Bezug auf ein einziges Selbstbild konzipiert ist[342] oder aber verschiedene Selbstbilder unter Berücksichtigung unternehmensbezogener Akteure konkretisiert.[343] Für das Stadtmarketing ist eine derartige Systematisierung mit Schwierigkeiten behaftet, da die Zusammensetzung der Anbieterstruktur interkommunal variabel ist. Zur Gewährleistung einer **modellmäßigen Erfassung der Trägerschaft** des Stadtmarketing bedarf es somit einer Modifikation des aus der Markenforschung bekannten identitätsorientierten Führungsansatzes.

---

[341] Vgl. Kapitel B.3.3.

[342] Dies ist insbesondere der Fall bei den frühen Arbeiten zur identitätsorientierten Markenführung, die die theoretischen Grundlagen dieses Ansatzes begründen. Vgl. Meffert, H., Burmann, Ch., Identitätsorientierte Markenführung – Grundlagen für das Management von Markenportfolios, a. a. O., S. 62.

[343] Vgl. Bierwirth, A., Die Führung der Unternehmensmarke. Ein Beitrag zum zielgruppenorientierten Corporate Branding, Frankfurt a. M. 2003, S. 170 ff.

3.2 Modifikation des identitätsorientierten Führungsansatzes vor dem Hintergrund der stadtspezifischen Charakteristika

Die interkommunal variierende Zusammensetzung der Trägerschaft des Stadt-marketing erfordert für eine Erörterung des Koordinations- und Steuerungsprob-lems in einem normativen entscheidungstheoretischen Rahmen eine **allgemeine Systematisierung der Anbieterstruktur.** Hierzu bieten sich einige Ansätze an, die grundsätzlich dazu geeignet erscheinen, die Anbieterstruktur des Stadtmar-keting konzeptionell zu erfassen. Auf eine Diskussion von nicht-ökonomischen Ansätzen soll in diesem Zusammenhang verzichtet werden, weil es zum einen problematisch erscheint, aus Theorien, die sich im Rahmen technischer oder kybernetischer Systemzusammenhänge bewährt haben, betriebswirtschaftliche Schlussfolgerungen abzuleiten,[344] und zum anderen die Wirtschaftswissenschaf-ten für dieses typisch ökonomische Problem ausreichend Lösungspotenziale bereitstellen. Mit der Spieltheorie, dem Principal-Agent-Ansatz sowie der Theorie des organisationalen Beschaffungsverhaltens sollen im Folgenden drei solcher Ansätze auf ihre Eignung zur modellmäßigen Erfassung der stadtspezifischen Anbieterstruktur untersucht werden.

Die **Spieltheorie**[345] erscheint für die Führungsproblematik des Stadtmarketing insofern von Interesse, als dass das Koordinations- und Steuerungsproblem ei-nen Vergleich mit einer Spielsituation nahe legt. Eine typische Problemstellung der Spieltheorie betrachtet mehrere Personen (Spieler) mit unterschiedlichen bzw. gegensätzlichen Zielsetzungen. Die einzelnen Spieler stehen dabei vor der Aufgabe, im Rahmen bestimmter Regeln (Spielregeln) eine individuell zielset-zungsgerechte Strategie zu finden. Unter Berücksichtigung einer existierenden Auszahlungsfunktion versucht die Spieltheorie, rationales Verhalten der Spieler zu definieren sowie die Berechnung einer Lösung dieses Spiels vorzunehmen.

Wenngleich sich bei einem Vergleich mit dem stadtspezifischen Führungsprob-lem einige Parallelen ergeben, so erscheint die Spieltheorie bezogen auf das

---

[344] Vgl. Vogler, G., Die Unternehmung als Steuerungssystem – Versuch einer Analyse, a. a. O., S. 3 f.

[345] Auf eine umfassende Darstellung der spieltheoretischen Grundlagen soll an dieser Stelle verzichtet werden. Überblicksartig sei verwiesen auf Holler, J., Illing, G., Einführung in die Spieltheorie, 5. Aufl., Berlin u. a. 2003 bzw. Berninghaus, S. K., Ehrhart, K.-M., Güth, W., Strategische Spiele. Eine Einführung in die Spieltheorie, Berlin u. a. 2002.

entscheidungsorientierte Ziel dieser Arbeit wenig hilfreich. Einerseits ist eine Übertragung der spieltheoretisch notwendigen Auszahlungsfunktion auf das Stadtmarketing mit Schwierigkeiten behaftet. Andererseits ist das Erklärungsziel der Spieltheorie mit dem der im Rahmen dieses Kapitels im Mittelpunkt stehenden Modellkonzeption nur in Ansätzen vergleichbar. Die Spieltheorie geht von einer feststehenden Zusammensetzung der Akteure aus und versucht vor diesem Hintergrund Verhaltensregeln und Lösungsansätze abzuleiten. Einen Beitrag zur Erfassung und Systematisierung der Anbieterstruktur vermag sie indes nicht zu leisten.

Stärker auf den Beziehungsaspekt von Parteien fokussiert die neoinstitutionalistische Agency-Theorie.[346] Dieses auch als **Principal-Agent-Ansatz** bezeichnete Konzept ermöglicht aufgrund seiner allgemeinen Grundstruktur die Erörterung von Problemfeldern aus verschiedenen betriebswirtschaftlichen Bereichen.[347] Kennzeichnend für Problemstellungen der Agency-Theorie ist ein Auftraggeber (Principal), der einen Auftragnehmer (Agent) mit der Lösung eines Entscheidungsproblems beauftragt. Dabei wird davon ausgegangen, dass der Agent den Erwartungswert seines Nutzens maximiert, was nicht gleichbedeutend mit der Nutzenmaximierung des Principals sein muss. Ziel der Agency-Theorie ist die Ausgestaltung „vertraglicher" Beziehungen, die eine weitestgehende Übereinstimmung der Interessen von Principal und Agent erreicht.

Ähnlich wie die Spieltheorie bietet der Principal-Agent-Ansatz Lösungsansätze zur Gestaltung von Austauschbeziehungen zwischen Parteien. Darüber hinaus leistet er mit der Unterscheidung in Auftraggeber und Auftragnehmer einen Beitrag zur Erfassung des Verhältnisses der beteiligten Personen. Ungeachtet der Tatsache, dass die Zahl der erfassten Parteien dabei auf maximal zwei beschränkt ist, zeigt dies zugleich die Grenzen der Agency-Theorie für die vorliegende Problemstellung auf. Durch die Konzentration auf ein Anreizproblem im Rahmen von Auftragsbeziehungen beschränkt sich die für den Principal-Agent-Ansatz typische Delegationsdimension auf hierarchische Beziehungen zwischen

---

[346] Vgl. für einen Überblick Ross, S. A., The Economic Theory of Agency: The Principal´s Problem, in: American Economic Review, Vol. 63, 1973, S. 134-139.

[347] Für die finanzwissenschaftliche Anwendung der Agency-Theorie vgl. exemplarisch Perridon, L., Steiner, M., Finanzwirtschaft der Unternehmung, 11. Aufl., München 2002, S. 527 ff.

den Austauschpartnern. Charakteristisch für das Stadtmarketing ist jedoch, dass ein derartiges Hierarchiegefüge nur in Ausnahmefällen vorliegt, da die Akteure oftmals gleichwertig nebeneinander stehen.

Die Erklärung der Unterschiede von Beschaffungsprozessen des Industriegüter-marketing gegenüber dem Konsumgütermarketing steht im Zentrum der **Theorie des organisationalen Beschaffungsverhaltens**.[348] Im Gegensatz zum Kon-sumgütermarketing ist der Austauschprozess im Industriegütermarketing durch einen langen und intensiven Entscheidungsprozess gekennzeichnet. Sowohl auf der Anbieter- als auch auf der Nachfragerseite sind i. d. R. mehrere Personen an der Entscheidungsfindung beteiligt, die untereinander durch Interaktion und Kommunikation in Verbindung stehen. Dabei ist der Problemlösungsprozess im Industriegütermarketing stark situationsabhängig und in diesem Sinne ein „Pro-dukt der Rahmenbedingungen"[349].

Die Struktur des Entscheidungsproblems im Industriegütermarketing weist **zahl-reiche Parallelen zum skizzierten Führungsproblem im Stadtmarketing** auf. Ähnlich wie das Stadtmarketing ist auch das Industriegütermarketing durch eine multipersonale Problemlösungs- und Entscheidungsfindung mit einem potenziell hohen Interaktionsgrad der Beteiligten gekennzeichnet.[350] Auch in der kontext-abhängigen Zusammensetzung und Ausgestaltung der Akteursstruktur lassen sich Ähnlichkeiten erkennen. Ein Rückgriff auf die im Industriegütermarketing bewährten Theorieansätze zur Erfassung der Trägerschaft des Stadtmarketing erscheint somit grundsätzlich zweckmäßig.[351]

Vor dem Hintergrund der variierenden Akteurstruktur im Industriegütermarketing ist in der Literatur eine Reihe von Ansätzen entwickelt worden, die die modell-mäßige Abbildung der vermuteten Erklärungszusammenhänge zum Ziel haben.

---

[348] Vgl. Webster, F. E. jr., Wind, Y, Organizational Buying Behavior, Englewood Cliffs, 1972, Kauffmann, R. G., Organizational buying choice progresses: future research directions, in: The Journal of Business & Industrial Marketing, Heft 3/4, 1996, S. 94-107.

[349] Backhaus, K., Industriegütermarketing, 6. Aufl., München 1999, S. 59.

[350] Vgl. zum Industriegütermarketing Johnston, W. J., Lewin, J. E., Organizational buying behavior: Toward an integrative framework, in: Journal of Business Research, Heft 1, 1996, S.1-16.

[351] Die grundsätzliche Nähe des Stadt- (bzw. Standort-) Marketing zum Industriegütermarketing wird auch von BALDERJAHN vertreten. Vgl. Balderjahn, I., Standortmarketing, a. a. O., S. 57.

Während Prozessmodelle des organisationalen Beschaffungsverhaltens den Kaufprozess in den Mittelpunkt rücken, fokussieren **Strukturmodelle** auf den Beziehungsaspekt der Prozessbeteiligten. Ziel dieser auch als „Buying Center" bezeichneten Ansätze ist die gedankliche Zusammenfassung der am Kaufprozess beteiligten Personen.[352] Zur Festlegung von Umfang und Struktur des Buying Centers bedarf es dabei eines Kriteriums zur Bestimmung der Buying Center-Mitgliedschaft.[353] Hierzu wird meistens das Kommunikationsverhalten der Handlungsträger herangezogen.[354] Aufbauend darauf können die am Entscheidungsprozess Beteiligten als Rollenträger mit jeweils unterschiedlichen Verhaltenserwartungen verstanden werden.[355]

Bei einem Transfer auf das Stadtmarketing darf jedoch nicht übersehen werden, dass das im organisationalen Beschaffungsverhalten etablierte Konzept des Buying Centers das Kaufverhalten und damit die *Nachfrager*seite betrachtet, während das Führungskonzept der vorliegenden Arbeit auch die *Anbieter*ebene zum Gegenstand hat. Statt von einem Buying Center erscheint es somit sinnvoller, bezogen auf das Stadtmarketing von einem **„Selling Center"**[356] zu sprechen. In Anlehnung daran lassen sich sechs verschiedene Rollen innerhalb der Trägerschaft des Stadtmarketing unterscheiden (vgl. Abb. 16):

---

[352] Vgl. Backhaus, K., Industriegütermarketing, a. a. O., S. 59.

[353] Vgl. ebenda, S. 60.

[354] Vgl. McQuiston, D. H., Novelty, Complexity and Importances as casual Determinants of Industrial Buying Behavior, in: Journal of Business Research, Vol. 23, 1991, S. 159-177.

[355] Vgl. Meffert, H., Dahlhoff, D., Kollektive Kaufentscheidungen und Kaufwahrscheinlichkeiten. Analysen und methodische Ergebnisse zu Basisproblemen der Käuferverhaltensforschung, Hamburg 1980, S. 22 ff.

[356] Das Selling Center charakterisiert das anbieterbezogene Äquivalent des Buying Centers. Vgl. hierzu FitzRoy, P. T., Mandry, G. D., The New Role for the Salesman-Manager, in: IMM, Heft 4, 1975, S. 37-43.

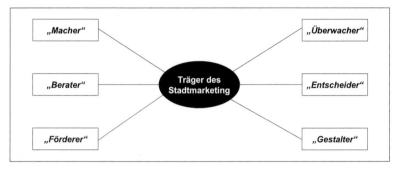

Abb. 16: Rollenbezogene Interpretation der Anbieterstruktur des Stadtmarketing

Eine besondere Bedeutung kommt den „**Machern**" zu, die auch als Träger des Stadtmarketing i. e. S. bezeichnet werden können. Ist das Stadtmarketing als GmbH oder e. V. organisiert, so wird diese Rolle i. d. R. von der Geschäftsführung übernommen. Die „Macher" sind zuständig für das Tagesgeschäft des Stadtmarketing, d. h. die Konzeptentwicklung, Erstellung von Maßnahmenplänen und das Anstoßen von Schlüsselprojekten. Neben der Öffentlichkeitsarbeit kommt ihnen die Aufgabe der Gesamtkoordination des Stadtmarketing zu.

Den Machern stehen oftmals „**Berater**" zur Seite, die diesen insbesondere in Fragen von strategischer Reichweite Beistand leisten. In Betracht kommen dabei Vertreter der Wissenschaft aufgrund ihres methodischen Know-Hows sowie Fachleute, die das Stadtmarketing in inhaltlichen Fragen unterstützen. Neben internen „Beratern", die oftmals ehrenamtlich arbeiten, wird häufig auf externe Hilfe im Rahmen der Prozessbegleitung zurückgegriffen. Die Funktionen externer „Berater" reichen dabei von der Veranstaltungsmoderation über das Coaching einzelner Prozessphasen bis hin zur längerfristigen Betreuung des Gesamtprozesses des Stadtmarketing.[357]

Während der Beitrag der Berater somit inhaltlicher Natur ist, unterstützen die „**Förderer**" das Stadtmarketing bzw. einzelne Projekte materiell. Der finanziellen Förderung des Stadtmarketing muss eine besondere Bedeutung beigemessen

---

[357] Vgl. Grabow, B., Hollbach-Grömig, B., Stadtmarketing – Eine kritische Zwischenbilanz, a. a. O., S. 108 f.

werden, da viele Stadtmarketingprojekte an der Frage der Finanzierung scheitern. Finanzielle Schwierigkeiten werden von den Kommunen zumeist als eines
der gravierendsten Probleme genannt.[358] Aufgrund der Tatsache, dass die För-
dermittel von Bund und Ländern oftmals nur einen geringen Anteil des erforderli-
chen Gesamtbudgets decken, erfolgt die finanzielle Absicherung häufig im Rahmen öffentlich-privater Kooperationen (Public-Private-Partnerships). Als finanzielle „Förderer" des Stadtmarketing kommen dabei stadtinterne Unternehmen
aus Wirtschaft und Einzelhandel in Betracht.

Die „**Überwacher**" sind dadurch gekennzeichnet, dass sie durch die Wahrnehmung ihrer Kontrollfunktion das Stadtmarketing passiv begleiten. Statt der aktiven Einbringung von Konzeptvorschlägen übernehmen sie in Fragen von größerer finanzieller bzw. strategischer Reichweite die Aufgabe der Prüfung der von
den Machern erarbeiteten Ideenvorschläge. Da in Stadtmarketing-
Organisationen ein solches Aufsichtsgremium nur selten vorhanden ist, übernehmen in vielen Fällen Vertreter politischer Parteien diese Überwachungsfunk-
tion.

Auch die „**Entscheider**" sind in der Regel politische Interessenvertreter. Sie lassen sich dadurch charakterisieren, dass sie aufgrund ihrer Machtposition letztlich
über die Implementierung von Konzepten entscheiden. Aufgrund des strategischen Ausmaßes solcher Entscheidungen für eine Stadt kommt diese Aufgabe
zumeist dem Stadtdirektor bzw. Oberbürgermeister zu.

Die „**Gestalter**" schließlich sind solche Akteure des Stadtmarketing, die nach der
Entscheidung über ein Projekt mit dessen Ausführung beauftragt sind. Ihr Tätig-
keitsfeld ist somit abzugrenzen von dem der Macher, deren Aufgabe in der Konzeptionierung von Strategie- und Projektvorschlägen liegt. Im Stadtmarketing
wird die Maßnahmenumsetzung häufig von Verwaltungsmitarbeitern der betroffenen Themenfelder durchgeführt.

Im Unterschied zur Spieltheorie und dem Principal-Agent-Ansatz verfügt die
Theorie des organisationalen Beschaffungsverhaltens über einen hohen Aussa-

---

[358] Vgl. Töpfer, A., Marketing in der kommunalen Praxis – Eine Bestandsaufnahme in 151
Städten, a. a. O., S. 125, Weber, A., Stadtmarketing in bayerischen Städten und Gemeinden
– Bestand und Ausprägungen eines kommunalen Instruments der neunziger Jahre, a. a. O.,
S. 77 ff.

gewert für die modellmäßige Erfassung der Trägerschaft des Stadtmarketing. Der besondere Beitrag einer **rollenbezogenen Interpretation** liegt in der Möglichkeit einer allgemeingültigen Erfassung der Anbieterstruktur des Stadtmarketing. Zwar sind auch die im Rahmen dieses Ansatzes definierten Rollen nicht überschneidungsfrei, weil eine Person gleichzeitig mehrere Positionen innehaben kann (z. B. „Überwacher" und „Entscheider"). Damit wird jedoch die praktische Relevanz des Ansatzes unterstrichen, da eine simultane Rollenerfüllung grundsätzlich der Realität entspricht.[359]

3.3 Entwicklung eines stadtspezifischen Gap-Modells als normativer Bezugsrahmen des identitätsorientierten Stadtmarketing

Die vorangegangenen Ausführungen haben gezeigt, dass ein auf dem Identitätskonstrukt basierender Führungsansatz für das Stadtmarketing den aufgezeigten Spezifika durch die Berücksichtigung des Koordinations- und Steuerungsbedarfs Rechnung trägt. Während die Stadtidentität dabei den inhaltlichen Referenzpunkt für die Stadtmarketing-Führung darstellt, kann das Stadtmarketing als ein Führungskonzept zur Erreichung dieses angestrebten Referenzpunktes verstanden werden.[360] **Identitätsorientiertes Stadtmarketing** umfasst somit sämtliche *koordinations- und steuerungsbezogenen Maßnahmen, die dem Aufbau und der Verankerung einer starken Stadtidentität bei den internen und externen Anspruchsgruppen einer Stadt dienen.*

Eine wesentliche Voraussetzung für die dauerhafte Verankerung der Identität einer Stadt ist eine genaue Kenntnis ihrer aktuell existierenden Selbst- und Fremdbilder.[361] Ausgehend von der sozialpsychologisch fundierten Annahme, dass die Identität einer Stadt durch das Ausmaß der Übereinstimmung zwischen ihrem Selbst- und Fremdbild determiniert wird, sind diese im Rahmen einer Situationsanalyse zu erheben und mögliche Lücken zwischen der Innen- und Außenperspektive zu identifizieren. Aufgrund ähnlicher Problemstrukturen soll zur

---

[359] Vgl. hierzu allgemein Kieser, A., Kubicek, H., Organisation, München 1992, S. 455 f.

[360] Vgl. zur Unternehmensidentität Bickmann, R., Chance Identität. Impulse für das Management von Komplexität, Berlin u. a. 1998, S. 101.

[361] Vgl. Gröppel-Klein, A., Braun, D., Stadtimage und Stadtidentifikation. Eine empirische Studie auf der Basis einstellungstheoretischer Erkenntnisse, a. a. O., S. 355.

Analyse dieser Identitätslücken auf das im Kontext des Qualitätsmanagements entwickelte **Gap-Modell** von PARASURAMAN, ZEITHAML und BERRY zurückgegriffen werden, welches im Rahmen der identitätsorientierten Markenführung eine Weiterentwicklung erfahren hat.[362] Für die Ableitung differenzierter Implikationen für das Stadtmarketing erscheint es dabei zweckmäßig, beide Perspektiven in eine Soll- und eine Ist-Komponente zu zerlegen,[363] da etwaige Diskrepanzen zwischen Selbst- und Fremdbild sowohl auf Unterschieden hinsichtlich eines gewünschten Idealzustandes als auch der aktuellen Wahrnehmung einer Stadt beruhen können. Mit der Aufspaltung des Selbst- und Fremdbildes in eine Soll- und Istkomponente existieren somit vier grundsätzliche Konstrukte, die es im Rahmen des identitätsorientierten Stadtmarketing zu unterscheiden gilt.

Auf der Basis der in Kapitel B.2.2 vorgenommenen Operationalisierung sollen sowohl das Selbst- als auch das Fremdbild der Stadtidentität als mehrdimensionale Konstrukte gemessen werden. Angesichts der Differenzierung in ein Soll- und ein Ist-Bild wird dabei auf die Einstellungsmessung nach TROMMSDORFF zurückgegriffen, der explizit zwischen einer Ideal- und einer Real-Komponente unterscheidet.[364] Diese Form der **einstellungsbasierten Messung von Selbst- und Fremdbild** ist konform mit der bisherigen Anwendung des identitätsorientierten Ansatzes im Rahmen der Markenführung.[365]

Zur Vermeidung der Problematik von Zielgruppenüberschneidungen wird das **Fremdbild** in der markenbezogenen Forschung i. d. R. als die übergreifende Wahrnehmung aus der Perspektive sämtlicher externer Zielgruppen gemes-

---

[362] Vgl. Parasuraman, A., Zeithaml, V., Berry, L. L., A Conceptual Model of Service Quality and its Implications for Future Research, in: Journal of Marketing, Vol. 49, 1985, S. 41-50 sowie zur Übertragung auf die Markenführung Meffert, H., Burmann, Ch., Identitätsorientierte Markenführung. Grundlagen für das Management von Markenportfolios, a. a. O., S. 62.

[363] Vgl. Meffert, H., Burmann, Ch., Managementkonzept der identitätsorientierten Markenführung, in: Meffert, H., Burmann, Ch., Koers, M. (Hrsg.), Markenmanagement. Grundfragen der identitätsorientierten Markenführung. Mit Best Practice-Fallstudien, a. a. O., S. 90.

[364] Vgl. Trommsdorff, V., Konsumentenverhalten, a. a. O., S. 153 f.

[365] Vgl. Koers, M., Steuerung von Markenportfolios. Ein Beitrag zum Mehrmarkencontrolling am Beispiel der Automobilwirtschaft, Frankfurt a. M. 2001, S. 174, Bierwirth, A., Die Führung der Unternehmensmarke. Ein Beitrag zum zielgruppenorientierten Corporate Branding, a. a. O., S. 170 ff., Schneider, H., Markenführung in der Politik, Wiesbaden 2003 (im Druck), S. 166 ff.

sen.[366] Dieser Vorgehensweise soll im Rahmen der vorliegenden Arbeit gefolgt und das Fremdbild als stadtbezogene Wahrnehmung durch die Gesamtheit der Bundesbürger erhoben werden.[367] Größerer Modifikationsbedarf ergibt sich indes hinsichtlich des **Selbstbildes**, welches in der Markenforschung zumeist ebenfalls nur aus einer Perspektive betrachtet wird. Während KOERS die Wahrnehmung der Führungsebene eines Unternehmens in den Mittelpunkt rückt,[368] fokussiert SCHNEIDER in seiner auf politische Marken bezogenen Arbeit auf die Perspektive der Parteimitglieder.[369] Ist im politischen Bereich die Fokussierung auf nur eine interne Gruppierung noch vertretbar, so prägen im Stadtmarketing sowohl die Träger als auch die Bürger einer Stadt das Selbstbild gleichermaßen. Für die stadtmarketingspezifische Erfassung einer multiplen Trägerschaft wird dabei auf die in Kapitel B.3.21 erarbeitete rollenbezogene Interpretation der Anbieterstruktur zurückgegriffen. Bei einer Integration in das Gap-Modell des identitätsorientierten Stadtmarketing ergibt sich somit neben der Perspektive der Bürgerschaft ein Selbstbild aus Sicht der Stadtmarketing-Führung, welches sich wiederum aus unterschiedlichen Selbstbildern zusammensetzt.[370]

Auf der Basis der vorgenommenen Spezifizierung von Selbst- und Fremdbild der Stadtidentität lassen sich nunmehr **unterschiedliche Gaps des identitätsorientierten Stadtmarketing** unterscheiden, die es im Folgenden zu charakterisieren gilt (vgl. Abb. 17).[371]

---

[366] KOERS bspw. spricht von einem Fremdbild „aus Sicht der externen Konsumenten". Vgl. Koers, M., Steuerung von Markenportfolios. Ein Beitrag zum Mehrmarkencontrolling am Beispiel der Automobilwirtschaft, a. a. O., S. 189.

[367] Gleichzeitig sei auf die Möglichkeit verwiesen, der Existenz multipler Zielgruppen durch eine ex-post-Segmentierung gerecht zu werden.

[368] Im Rahmen des Mehrmarkencontrolling spricht KOERS von der „Portfolioleitung". Vgl. Koers, M., Steuerung von Markenportfolios. Ein Beitrag zum Mehrmarkencontrolling am Beispiel der Automobilwirtschaft, a. a. O., S. 189.

[369] Vgl. Schneider, H., Markenführung in der Politik, a. a. O., S. 168.

[370] Vgl. zur Notwendigkeit der Unterscheidung zweier Selbstbilder im Rahmen des Stadtmarketing Werthmöller, E., Räumliche Identität als Aufgabenfeld des Städte- und Regionalmarketing - ein Beitrag zur Fundierung des Placemarketing, a. a. O., S. 78 f.

[371] Dabei ist zu beachten, dass der Betrachtung von Unterschieden zwischen dem Selbst- und Fremdbild zunächst eine Analyse der Varianz innerhalb der jeweiligen Betrachtungsperspektive voranzustellen ist. Dieser Aspekt kann jedoch für die Konzeptionierung des Gap-Modells vernachlässigt werden und soll stattdessen im Rahmen der Ausgestaltung des identitätsorientierten Stadtmarketing in Kap. C dieser Arbeit berücksichtigt werden.

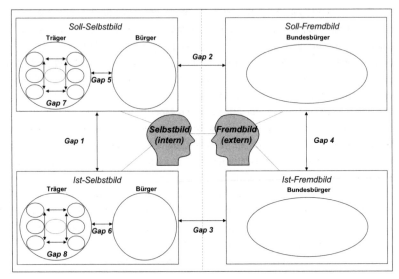

Abb. 17:   Gap-Modell des identitätsorientierten Stadtmarketing

Gap 1 kennzeichnet die Diskrepanz zwischen dem auf den existierenden Gegebenheiten einer Stadt aufbauenden Ist-Selbstbild und den aus Sicht der internen
Anspruchsgruppen definierten Idealvorstellungen der Stadt. In der unterneh-
mensbezogenen bisherigen Anwendung des identitätsorientierten Führungsansatzes wird diese Lücke als Umsetzungsgap bezeichnet, weil in diesem Fall die
tatsächliche Realisierung einer Leistung von den durch die Unternehmensführung formulierten Spezifikationen abweicht.[372] Diese Interpretation kann jedoch
nicht unreflektiert auf das Stadtmarketing übertragen werden, da das kommunale
Angebot nicht anhand von Planvorgaben erstellt wird, sondern vielmehr auf den
bestehenden Potenzialen aufbauen muss. Da Gap 1 somit aus einer mangelnden Übereinstimmung interner „Zielvorstellungen" mit den existierenden Gegebenheiten resultiert, soll es im Folgenden als Zielsetzungsgap bezeichnet werden.

---

[372] Vgl. Koers, M., Steuerung von Markenportfolios. Ein Beitrag zum Mehrmarkencontrolling am
Beispiel der Automobilwirtschaft, a. a. O., S. 169.

Gap 2 ist Ausdruck einer Abweichung zwischen den Idealvorstellungen der externen Zielgruppen und den Erwartungen interner Bezugsgruppen an die Ausprägung der Identitätsdimensionen einer Stadt. Diese Differenz wird gemeinhin als Wahrnehmungsgap bezeichnet, da sie auf einer fehlerhaften Wahrnehmung der Kundenerwartungen seitens des Managements basiert.[373] Auch hier besteht terminologischer Modifikationsbedarf im Rahmen dieser Untersuchung, weil der Stellenwert von Zielgruppenerwartungen für die Gestaltung des kommunalen Angebotes zumindest angezweifelt werden muss. Vielmehr resultiert diese Lücke aus den unterschiedlichen Anforderungen interner und externer Bezugsgruppen, so dass sie als Anforderungsgap charakterisiert werden soll.

Gap 3 beschreibt Differenzen in der Wahrnehmung einer Stadt durch interne Anspruchsgruppen einerseits und auswärtige Bezugsgruppen andererseits. Wesentliche Ursache dieser Wahrnehmungsabweichungen ist die Qualität der persönlichen Erfahrungsgrundlage. Sowohl hinsichtlich ihres Informationsverhaltens als auch bezüglich ihrer stadtbezogenen Intentionen unterscheiden sich interne und externe Bezugsgruppen grundsätzlich. Da sich aus dieser Identitätslücke Aussagen zu bestehenden Wahrnehmungsverzerrungen ergeben, kann sie im Kontext dieser Arbeit als Wahrnehmungsgap bezeichnet werden.

Gap 4 charakterisiert Diskrepanzen zwischen den Idealvorstellungen externer Zielgruppen und dem tatsächlichen Bild, welches diese von einer Stadt haben. Diese in der Literatur als Identifikationsgap bezeichnete Lücke soll hier als Anspruchsgap verstanden werden, da sie auf Ansprüchen von Zielgruppen beruht, die nicht im Einklang mit deren realer Wahrnehmung stehen.

Während die Gaps 1-4 als zentrale Gaps der identitätsorientierten Markenführung gelten,[374] lassen sich mit den Gaps 5-8 weitere Identitätslücken identifizieren, die in der stadtspezifischen Komplexität innerhalb des Selbstbildes begründet liegen:

---

[373] In Anlehnung an das „consumer expectation – management perception gap" bei Parasuraman, A., Zeithaml, V., Berry, L. L., A Conceptual Model of Service Quality and ist Implications for Future Research, a. a. O., S. 44.

[374] Vgl. Meffert, H., Burmann, Ch., Managementkonzept der identitätsorientierten Markenführung, a. a. O., S. 90 f.

Gap 5 steht für eine Differenz zwischen den Idealvorstellungen der Stadtmarketing-Träger und den Erwartungen der Bürger an ihre Stadt. Sie resultiert aus unterschiedlichen Interessenlagen von Bewohnern, die eine Stadt vornehmlich als
Wohnstandort sehen und Entscheidern, die zudem wirtschaftliche und touris-
musbezogene Motive verfolgen. **Gap 7** kennzeichnet unterschiedliche Soll-
Anforderungen innerhalb der Trägerschaft des Stadtmarketing, welche in ihren
konzeptionellen Zügen bereits in Kapitel B.1.21 beleuchtet wurden. Aufgrund
ihrer grundsätzlichen Ähnlichkeit sollen diese beiden Identitätslücken in Anlehnung an Gap 2 als interne Anforderungsgaps aufgefasst werden.

Als Äquivalente zu den internen Anforderungsgaps auf der Ebene des Ist-
Selbstbildes können die Gaps 6 und 8 als interne Wahrnehmungsgaps bezeichnet werden. Während **Gap 6** den Unterschied in der tatsächlichen Wahrnehmung einer Stadt zwischen Bewohnern und ortsansässigen Entscheidern charakterisiert, ist **Gap 8** Ausdruck heterogener Wahrnehmungen innerhalb der Trägerschaft. Ein wesentlicher Ursachenfaktor derartiger Diskrepanzen in der In-
nenperspektive ist ein unterschiedlicher Wissensstand der internen Anspruchsgruppen.[375]

Zusammenfassend betrachtet verdeutlicht die konzeptionelle Skizzierung der
Identitätslücken den **integrativen Charakter des identitätsorientierten Gap-
Modells**, welches angesichts der differenzierten Betrachtung von Selbst- und
Fremdbild ein hohes Transferpotenzial für das Stadtmarketing besitzt. Mit Blick
auf die Koordination berücksichtigt der im Rahmen dieser Arbeit modifizierte Ansatz die für das Stadtmarketing charakteristische heterogene Trägerstruktur und
die daraus resultierenden Spannungsfelder innerhalb des Selbstbildes. Hinsichtlich der Steuerung wird neben dem Stadtimage explizit den spezifischen Kompe-
tenzen einer Stadt im Rahmen des Selbstbildes der Stadtidentität Rechnung getragen. Darüber hinaus ermöglicht der Ansatz die für das Stadtmarketing charakteristische duale Interpretation der Bürger als Zielgruppen und Akteure innerhalb
des Selbstbildes. Insgesamt steht mit dem identitätsorientierten Stadtmarketing
und dem darauf aufbauenden modifizierten Gap-Modell somit ein zweckmäßiger

---

[375] Vgl. Werthmöller, E., Räumliche Identität als Aufgabenfeld des Städte- und Regionenmarketing - ein Beitrag zur Fundierung des Placemarketing, a. a. O., S. 79.

Bezugsrahmen für die Führung im Stadtmarketing zur Verfügung, der jedoch für die Ableitung differenzierter Implikationen einer empirischen Fundierung bedarf.

C. Empirische Fundierung und Ausgestaltung eines identitätsorientierten Stadtmarketing

1. Empirische Analyse des identitätsorientierten Stadtmarketing

1.1 Design und Methodik der empirischen Untersuchung

Die empirische Fundierung des identitätsorientierten Stadtmarketing erfolgt auf der Basis von Datenmaterial, welches im Rahmen eines gemeinsamen Projekts des Instituts für Marketing der Westfälischen Wilhelms-Universität Münster mit der Stadt Münster und der Stiftung Westfalen-Initiative generiert wurde. Die Struktur des zugrunde liegenden Gap-Modells erforderte dabei mit der Erfassung des Fremdbildes aus Sicht der Bundesbürger sowie des Selbstbildes aus Sicht der Bewohner und aus Sicht der Träger des Stadtmarketing **drei unterschiedliche Teilbefragungen**.

Für die Erhebung des **Fremdbildes** wurde vom Meinungsforschungsinstitut TNS Emnid im Sommer 2002 eine bundesweite telefonische Befragung durchgeführt.[376] Im Rahmen der Gesamtstudie wurden von Juni bis September 2002 insgesamt 1.000 Bundesbürger zur Region Westfalen bzw. zu den städtischen Oberzentren Bielefeld, Dortmund und Münster befragt.[377] Um eine Informationsüberlastung der Probanden zu vermeiden, wurden diese jeweils selektiv zu den einzelnen räumlichen Bezugsebenen befragt, so dass die auf die Stadt Münster bezogene Stichprobe der Fremdbildbefragung insgesamt 492 Personen umfasste.[378]

---

[376] Vor dem Hintergrund des Untersuchungsdesigns erwies sich eine telefonische Befragung aus ökonomischen Erwägungen am zweckmäßigsten.

[377] Ziel der Gesamtstudie war die Schaffung einer informatorischen Basis für ein Regionenmarketing in Westfalen. Für eine Dokumentation der auf Westfalen bezogenen Ergebnisse vgl. Meffert, H., Ebert, Ch., Marke Westfalen. Grundlagen des identitätsorientierten Regionenmarketing und Ergebnisse einer empirischen Untersuchung, a. a. O.

[378] Die für einen interkommunalen Vergleich durchgeführten Untersuchungen der Städte Bielefeld und Dortmund weisen einen Stichprobenumfang von 497 bzw. 510 Personen auf. Vgl. hierzu auch Kap. C.1.54.

Die Befragung der Bundesbürger basiert auf einem 6-seitigen Fragebogen, bei dem in insgesamt 20 Fragen 209 Variablen erhoben wurden.[379] Im Mittelpunkt der vorliegenden Untersuchung steht dabei die Erfassung des Soll- und Ist-Fremdbildes, welches sowohl anhand abstrakter Eigenschaften als auch auf der Basis konkreter Angebotskomponenten mittels geschlossener Fragen eruiert wurde. Die Mehrzahl der im Fragebogen enthaltenen Variablen wurde auf 5-stufigen, bipolaren Ratingskalen abgefragt, da diese eine problemlose Überführung in multivariate Verfahren der Datenanalyse ermöglichen.[380]

Die Auswahl der Gesamtstichprobe wurde von TNS Emnid auf Basis der geografischen Herkunft der Befragten repräsentativ nach Bundesländern durchgeführt. Ausgenommen hiervon waren die Bewohner Westfalens, die im Rahmen der Gesamtuntersuchung bereits für die Erhebung des Selbstbildes Westfalens herangezogen wurden. Zur Vermeidung von Doppelbefragungen und Ergebnisverzerrungen mussten sie aus der Fremdbildanalyse der Stadt Münster ausgeschlossen werden. Ein Vergleich der Fremdbildstichprobe mit der als Grundgesamtheit definierten deutschen Wohnbevölkerung in Privathaushalten[381] verdeutlicht, dass die dieser Untersuchung zugrunde liegende Stichprobenverteilung eine gute Annäherung an die Realität darstellt (vgl. Abb. 18). Zudem erscheint die Fallzahl der Fremdbildstichprobe mit 492 Befragten hinreichend groß, um im Rahmen der vorliegenden Untersuchung aussagekräftige Ergebnisse zu gewinnen.

---

[379] Pro Person wurden max. 18 Fragen mit 148 Variablen erhoben, da jeder Proband zu genau zwei der vier räumlichen Bezugsebenen befragt wurde. Vgl. hierzu den Fragebogen im Anhang I der Arbeit.

[380] In der empirischen Forschung erfolgt die Analyse von auf Ratingskalen erhobenen Daten zumeist unter der Annahme einer vorliegenden Intervallskalierung. Streng genommen muss allerdings von lediglich ordinalskalierten Daten ausgegangen werden, wenn die für eine Intervallskalierung notwendige Voraussetzung gleicher Skalenabstände nicht bestätigt ist. In der vorliegenden Arbeit werden die Daten jedoch unter der Annahme einer Intervallskalierung verarbeitet und damit dem in der Literatur üblichen Vorgehen gefolgt. Vgl. Meffert, H., Marketingforschung und Käuferverhalten, 2. Aufl., Wiesbaden 1992, S. 185, Backhaus et al., Multivariate Analysemethoden. Eine anwendungsorientierte Einführung, 10. Aufl., Berlin u. a. 2003, S. 5.

[381] Vgl. Statistisches Bundesamt (Hrsg.), Statistisches Jahrbuch 2002 für die Bundesrepublik Deutschland, a. a. O.

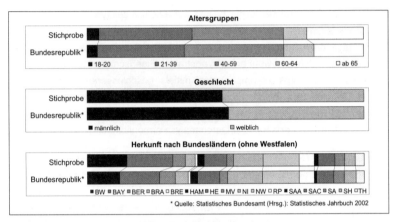

Abb. 18:   Struktur der Fremdbildstichprobe

Die Erhebung des **Selbstbildes der Bewohner** Münsters wurde im Juni 2002 ebenfalls vom Meinungsforschungsinstitut TNS Emnid durchgeführt. Aus Gründen der Vergleichbarkeit wurde der Fragebogen inhaltlich äquivalent zur Fremdbildanalyse gestaltet. Zusätzlich wurde die Tragfähigkeit der Stadt Münster als Identifikationsbasis für die Bewohner analysiert. Auf Basis der affektiven Identitätsinterpretation wurde dabei das Verbundenheitsgefühl der Befragten im Vergleich mit anderen räumlichen Bezugsebenen abgefragt. Insgesamt umfasste der für die Bewohner Münsters konzipierte Fragebogen 17 Fragen mit 120 Variablen.[382] Der Stichprobenumfang der Selbstbilduntersuchung war mit 296 Befragten kleiner als der der Fremdbildanalyse, erscheint jedoch im Rahmen der vorliegenden Untersuchung ausreichend für die Ableitung aussagekräftiger Ergebnisse. Einen Vergleich der Stichprobenverteilung mit der Struktur der Wohnbevölkerung Münsters bietet die folgende Abbildung (vgl. Abb. 19).[383]

---

[382] Der trotz der inhaltlichen Ergänzung geringere Fragebogenumfang resultiert aus der Tatsache, dass im Rahmen der Selbstbilduntersuchung jeder Befragte nur zu einer Bezugsebene (Münster) befragt wurde.

[383] Die Vergleichsdaten entstammen der Bürgerbefragung der Stadt Münster. Vgl. Stadt Münster – Amt für Stadtentwicklung und Statistik (Hrsg.), Bürgerumfrage 2002. Beiträge zur Statistik Nr. 84, Münster 2002. Die unterschiedliche Struktur der Altersgruppen im Vergleich zur Fremdbildstichprobe resultiert aus der vom Statistischen Bundesamt abweichenden Systematisierung der Stadt Münster.

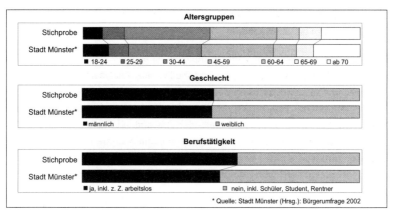

Abb. 19:   Struktur der Selbstbildstichprobe (Bürger)

Im Unterschied zu den von TNS Emnid durchgeführten telefonischen Teilbefragungen erfolgte die Erhebung des **Selbstbildes aus Sicht der Träger** des Stadtmarketing schriftlich. Auf Grundlage einer vom Institut für Marketing durchgeführten Vorstudie sowie gemeinsamer Projekterfahrungen wurden 23 relevante Vertreter des Münsteraner Stadtmarketing identifiziert und im Mai 2003 angeschrieben, wobei ein Rücklauf von 21 Fragebögen das hohe Interesse der Beteiligten widerspiegelt. Gestützt durch Expertengespräche konnten die Befragten den in Kap. B.3.2 abgeleiteten Rollen zugeordnet werden.[384]

Wenngleich der geringe Stichprobenumfang einer gehaltvollen statistischen Auswertung Grenzen setzt, erheben Struktur und Anzahl der Befragten den Anspruch, die tatsächlichen Gegebenheiten der Stadt Münster realitätsnah wiederzugeben. Der für die Zielgruppe der Stadtmarketing-Träger konzipierte Fragebogen konnte auf 7 Fragen mit insgesamt 80 Variablen verdichtet werden,[385] wobei

---

[384] Dabei ergab sich folgende Verteilung: 3 „Macher" (Mitarbeiter des verwaltungsnahen Eigenbetriebs „Münster Marketing" bzw. des Amtes für Stadtentwicklung), 4 „Berater" (Mitglieder des Beirats „Münster Marketing"), 5 „Förderer" (Vertreter aus Industrie und Handel), 3 „Überwacher" (Mitglieder des politischen Werksausschusses „Münster Marketing"), 2 „Entscheider" (Oberbürgermeister sowie der für das Stadtmarketing verantwortliche Stadtrat) und 2 „Gestalter" (mit der Umsetzung des Stadtmarketing betraute Verwaltungsmitarbeiter).

[385] Um einen möglichst hohen Rücklauf durch einen geringen Fragebogenumfang zu gewährleisten, wurde für die Stichprobe der Träger auf die Erhebung statistischer Fragen verzichtet,

(Fortsetzung der Fußnote auf der nächsten Seite)

die zentralen Inhalte der Selbstbilderhebung äquivalent zu den beiden anderen Teilbefragungen gehalten wurden.

Die **Auswertung** der überwiegend metrisch skalierten Daten erfolgte unter Rückgriff auf verschiedene uni-, bi- und multivariate Analysemethoden. Da die Aufdeckung von Identitätslücken der unterschiedlichen Zielgruppen ein primäres Ziel der empirischen Fundierung des Gap-Modells darstellt, fanden in einem ersten Schritt deskriptive statistische Methoden Anwendung. Für die Ermittlung der Bedeutungsgewichte einzelner Identitätskomponenten wurde ferner auf die **Regressionsanalyse** als das wohl am häufigsten eingesetzte statistische Verfahren[386] zurückgegriffen. Deren Anwendung setzt die Einhaltung von vier zentralen **Prämissen** voraus.

Erstens ist bei der Durchführung einer linearen Regressionsanalyse zu überprüfen, ob die unterstellte **Linearitätsbeziehung** zwischen der abhängigen Variablen (Regressand) und der unabhängigen Variablen (Regressor) tatsächlich haltbar ist.[387] Hierzu kann ein Plot analysiert werden, in dem die Beziehung zwischen Regressor und Regressand dargestellt ist.[388] Daneben ist ebenfalls anhand eines Streudiagramms zu überprüfen, ob zwischen der Gesamtheit der unabhängigen Variablen und dem Regressanden Nichtlinearität besteht.[389]

Für die Reliabilität der Schätzergebnisse sollten zweitens die Regressoren möglichst unabhängig voneinander sein. Hinweise auf eine mögliche **Multikollinearität** der unabhängigen Variablen lassen sich aus einer bivariaten Korrelationsanalyse der einzelnen Regressoren gewinnen.[390] Allerdings stellen bivariate Kor-

---

zumal der zusätzliche Erkenntnisbeitrag angesichts des geringen Stichprobenumfangs nur marginal gewesen wäre.

[386] Vgl. Krafft, M., Außendienstentlohnung im Licht der Neuen Institutionenlehre, Wiesbaden 1995, S. 299.

[387] Vgl. Wittink, D., The Application of Regression Analysis, Boston u. a. 1988, S. 141 ff.

[388] Die Punkte in dem Streudiagramm sollten dabei zufällig um die Waagerechte verteilt sein. Liegt ein systematischer Kurvenverlauf vor, so ist die Linearitätsprämisse als verletzt anzusehen. Vgl. Kähler, W.-M., SPSS für Windows, 4. Aufl., Wiesbaden 1998, S. 368.

[389] Hierzu werden die Schätzwerte der Regressanden und die Residuen jeder Beobachtung gegeneinander geplottet. Vgl. Krafft, M., Außendienstentlohnung im Licht der Neuen Institutionenlehre, a. a. O., S. 299 f.

[390] Aus der Literatur lässt sich kein eindeutiger Grenzwert für die Höhe der Korrelationskoeffizienten entnehmen. Vgl. etwa Backhaus et al., Multivariate Analysemethoden., a.

(Fortsetzung der Fußnote auf der nächsten Seite)

relationskoeffizienten keine hinreichende Methode für die Aufdeckung von Multi-kollinearität dar, weil sie nur eine Überprüfung paarweiser Abhängigkeiten der Regressoren ermöglichen. Als weiterer Indikator für die Aufdeckung wechselsei-tiger Abhängigkeiten ist daher die Toleranz einzelner Variablen heranzuziehen, die den nicht durch die Linearkombination der anderen Regressoren erklärten Varianzanteil einer unabhängigen Variablen wiedergibt.[391] Da sich die Toleranz aus der Differenz von eins abzüglich des jeweiligen Bestimmtheitsmaßes ergibt, deuten niedrige Toleranzwerte auf eine ernsthafte Multikollinearität hin.[392]

Drittens haben die Residuen einer **Normalverteilung** zu unterliegen, da ansons-ten die Validität der auf der Basis von t- und F-Tests ermittelten Konfi-denzintervalle nicht gegeben ist. Die Überprüfung der Normalverteilungsprämis-se kann zum einen auf der Grundlage einer Plotanalyse erfolgen, bei der die empirisch ermittelte kumulierte Verteilung der standardisierten Residuen der zu erwartenden kumulierten Häufigkeitsverteilung unter der Annahme einer Normal-verteilung gegenübergestellt wird.[393] Zum anderen erlaubt die Durchführung ei-nes nichtparametrischen Kolmogorov-Smirnov-Tests Aussagen über eine signifi-kante Verletzung der Normalverteilungsprämisse.[394]

Viertens sollte schließlich gewährleistet sein, dass die Störgrößen unabhängig vom Betrag der Beobachtung der Regressanden sind. Das Vorliegen von sog. **Heteroskedastizität**, die ebenfalls zu ungenauen Konfidenzintervallen führt, kann anhand einer visuellen Plot-Analyse der Residuen und der Schätzwerte der abhängigen Variablen überprüft werden. Treten hier keine für die Prämissenver-

---

a. O., S. 89 f. Häufig werden jedoch Werte von r > 0,8 als kritisch angesehen. Vgl. Berry, W. D., Feldmann, S., Multiple Regression in Practice, Newbury Park 1985, S. 43, Eckey, H.-F., Kosfeld, R., Dreger, C., Ökonometrie, 2. Aufl., Wiesbaden 2001, S. 90.

[391] Krafft, M., Außendienstentlohnung im Licht der Neuen Institutionenlehre, a. a. O., S. 300.

[392] Vgl. Sen, A., Srivastava, M., Regression Analysis, New York 1990, S. 222 f.

[393] Liegen die Ausgabewerte auf einer Geraden, so kann die Normalverteilungsprämisse als erfüllt betrachtet werden. Vgl. Kähler, W.-M., SPSS für Windows, a. a. O., S. 370.

[394] Die standardisierten Residuen des Regressionsmodells werden hierzu gespeichert und dem Kolmogorov-Smirnov-Test auf Normalverteilung unterzogen. Vgl. Krafft, M., Außendienst-entlohnung im Licht der Neuen Institutionenlehre, a. a. O., S. 301.

letzung charakteristischen Muster auf,[395] so kann von Homoskedastizität ausgegangen werden.

Auf die einzelnen Einsatzvoraussetzungen der multiplen Regressionsanalyse wird im Rahmen ihrer Überprüfung an den entsprechenden Stellen des empirischen Teils der vorliegenden Arbeit zurückgegriffen. Für die Überprüfung dieser Modellprämissen sowie die Anwendung der unterschiedlichen Analyseverfahren kam das Softwarepaket SPSS für Windows in der Version 11.0 zum Einsatz, welches über eine Vielzahl von Methoden sowie statistischer Tests verfügt.[396]

1.2   Tragfähigkeit des Untersuchungsobjekts als Identitätsgrundlage

Während die generelle Bedeutung des lokalen Umfeldes für identifikatorische Prozesse bereits konzeptionell aufgezeigt wurde,[397] ist als Voraussetzung für das weitere Vorgehen zunächst die Tragfähigkeit der Mikroebene Stadt als Identitätsgrundlage empirisch zu überprüfen. Zu diesem Zweck wurden den Bewohnern Münsters sowie der Städte Bielefeld und Dortmund[398] die in Kap. B.2.12 angeführten räumlichen Bezugsebenen Stadt, Region, Nation und Europa zur Beurteilung als **Identifikationsalternativen** vorgelegt. Aufgrund der unklaren Definition des Regionsbegriffs wurden diesem Mesomaßstab drei konkrete Bezugsgrößen zugeordnet, die sich hinsichtlich ihrer Größe in eine aufsteigende Reihenfolge ordnen lassen: die flächenmäßig kleinste Sub-Region (z. B. Münsterland), die Region Westfalen sowie das übergeordnete Bundesland Nordrhein-Westfalen. Zusätzlich wurde der Geburtsort der Befragten als lokale Bezugsgröße in die Analyse einbezogen (vgl. Abb. 20).

---

[395] Vgl. hierzu etwa Backhaus et al., Multivariate Analysemethoden, a. a. O., S. 84 ff.

[396] Vgl. für einen Überblick Bühl, A., Zöfel, P., SPSS Version 11. Einführung in die moderne Datenanalyse unter Windows, München 2002.

[397] Vgl. Kap. B.2.12.

[398] Die Befragung der Bürger Bielefelds und Dortmunds war nicht Teil der von TNS Emnid durchgeführten Untersuchung, sondern wurde im Rahmen einer Projekt AG des Instituts für Marketing der Westfälischen Wilhelms-Universität Münster im Sommer 2002 separat erhoben. Vgl. hierzu auch Kap. C.1.54.

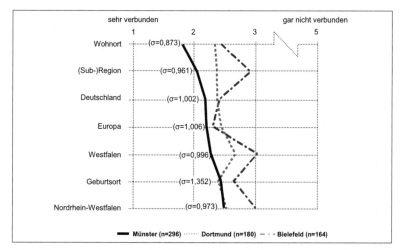

Abb. 20:   Tragfähigkeit der Mikroebene Stadt als Identifikationsbasis

Am Beispiel der Stadt Münster (durchgezogene Linie) zeigt sich zunächst, dass trotz einer überdurchschnittlichen Verbundenheit mit allen abgefragten Raumebenen die **eigene Stadt für die Bewohner die stärkste Identifikationsbasis bildet.** Nach der Sub-Region Münsterland an zweiter Stelle folgen Deutschland, Europa sowie die Mesoebene Westfalen. Noch hinter dem Geburtsort der Befragten rangiert das Bundesland Nordrhein-Westfalen als schwächste Identifikationsgrundlage. Dies erscheint vor dem Hintergrund der „künstlichen" Schaffung dieses Administrationsraumes sowie der damit verbundenen geringen Historie im Vergleich zu den anderen Bezugsebenen durchaus plausibel. [399]

Neben der absoluten Ausprägung liefert die Streuung des artikulierten Identifikationsankers ein weiteres Indiz für die Stärke des Verbundenheitsgefühls. Aus der geringen Standardabweichung in Bezug auf den Wohnort geht hervor, dass die lokale Identität innerhalb der Münsteraner Bevölkerung über eine breite Veranke-

---

[399] Während etwa die Geschichte Westfalens auf das Jahr 775 zurückgeht, wurde das Bundesland Nordrhein-Westfalen erst durch die alliierten Besatzungsmächte nach dem 2. Weltkrieg gebildet. Vgl. Plünder, T., Münster und Westfalen, Referat zum Friedensmahl am 17. Oktober 1991, Münster 1991, S. 7 ff., Hoffschulte, H., Westfalen als europäische Region, in: Westfälischer Heimatbund (Hrsg.), Westfalen – Eine Region mit Zukunft, Münster 1999, S. 21 f.

rung verfügt. Die deutlich größte Standardabweichung entfällt auf den Geburtsort der Befragten. Die große Streuung ist dadurch zu erklären, dass der Geburtsort für die meisten Befragten einen schwachen Identifikationsanker bildet, während er bei denjenigen, die seit ihrer Geburt in Münster leben, an erster Stelle rangiert.

Der aufgezeigte **Stellenwert der unmittelbaren Wohngegend als primärer Referenzraum räumlicher Verbundenheit** ist grundsätzlich konform mit den Erkenntnissen der sozialwissenschaftlichen Nachbardisziplinen.[400] Die besondere Tragfähigkeit der Stadt Münster als identifikatorische Basis wird zudem anhand eines Vergleichs mit den Städten Bielefeld und Dortmund deutlich. Aus Abb. 20 geht hervor, dass sich die Bewohner Bielefelds und Dortmunds in geringerem Ausmaß mit ihrer eigenen Stadt identifizieren als die Münsteraner. Dennoch rangiert auch hier die eigene Stadt hinsichtlich des Verbundenheitsgefühls an vorderer Stelle. Somit bleibt auch empirisch festzuhalten, dass die Mikroebene Stadt im Vergleich mit übergeordneten räumlichen Bezugsebenen über ein starkes Identifikationspotenzial verfügt, welches als Grundlage für ein lokales Identitätsmanagement angesehen werden kann.[401] Auf dieser Basis soll nun zunächst am Beispiel der Stadt Münster der aus der stadtspezifischen Komplexität resultierende Führungsbedarf empirisch fundiert und daraus Implikationen für das Stadtmarketing abgeleitet werden.

1.3   Selbst- und Fremdbild als empirische Basis des identitätsorientierten Stadtmarketing

Die Messung der unterschiedlichen Selbst- und Fremdbilder der Stadtidentität als Grundlage für die Analyse des stadtspezifischen Koordinations- und Steuerungsbedarfs kann grundsätzlich eigenschafts- und angebotsorientiert erfolgen. Häufig wird die eigenschaftsbezogene Identitätsmessung vorgezogen, weil sie aufgrund ihres höheren Abstraktionsgrades bessere Vergleichsmöglichkeiten zu anderen Untersuchungsobjekten bietet.[402] Im Rahmen dieser Untersuchung soll

---

[400]   Vgl. Kap. B.2.12

[401]   Vgl. Meffert, H., Ebert, Ch., Marke Westfalen – Grundlagen des identitätsorientierten Regionenmarketing und Ergebnisse einer empirischen Untersuchung, a. a. O., S. 16.

[402]   SCHNEIDER etwa vergleicht im Rahmen seiner Arbeit zur identitätsorientierten Markenführung in der Politik die unterschiedlichen Selbst- und Fremdbilder der SPD und CDU sowie deren

(Fortsetzung der Fußnote auf der nächsten Seite)

jedoch einer zentralen Forderung der stadtbezogenen Identitätsforschung nach-
gekommen werden[403] und für die empirische Fundierung des identitätsorientierten Stadtmarketing die **angebotsbezogene Messung** aufgrund ihres direkten
Handlungsbezuges präferiert werden. Die mangelnde interkommunale Vergleichbarkeit wird dadurch vermieden, dass anstelle stadtspezifischer Symbole
(z. B. Prinzipalmarkt, Aasee, Westfälische Wilhelms-Universität) generelle Angebotskomponenten (z. B. Sehenswürdigkeiten, Bildungseinrichtungen) herangezogen werden. Damit wird zugleich die Antwortquote innerhalb der Fremdbildstichprobe erhöht, die durch eine mangelnde Kenntnis stadtspezifischer Angebote durch externe Zielgruppen beeinträchtigt gewesen wäre. Die Auswahl der Kriterien erfolgte literaturgestützt in Anlehnung an ähnlich gelagerte Untersuchungen[404] mit dem Ziel einer möglichst breiten Abdeckung der Komplexität des
kommunalen Angebots. Nach Durchführung eines Pre-Tests wurden insgesamt
18 verschiedene Angebotskomponenten in die Befragung einbezogen.

Für die Messung der Identitätskomponenten wurde auf das TROMMSDORFFsche
Imagedifferential der Einstellungsmessung zurückgegriffen.[405] Als mehrdimensionales komponierendes Verfahren erfasst das Messmodell die Integration von Einzeleindrücken zu einem Gesamteindruck.[406] In einem ersten Schritt
wurden die Befragten auf einer 5er-Skala hinsichtlich sämtlicher Kriterien zu ihren Anforderungen an eine ideale Stadt befragt („Wie würden Sie eine ideale
Stadt anhand folgender Angebotskomponenten bewerten?"). Anschließend wurden sie gebeten, die Stadt Münster auf Basis dieser Kriterien zu beurteilen („Wie
würden Sie die Stadt Münster hinsichtlich der Ausprägung dieser Angebotskomponenten bewerten?"). Abb. 21 verdeutlicht diese Vorgehensweise am

---

Spitzenkandidaten Schröder und Stoiber im Bundestagswahlkampf 2002. Vgl. Schneider, H.,
Markenführung in der Politik, a. a. O.

[403] Vgl. Werthmöller, E., Räumliche Identität als Aufgabenfeld des Städte- und Regionenmarketing - ein Beitrag zur Fundierung des Placemarketing, a. a. O., S. 204.

[404] Vgl. Meffert, H., Regionenmarketing Münsterland. Ansatzpunkte auf der Grundlage einer
empirischen Untersuchung, Münster 1991, S. 63 ff., Otte, G., Das Image der Stadt
Mannheim aus Sicht ihrer Bewohner – Ergebnisbericht zu einer Bürgerbefragung für das
Stadtmarketing in Mannheim, a. a. O., S. 103 ff., Partner für Berlin (Hrsg.), Berlin Image
1997, Berlin 1997, S. 5., Bauer, A., Das Allgäu-Image. Studie zum Fremdimage des Allgäus
bei der deutschen Bevölkerung, a. a. O., S. 38 ff.

[405] Zur einstellungsbasierten Identitätsmessung vgl. S. 108.

[406] Vgl. Trommsdorff, V., Konsumentenverhalten, a. a. O., S. 175 ff.

Beispiel des Soll- und des Ist-Selbstbildes aus Sicht der Bewohner Münsters. Wenngleich sich das Ideal- und Real-Profil in ihrer Grundtendenz ähneln, geht aus der Abbildung hervor, dass das Ist-Selbstbild der Bewohner Münsters nur in wenigen Fällen den Idealanforderungen gerecht wird (z. B. medizinische Versorgung, Gaststätten und Restaurants, Sehenswürdigkeiten). Dies ist jedoch nicht grundsätzlich negativ zu beurteilen, da das Anspruchsniveau der Befragten durchgängig hoch ist und auch vergleichbare Analysen ähnliche Ergebnisse mit sich bringen.[407]

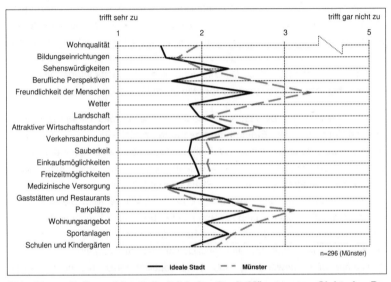

Abb. 21:   **Soll- und Ist-Selbstbild der Stadt Münster aus Sicht der Bewohner**

Auf die dargestellte Weise wurden die unterschiedlichen Soll- und Ist- bzw. Selbst- und Fremdbilder der Stadt Münster erhoben. Zur Ableitung differenzierter Aussagen hinsichtlich des Koordinationsbedarfs wurde das Selbstbild der Trägerschaft dabei sowohl ganzheitlich[408] als auch in Bezug auf die spezifischen

---

[407] Vgl. Meffert, H., Ebert, Ch., Marke Westfalen – Grundlagen des identitätsorientierten Regionenmarketing und Ergebnisse einer empirischen Untersuchung, a. a. O., S. 27 ff.

[408] Im Rahmen der ganzheitlichen Betrachtung der Trägerschaft wurde von den in Kap. B.3.2 abgeleiteten Rollen abstrahiert.

Rollen ermittelt. Abb. 22 bietet in aggregierter Form einen Gesamtüberblick über die unterschiedlichen Selbst- und Fremdbilder der Stadt Münster als Summe der faktorenbezogenen Einzelwerte.[409] Aufgrund der Vielzahl der daraus resultieren-den Identitätslücken wurde auf eine Skizzierung der korrespondierenden Gaps zunächst verzichtet.

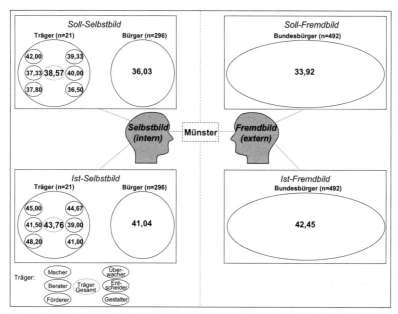

Abb. 22:   Aggregierte Analyse der unterschiedlichen Selbst- und Fremd-bilder der Stadt Münster

Erwartungsgemäß übertreffen die Idealanforderungen sowohl im Selbst- als auch im Fremdbild die jeweilige Ist-Wahrnehmung.[410] Die größten Anforderun-

---

[409] Die Berechnung der Soll- und Ist-Bilder der internen und externen Anspruchsgruppen über alle 18 Angebotsitems erfolgte gemäß folgenden Formeln:

$$\text{Soll-Bild} = \sum_{k=1}^{18}\left[\frac{\sum_{i=1}^{n}\text{Ideal}}{n}\right] \qquad \text{Ist-Bild} = \sum_{k=1}^{18}\left[\frac{\sum_{i=1}^{n}\text{Real}}{n}\right]$$

[410] Auf einer Skala von „1=trifft sehr zu" bis „5=trifft gar nicht zu" für die Beurteilung einer idealen Stadt korrespondieren geringere Werte mit höheren Ansprüchen und vice versa.

gen stellen die Bundesbürger, während die Träger des Stadtmarketing das geringste Anspruchsniveau aufweisen. Auf der Ebene der realen Wahrnehmung verfügen die Bewohner über das beste Bild ihrer Stadt, während die Akteure des Stadtmarketing diese am schlechtesten beurteilen. Insgesamt wird deutlich, dass der stadtspezifische Führungsbedarf vornehmlich aus den **Differenzen zwischen Soll- und Ist-Beurteilung** resultiert, da diese grundsätzlich größer sind als die Unterschiede innerhalb des Soll- bzw. Ist-Bildes.

Auf der Ebene der **Soll-Komponente** fällt auf, dass die Anforderungen der Stadtmarketing-Akteure durchgehend geringer sind als die der eigenen Bürger. So übertrifft bereits der kleinste Wert innerhalb der Trägerschaft (Gestalter=36,50) den Durchschnittswert der Bewohner (36,03). Ein Grund hierfür mag die Anpassung der eigenen Erwartungen an die stadtspezifischen Potenziale durch die „stadtnahen" Akteure sein. Die geringsten Soll-Anforderungen sämtlicher Anspruchsgruppen weisen die für den Gesamtprozess des Stadtmarketing verantwortlichen Macher auf. Insgesamt lässt dies darauf schließen, dass mit zunehmendem Involvement in das Stadtmarketing das artikulierte Anspruchsniveau tendenziell sinkt.

Im Unterschied zu den Idealanforderungen bestehen auf der Ebene der **Ist-Wahrnehmung** nur geringe Differenzen zwischen den drei Perspektiven. Für das Stadtmarketing grundsätzlich positiv ist das im Verhältnis zu den übrigen Bezugsgruppen überdurchschnittlich gute Selbstbild der Bewohner einzustufen, welches als Voraussetzung für die gelungene Aussenprofilierung einer Stadt angesehen werden kann.[411] Übertroffen wird dieses Selbstbild von dem der Gestalter sowie der verantwortlichen Entscheider, die von sämtlichen Anspruchsgruppen das positivste Bild ihrer Stadt haben.

Interpretiert man die **Differenz zwischen Ideal- und Realeindruck** als die stadtbezogene Einstellung,[412] so ist diese bei den Trägern und Bürgern als inter-

---

[411] Vgl. Stember, J., Stadt- und Regionalmarketing. Praxisprobleme, Vorbehalte und kritische Erfolgsfaktoren, a. a. O., S. 138. Ein Gegenbeispiel stellt die Region Westfalen dar, die von den eigenen Bewohnern weitaus kritischer eingestuft wird als aus externer Perspektive. Hier ist der Schaffung eines gemeinsamen Selbstverständnisses eine prioritäre Bedeutung einzuräumen. Vgl. Meffert, H., Ebert, Ch., Marke Westfalen. Grundlagen des identitätsorientierten Regionenmarketing und Ergebnisse einer empirischen Untersuchung, a. a. O., S. 69 bzw. 73.

[412] Vgl. Trommsdorff, V., Konsumentenverhalten, a. a. O., S. 153.

ne Zielgruppen ähnlich stark ausgeprägt.[413] Die schlechteste Einstellung weisen demnach die Bundesbürger auf. In diesem Zusammenhang ist innerhalb der Trägerschaft auf die Gruppe der Entscheider hinzuweisen, deren Realbild der Stadt Münster als einziges die korrespondierenden Idealanforderungen übertrifft. Auf Grundlage dieser Ergebnisse besteht für die mit der obersten Entscheidungsbefugnis ausgestattete Gruppe augenscheinlich kein weiterer Verbesserungsbedarf in Bezug auf das kommunale Angebot.

Die aggregierte Darstellung der empirischen Ergebnisse in Abb. 22 bietet in komprimierter Form einen grundsätzlichen Überblick über die unterschiedlichen Selbst- und Fremdbilder der Stadt Münster. Gleichzeitig ist jedoch mit der Verdichtung der Angebotskomponenten im Hinblick auf die gesamtstadtbezogene Wahrnehmung ein Informationsverlust verbunden. Zudem verdeutlicht die simultane Berücksichtigung sämtlicher Selbst- und Fremdbilder ohne vorherige Abstimmung der Akteure die Komplexität des stadtbezogenen Führungsproblems. Die aus den jeweils 9 Soll- bzw. Istbildern resultierenden 109 Identitätslücken implizieren vielmehr die **Notwendigkeit einer ex-ante-Koordination innerhalb der Trägerschaft**. Um dieser konzeptionellen Forderung im Rahmen der empirischen Fundierung Rechnung zu tragen, soll der stadtspezifische Führungsbedarf in **zwei Schritten** analysiert werden: Im folgenden Kapitel wird zunächst der konzeptionell aufgezeigte Koordinationsbedarf anhand der einzelnen Angebotskomponenten empirisch fundiert und dabei die Selbstbilder der Stadtmarketing-Akteure in den Vordergrund gerückt. In einem zweiten Schritt kann anhand der Differenzen zwischen Selbst- und Fremdbild der stadtbezogene Steuerungsbedarf analysiert und auf dieser Basis Ansatzpunkte eines identitätsorientierten Stadtmarketing abgeleitet werden.

1.4 Analyse des stadtbezogenen Koordinationsbedarfs

Für die empirische Fundierung des Koordinationsbedarfs ist zunächst von den Soll- und Ist-Bildern der Zielgruppen zu abstrahieren und stattdessen auf die Trägerebene zu fokussieren. Dabei ist die Betrachtung der **Idealvorstellungen** von besonderem Interesse, da sich Koordination immer auf die Abstimmung un-

---

[413] Dies kann jedoch zunächst nur als Tendenzaussage gewertet werden, da für eine exakte Berechnung der Ideal-Real-Differenzen einer Zielgruppe auf Individualwerte zurückzugreifen ist. Vgl. hierzu Kap. C.1.5 sowie die dazugehörigen Erläuterungen.

terschiedlicher Soll-Vorstellungen bezieht.[414] Zu diesem Zweck wurden die Abweichungen der Soll-Vorstellungen einzelner Trägergruppen vom Durchschnitt der gesamten Trägerschaft als betragsmäßige Differenz der Gesamtwerte der Positionen berechnet.[415] Eine Übersicht über die als interne Anforderungsgaps interpretierten Identitätslücken bezüglich sämtlicher Angebotskomponenten ist Tab. 4 zu entnehmen.[416]

---

[414] Vgl. Kieser, A., Kubicek, H., Organisation, a. a. O., S. 95 f.

[415] Die Ermittlung des Anforderungsgaps (Gap 9) zwischen der gesamten Trägerschaft und den einzelnen Trägergruppen für ein Item k erfolgte gemäß folgender Berechnungsvorschrift:

$$\text{Gap } 9_k = \left| \frac{\overset{21}{\underset{j=1}{\sum}} \text{Ideal}_k^{\text{Träger Gesamt}}}{21} - \frac{\overset{n}{\underset{j=1}{\sum}} \text{Ideal}_k^{\text{Trägergruppe}}}{n \, (\text{Trägergruppe})} \right|$$

[416] Dabei ist zu berücksichtigen, dass sich aufgrund der geringen Fallzahl innerhalb der Trägerschaft nur Tendenzaussagen generieren lassen.

	Abweichung des Idealbilds der...						
	„Macher"	„Berater"	„Förderer"	„Überwacher"	„Entscheider"	„Gestalter"	Σ
	...vom Durchschnitt der Trägerschaft						
Wohnqualität	0,43	0,07	0,03	0,24	0,43	0,57	**1,77**
Bildungseinrichtungen	0,71	0,29	0,22	0,05	0,38	0,12	**1,77**
Sehenswürdigkeiten	0,00	0,50	0,47	0,00	0,17	0,17	**1,30**
Berufliche Perspektiven	0,00	0,33	0,07	0,33	0,17	0,17	**1,07**
Freundl. d. Menschen	0,38	0,12	0,15	0,05	0,45	0,55	**1,70**
Wetter	0,05	0,05	0,18	0,62	0,38	0,12	**1,40**
Landschaft	0,29	0,21	0,02	0,29	0,12	0,38	**1,30**
Attr. Wirtschaftsstandort	0,71	0,05	0,55	0,05	0,55	0,45	**2,36**
Verkehrsanbindung	0,00	0,17	0,40	0,00	0,00	0,50	**1,07**
Sauberkeit	0,05	0,05	0,15	0,62	0,55	0,55	**1,96**
Einkaufsmöglichkeiten	0,14	0,14	0,59	0,48	0,19	0,31	**1,85**
Freizeitmöglichkeiten	0,62	0,38	0,15	0,38	0,45	0,05	**2,03**
Mediz. Versorgung	0,14	0,02	0,12	0,14	0,52	0,48	**1,43**
Gaststätten u. Rest.	0,24	0,43	0,17	0,24	0,57	0,43	**2,08**
Parkplätze	1,24	0,07	1,36	1,24	0,26	0,26	**4,43**
Wohnungsangebot	0,48	0,02	0,59	0,48	0,19	0,31	**2,07**
Sportanlagen	1,10	0,40	0,10	0,10	0,40	0,40	**2,50**
Schulen u. Kindergärten	0,19	0,02	0,34	0,52	0,36	0,64	**2,08**
Σ	**6,76**	**3,33**	**5,67**	**5,81**	**6,14**	**6,45**	**34,17**

Tab. 4: **Analyse des Koordinationsbedarfs auf der Grundlage der Varianz trägerspezifischer Idealvorstellungen**

Zeilenweise interpretiert verdeutlicht die Tabelle die Abweichung der Soll-Vorstellungen einzelner Trägergruppen vom Durchschnitt der Trägerschaft in Bezug auf ein einzelnes Item. Die erste Zeile etwa gibt an, dass hinsichtlich des Items „Wohnqualität" die Idealvorstellungen der „Förderer" dem durchschnittlichen Soll-Selbstbild am nächsten kommen, während die „Gestalter" die diesbezüglich größte Diskrepanz aufweisen. Aus den einzelnen **Spalten** geht hingegen hervor, bei welcher Angebotsdimension eine spezifische Trägergruppe am weitesten vom durchschnittlichen Idealbild entfernt ist. Die Vorstellungen der politischen „Überwacher" etwa decken sich hinsichtlich der Items „Sehenswürdigkeiten" und „Verkehrsanbindung" vollständig mit dem Durchschnitt, während beim Faktor „Parkplätze" ein relativ großer Anpassungsbedarf besteht. Betrachtet man die rollenspezifischen Diskrepanzen über sämtliche Angebotsdimensionen – verdeutlicht durch die Summenwerte in der letzten Zeile –, so ist zu konstatieren, dass die Vorstellungen der „Berater" dem Mittelwert aller Akteure deutlich am nächsten kommen.[417] Die beiden Gruppierungen, die das Stadtmarketing jedoch planen („Macher") bzw. umsetzen („Gestalter"), weisen die diesbezüglich größten Abweichungen auf. Auf die einzelnen Items bezogen ähneln sich die Soll-Vorstellungen sämtlicher Trägergruppen hinsichtlich der beruflichen Perspektiven und der Verkehrsanbindung, während die größte Varianz innerhalb der Trägerschaft auf das Parkplatzangebot und die Sportanlagen entfällt.[418]

Grundsätzlich verdeutlicht Tab. 4 die **Abstimmungsnotwendigkeit innerhalb der Stadtmarketing-Trägerschaft**. In Bezug auf jedes analysierte Item kann dabei ein mehr oder weniger großer Koordinationsbedarf ausgemacht werden. In diesem Zusammenhang ist jedoch darauf zu verweisen, dass die empirische Analyse der Trägerschaft des Stadtmarketing unabhängig von der betrachteten Stadt stets nur geringe Fallzahlen aufweisen kann. Dementsprechend sind die ermittelten Ergebnisse weniger in der exakten Größe der Gaps, sondern vielmehr als Tendenzaussagen im Hinblick die Stärke des Anpassungsbedarfs zu interpretieren. Die praktische Lösung des Koordinationsproblems erfordert hingegen qualitative Entscheidungsmechanismen, wobei grundsätzlich ein Konsens-, Führungs- oder Mehrheitsmodell in Frage kommt.[419]

Im Bewusstsein der Notwendigkeit qualitativer Verfahren zur Lösung des Koordinationsproblems lassen sich auf Basis von Identitätslücken jedoch auch empirisch fundierte **Ansatzpunkte für die Koordination der Trägerschaft** ableiten. Dies soll im Folgenden am Beispiel der Ausrichtung des Stadtmarketing an den Bedürfnissen der Zielgruppen aufgezeigt werden. Wenngleich in der Praxis eine vollständige Anpassung kommunalpolitischer Vorstellungen an die Erwartungen der Nachfrager eher idealtypischen Charakter hat, ist gleichermaßen ein von den Erwartungen der eigenen Bürger losgelöstes Agieren der Stadtmarketing-Führung zumindest langfristig kaum vorstellbar. Ähnlich wie im Unternehmensbereich ist die Ausrichtung der Aktivitäten an den Zielgruppenbedürfnissen auch

---

[417] Der Gesamtwert von 3,33 ist der geringste Wert innerhalb der letzten Zeile.

[418] Vgl. hierzu die Summenwerte in der rechten Spalte.

[419] Vgl. hierzu Kap. C.2.222.

für das Stadtmarketing eine Erfolgsbedingung, zumal die eigenen Bürger das Produkt „Stadt" durch ihr Verhalten entscheidend mitbestimmen.[420]

Für die Ableitung komponentenspezifischer Stoßrichtungen wurden zunächst die **Abweichungen der Ansprüche einzelner Gruppierungen von den Idealvorstellungen der Bürger** ermittelt (vgl. Tab. 5).

	„Macher"		„Berater"		„Förderer"		„Überwacher"		„Entscheider"		„Gestalter"		Σ
	Abweichung des Idealbild der...												
					vom Idealbild der Bürger								
Wohnqualität	0,51	+	0,01	+	0,11	+	0,16	-	0,51	+	0,49	-	1,79
Bildungseinrichtungen	0,76	-[421]	0,24	+	0,17	+	0,10	-	0,43	-	0,07	+	1,77
Sehenswürdigkeiten	0,02	-	0,48	+	0,48	-	0,02	-	0,18	-	0,18	-	1,37
Berufliche Perspektiven	0,02	-	0,35	-	0,05	+	0,31	+	0,15	+	0,15	+	1,02
Freundl. d. Menschen	0,18	+	0,32	-	0,35	-	0,15	-	0,65	-	0,35	+	2,00
Wetter	1,06	-	1,06	-	1,20	-	0,40	-	1,40	-	0,90	-	6,02
Landschaft	0,70	-	0,20	-	0,44	-	0,70	-	0,54	-	0,04	-	2,62
Attr. Wirtschaftsstandort	0,33	-	0,34	+	0,94	+	0,34	+	0,16	-	0,84	+	2,94
Verkehrsanbindung	0,13	-	0,29	-	0,28	+	0,13	-	0,13	-	0,63	-	1,57
Sauberkeit	0,16	-	0,16	-	0,36	-	0,82	-	0,34	+	0,34	+	2,18
Einkaufsmöglichkeiten	0,42	-	0,42	-	0,31	+	0,76	-	0,09	-	0,59	-	2,60
Freizeitmöglichkeiten	0,70	+	0,30	+	0,24	-	0,30	+	0,54	-	0,04	-	2,11
Mediz. Versorgung	0,25	-	0,09	+	0,01	-	0,25	+	0,41	-	0,59	+	1,61
Gaststätten u. Rest.	0,41	-	0,26	+	0,34	-	0,41	-	0,74	-	0,26	+	2,42
Parkplätze	1,41	+	0,24	-	1,19	+	1,41	-	0,09	+	0,09	+	4,43
Wohnungsangebot	0,69	-	0,19	+	0,37	-	0,69	+	0,03	+	0,53	+	2,51
Sportanlagen	1,69	+	0,19	-	0,69	-	0,69	-	0,19	-	0,19	-	3,62
Schulen u. Kindergärten	0,20	-	0,03	+	0,34	-	0,53	+	0,36	+	0,64	+	2,09
Σ	9,64		5,17		7,86		8,15		6,94		6,90		44,67

Ausprägung der Anforderungsgaps → Anpassungsbedarf:
+: Ideal^{Träger} > Ideal^{Bürger} → Reduktion des Anspruchsniveaus
-: Ideal^{Träger} < Ideal^{Bürger} → Erhöhung des Anspruchsniveaus

Tab. 5: **Komponentenspezifische Gaps der Idealanforderungen von Trägern und Bewohnern Münsters**

Die Ergebnisse der **Akteursbezogenen Analyse** (Summen in der letzten Zeile) verdeutlichen, dass die Vorstellungen der für die Gesamtkoordination des Stadtmarketing verantwortlichen „Macher" am weitesten von den Erwartungen

---

[420] Vgl. Kap. B.1.21.

[421] Lesebeispiel: In Bezug auf den Faktor „Bildungseinrichtungen" stellen die Bürger (1,57) höhere Anforderungen als die Macher (2,33).

der Bürger entfernt sind. Ursächlich hierfür mögen u. a. politische Vorgaben sein, an denen sich die Verwaltungsmitarbeiter orientieren und die nur in seltenen Fällen mit den Zielgruppenbedürfnissen übereinstimmen. Dies erscheint plausibel, zumal die ebenfalls politisch geprägte Gruppe der „Überwacher" die zweitgrößte Abweichung zu den Bürgern aufweist. Demgegenüber decken sich die Vorstellungen der politisch unabhängigen „Berater"[422] am ehesten mit den Ansprüchen der eigenen Bürger. Die **komponentenbezogene Analyse** (Summen in der rechten Spalte) macht deutlich, dass die größten Differenzen über die gesamte Trägerschaft auf die Dimensionen „Wetter", „Parkplätze" und „Sportanlagen" entfallen. Angesichts der Tatsache, dass zumindest die beiden erstgenannten Kriterien als grundsätzliche Schwächen des Standorts Münster gelten,[423] ist zu vermuten, dass die Träger des Stadtmarketing aufgrund derartiger Kenntnisse ihre Idealanforderungen reduziert haben, woraus sich die Abweichungen zum „realistischen" Ideal der Bürger erklären lassen.

Fundiert lässt sich eine solche Aussage, die zugleich ein Indiz für die Richtung des Veränderungsbedarfs liefert, jedoch erst durch eine Detailanalyse der hinter den betragsmäßigen Lücken stehenden positiven und negativen Abweichungen treffen. Hierzu wurde für jede Differenz ermittelt, ob die jeweiligen Trägeranforderungen über (positives Vorzeichen) oder unter den Ansprüchen der Bürger (negatives Vorzeichen) liegen. Aus Tab. 5 geht hervor, dass die Mehrzahl der Anforderungsgaps daraus resultiert, dass die **Ansprüche der Träger unter denen der Zielgruppen liegen**.[424] Für den Faktor „Wetter" etwa, der von allen betrachteten Items den größten Abstimmungsbedarf aufweist, ist dies gar bei jeder betrachteten Gruppierung der Fall. Dies bestätigt die Vermutung, dass sich die

---

[422] Die befragten Akteure des Beirats „Münster Marketing" vertreten die gesellschaftlichen Themenfelder Bildung, Kultur, Wirtschaft, Freizeit und Natur.

[423] Sowohl von den Trägern als auch von den internen und externen Zielgruppen wird im Ist-Bild der Stadt Münster das Parkplatzangebot im Vergleich mit den anderen Items unterdurchschnittlich bewertet. Das Wetter in Münster wird gar von allen Anspruchsgruppen am schlechtesten beurteilt. Vgl. Meffert, H., Ebert, Ch., Das Selbst- und Fremdbild der Stadt Münster. Ergebnisse einer empirischen Untersuchung, unveröffentlicher Projektbericht, Münster 2003.

[424] Von den 108 in Tab. 5 dargestellten Lücken resultieren 61% aus einer Untererfüllung und 39% aus einer Übererfüllung der Zielgruppenanforderungen durch die Ansprüche der Träger.

diesbezüglichen Lücken aus einem reduzierten Anspruchsniveau der Stadtmarketing-Akteure ergeben.

Auf der Grundlage der komponentenspezifischen positiven bzw. negativen Abweichungen lassen sich nunmehr **grundsätzliche Entwicklungsrichtungen für
die Anpassung der Soll-Vorstellungen einzelner Anbietergruppen** im Hinblick auf die Zielgruppenerwartungen ableiten. Betrachtet man etwa die Gruppe
der finanziellen „Förderer", so lässt sich erkennen, dass im Hinblick auf 11 der 18
Kriterien eine Erhöhung der Soll-Vorstellungen aus Sicht der Bürger wünschenswert wäre. In Bezug auf diejenigen Themenfelder, die sich mit den Interessen der aus Industrie und Handel stammenden Vertretern decken (z. B. „Einkaufsmöglichkeiten", „Attraktivität des Wirtschaftsstandorts", „Verkehrsanbindung"), würde hingegen eine Reduktion des Anspruchsniveaus mit den Zielgruppenerwartungen einhergehen. Zu berücksichtigen ist dabei, dass die einzelnen
Gaps weniger in ihrer exakten metrischen Ausprägung zu begreifen sind, sondern ihnen primär richtungweisender Charakter hinsichtlich des Abstimmungsbedarfs zukommt.

Es bleibt festzuhalten, dass der konzeptionell aufgezeigte Koordinationsbedarf
auf Basis der Abweichungen der Trägerbezogenen Idealvorstellungen empirisch
fundiert werden konnte. Hinsichtlich sämtlicher Angebotskomponenten zeichnen
sich die Soll-Vorstellungen der einzelnen Akteursgruppen durch mehr oder weniger große Diskrepanzen aus. Wenngleich die Lösung des stadtspezifischen
Koordinationsbedarfs qualitative Abstimmungsverfahren erfordert, lassen sich
auf Basis empirisch ermittelter Identitätslücken zumindest grundsätzliche Stoßrichtungen für die Modifikation der akteursbezogenen Erwartungshaltung an das
Stadtmarketing ableiten. Die Analyse in Kap. C.1.3 hat gezeigt, dass eine derartige interne Koordination den Komplexitätsgrad der zielgruppengerichteten Steuerung stark reduziert. Vor diesem Hintergrund ist die Prämisse eines konsistenten Aussagenkonzepts als Voraussetzung für die einheitliche Außenwahrnehmung der Stadtidentität im Sinne des Akzeptanzkonzepts der folgenden Analyse
des Steuerungsbedarfs zugrunde zu legen.

1.5 Analyse des Steuerungsbedarfs auf Basis des stadtspezifischen Gap-Modells

1.51 Identifikation von Maßnahmenprioritäten

Im Bewusstsein unterschiedlicher Koordinationsmechanismen für die Stadtmarketing-Trägerschaft soll im Folgenden die bereits aufgezeigte Ausrichtung der Trägeranforderungen an den Erwartungen der internen Zielgruppen vorausgesetzt werden. Das somit um das Selbstbild der Stadtmarketing-Träger reduzierte **Gap-Modell** mit den steuerungsrelevanten Identitätslücken ist in Abb. 23 dargestellt. In diesem Zusammenhang ist darauf zu verweisen, dass die Ermittlung der Gaps 1 und 4 bzw. 2 und 3 auf jeweils unterschiedlichen Berechnungsvorschriften beruhen. Für die Abbildung der Lücken zwischen dem Selbst- und Fremdbild (Gaps 2 und 3) wurde jeweils die betragsmäßige Abweichung der Soll- bzw. Ist-Vorstellungen der internen und externen Zielgruppen herangezogen.[425] Dieses Vorgehen führt jedoch bei der Berechnung der Soll-Ist-Differenz *innerhalb* des Selbst- bzw. Fremdbildes zu Ergebnisverzerrungen, da aufgrund von Kompensationseffekten die tatsächliche Differenz als zu gering ausgewiesen wird.[426] Daher wurde für die Abbildung derartiger Gaps zunächst die Diskrepanz zwischen Soll- und Ist-Komponente jedes Befragten auf Individualbasis ermittelt und die betragsmäßigen Abweichungen anschließend aufsummiert.[427]

---

[425] Der Ermittlung von Gap 2 bzw. 3 liegen somit folgende Berechnungsvorschriften zugrunde:

$$\text{Gap 2} = \sum_{k=1}^{18} \left| \frac{\sum_{j=1}^{296} \text{Ideal}_k}{296} - \frac{\sum_{j=1}^{492} \text{Ideal}_k}{492} \right| \qquad \text{Gap 3} = \sum_{k=1}^{18} \left| \frac{\sum_{j=1}^{296} \text{Real}_k}{296} - \frac{\sum_{j=1}^{492} \text{Real}_k}{492} \right|$$

[426] Vgl. hierzu auch Schneider, H., Markenführung in der Politik, a. a. O., S. 172.

[427] Die Berechnungsvorschriften für Gap 1 und 4 lauten wie folgt:

$$\text{Gap 1} = \frac{\sum_{j=1}^{296} \sum_{k=1}^{18} \left| \text{Ideal}_k - \text{Real}_k \right|}{296} \qquad \text{Gap 4} = \frac{\sum_{j=1}^{492} \sum_{k=1}^{18} \left| \text{Ideal}_k - \text{Real}_k \right|}{492}$$

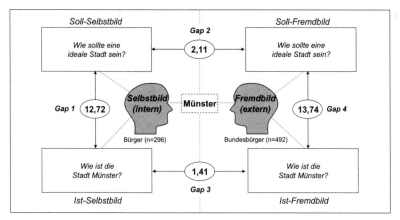

Abb. 23:   **Analyse der steuerungsrelevanten Gaps für die Stadt Münster im Überblick**

Abb. 23 verdeutlicht, dass die Gaps zwischen Soll- und Ist-Bild größer sind als die Abweichungen zwischen den beiden Selbst- bzw. Fremdbildern. Zudem zeigt sich, dass die Einstellung der Bürger (Gap 1) gegenüber der Stadt Münster positiver ist, als diejenige der Bundesbürger (Gap 4). Betrachtet man die beiden anderen Gaps, so resultiert diese Differenz offensichtlich aus dem größeren Unterschied bezüglich der Soll-Anforderungen.

Im Hinblick auf die Ableitung von Implikationen für das Stadtmarketing sind aus zweierlei Gründen die **Gaps 1 und 4** einer näheren Betrachtung zu unterziehen. Zum einen offenbaren sie aufgrund ihrer Werteausprägungen augenscheinlich einen größeren Handlungsbedarf. Zum anderen zeichnen sie sich im Gegensatz zu den Gaps 2 und 3 durch eine größere Verhaltensnähe aus. Eine Verringerung dieser Lücken und damit eine Verbesserung der stadtbezogenen Einstellung beeinflusst nach der Dreikomponententheorie der Einstellungsforschung direkt die Verhaltensintentionen und indirekt das Verhalten der Zielgruppen gegenüber einer Stadt.[428] Die Verhaltensrelevanz konnte im Rahmen der vorliegenden Untersuchung zwar nicht analysiert werden, da die konative Komponente in Abhängigkeit von den unterschiedlichen Bedürfnissen zielgruppenspezifisch hätte ope-

---

[428] Vgl. Trommsdorff, V., Konsumentenverhalten, a. a. O., S. 154 f.

rationalisiert werden müssen. Gleichwohl wurde sowohl für die internen und externen Zielgruppen der Einfluss der Gaps zwischen Ideal- und Realeindruck auf die Gesamteinschätzung der Stadt Münster ermittelt. Sowohl im Selbst- als auch im Fremdbild erweisen sich dabei diese Abweichungen als signifikante Einflussgröße des Gesamturteils (Selbstbild: r^2 = 0,084, β = 0,290 bzw. Fremdbild: r^2 = 0,080, β = 0,283).

Für die Ableitung konkreter Implikationen ist jedoch die globale Betrachtung der Gaps 1 und 4 zu Gunsten einer themenspezifisch differenzierten Analyse zu verlassen. Aus ökonomischen Erwägungen erscheint es dabei sinnvoll, diejenigen Angebotskomponenten zu identifizieren, die einen besonderen Handlungsbedarf aufwerfen. Neben der Größe der Gaps, die einen Hinweis auf die Stärke des Anpassungsbedarfs bieten, ist hierzu die **Relevanz der Kriterien** für die internen und externen Zielgruppen zu erheben.

Grundsätzlich erschließen sich für die Ermittlung der Kriterienrelevanz zwei unterschiedliche Vorgehensweisen.[429] Bei der **direkten Methode** werden die Probanden nach der Bedeutung einzelner Angebotskomponenten befragt. Dies kann entweder analog zur Beurteilung der Kriterien anhand eines bipolaren Ratings geschehen oder aber auf Basis einer Konstantsummenskala, bei der eine vorgegebene Punktzahl auf die einzelnen Attribute verteilt wird. Demgegenüber werden im Rahmen der **indirekten Methode** die Bedeutungsgewichte der Kriterien mittels einer Regressionsanalyse erhoben. Aufgrund der größeren Objektivität und Validität der Ergebnisse wurde im Rahmen der vorliegenden Untersuchung die Bedeutung der einzelnen Kriterien regressionsanalytisch anhand des Einflusses der Ist-Beurteilung einzelner Angebotskomponenten auf das Gesamturteil der Befragten erhoben.

Vor der inhaltlichen Interpretation der Ergebnisse wurden jedoch zunächst die in Kap. C.1.1 dargelegten **Prämissen** der multiplen linearen Regressionsanalyse auf ihre Einhaltung überprüft. In der zur Aufdeckung einer möglichen Multikollinearität durchgeführten bivariaten Korrelationsanalyse der Regressoren ergaben sich sowohl im Selbst- als auch im Fremdbild ausschließlich Korrelationskoeffi-

---

[429] Vgl. hierzu im Detail Barich, H., Kotler, Ph., A Framework for Marketing Image Management, in: Sloan Management Review, Winter 1991, S. 100.

zienten von r < 0,7.[430] Auch die für die Aufdeckung von Mehr-Wege-Interakti-
onen ermittelten Toleranzen der Variablen ergaben keinen Hinweis auf das Vorliegen von Multikollinearität.[431] Im Hinblick auf die Überprüfung der Prämissen
der Linearität, Homoskedastizität und Normalverteilung der Residuen deutete
zudem keine der jeweils durchgeführten visuellen Plot-Analysen auf eine ernsthafte Prämissenverletzung hin. Allerdings ließ die Inspektion der Plots der standardisierten Residuen keine eindeutigen Aussagen bezüglich der Einhaltung der
Normalverteilungsprämisse zu. Vor diesem Hintergrund wurden die zuvor abge-
speicherten standardisierten Residuen einem nichtparametrischen Kolmogorov-
Smirnov-Test auf Normalverteilung unterzogen. Dieser lieferte Z-Statistiken von
0,991 (Selbstbild) bzw. 1,330 (Fremdbild), die sich in beiden Fällen nicht signifikant von einer idealtypischen Normalverteilung unterschieden (Signifikanzniveau: Selbstbild = 0,280, Fremdbild = 0,058).[432] Somit kann festgehalten werden, dass im vorliegenden Fall die **Einsatzvoraussetzungen der multiplen linearen Regressionsanalyse erfüllt** sind. Die regressionsanalytisch ermittelten
Bedeutungsgewichte sowie die Größe der Gaps zwischen Soll- und Ist-Urteil der
Befragten im Selbst- und Fremdbild sind in Tab. 6 überblicksartig dargestellt.

---

[430] Dabei ergaben sich innerhalb des Fremdbildes die größeren Interkorrelationen. Von den jeweils 153 ermittelten Korrelationskoeffizienten wiesen im Selbstbild einer und im Fremdbild 15 einen Wert von r > 0,5 auf.

[431] Mit einem Wert von 0,386 wies der Faktor „Berufliche Perspektiven" im Selbstbild die geringste Toleranz auf.

[432] Als kritisch werden hierbei Signifikanzen kleiner 5% angesehen. Vgl. Krafft, M., Außen-dienstentlohnung im Licht der Neuen Institutionenlehre, a. a. O., S. 338. Darüber hinaus übersteigt der Stichprobenumfang im Selbst- und Fremdbild deutlich den von BACKHAUS ET AL. für nicht-normalverteilte Residuen angegebenen kritischen Wert von n = 40. Vgl. Backhaus et. al., Multivariate Analysemethoden. Eine anwendungsorientierte Einführung, a. a. O., S. 48.

	Selbstbild		Fremdbild	
	Gap 1	Relevanz	Gap 4	Relevanz
Wohnqualität	*0,61*	*0,270****	*0,86*	*0,265****
Bildungseinrichtungen	*0,56*	*0,122**	0,69	n.s.
Sehenswürdigkeiten	*0,62*	n.s.	*0,73*	*0,255****
Berufliche Perspektiven	1,02	n.s.	1,14	n.s.
Freundl. d. Menschen	*0,92*	*0,191****	0,69	n.s.
Wetter	0,95	n.s.	*0,76*	*-0,158***
Landschaft	*0,56*	n.s.	*0,70*	*0,249****
Attr. Wirtschaftsstandort	0,77	n.s.	0,92	n.s.
Verkehrsanbindung	0,68	n.s.	0,82	n.s.
Sauberkeit	*0,61*	*0,133**	*0,66*	*0,121**
Einkaufsmöglichkeiten	*0,56*	*0,159***	0,64	n.s.
Freizeitmöglichkeiten	0,60	n.s.	0,72	n.s.
Mediz. Versorgung	0,47	n.s.	0,67	n.s.
Gaststätten u. Rest.	0,70	n.s.	0,56	n.s.
Parkplätze	*1,01*	*0,114**	0,92	n.s.
Wohnungsangebot	0,84	n.s.	0,86	n.s.
Sportanlagen	0,60	n.s.	0,64	n.s.
Schulen u. Kindergärten	0,64	n.s.	0,75	n.s.

Selbstbild: $r^2 = 0,388$
Fremdbild: $r^2 = 0,338$

Signifikanzniveau:
*** = $\alpha < 0,001$
** = $\alpha < 0,01$
* = $\alpha < 0,05$
n.s. = nicht signifikant

Tab. 6:   Ausprägung der Gaps 1 und 4 sowie Komponentenrelevanz im Selbst- und Fremdbild der Stadt Münster

Mit Blick auf die Soll-Ist-Abweichungen weist der Faktor „Medizinische Versorgung" innerhalb des **Selbstbildes** die geringste Diskrepanz auf. Augenscheinlich kann die Stadt Münster die Anforderungen der eigenen Bewohner in Bezug auf diese Dimension am Besten erfüllen. Demgegenüber liegen für die Dimensionen „Berufliche Perspektiven" und „Parkplätze" Soll-Ist-Differenzen von durchschnittlich über 1 vor, was auf einen besonders hohen Änderungsbedarf hindeutet. Im Unterschied zum Parkplatzangebot spielen die Berufsperspektiven für die Gesamtbeurteilung der Stadt Münster aus Sicht ihrer Bewohner jedoch keine signifikante Rolle. Die deutlich größte Bedeutung für die Beurteilung Münsters kommt hingegen dem Faktor „Wohnqualität" zu. Ähnlich wie im Selbstbild liegen auch im **Fremdbild** die größten Soll-Ist-Abweichungen bei den Dimensionen „Berufliche Perspektiven", „Parkplätze" und „Attraktiver Wirtschaftsstandort" vor. Diese besitzen jedoch aus Sicht der befragten Bundesbürger keine signifikante Relevanz für die Beurteilung Münsters. Neben der Wohnqualität kommt hier den Sehenswürdigkeiten und der Landschaft eine ähnlich hohe Bedeutung zu.

Letztlich liegt nur für solche Angebotskomponenten ein Handlungsbedarf vor, die einen signifikanten Einfluss auf das Urteil der befragten Zielgruppen ausüben. Für die Priorisierung von Maßnahmen im Sinne eines effizienten Einsatzes des Marketing-Instrumentariums ist jedoch auch die Größe der korrespondierenden Lücken in die Beurteilung einzubeziehen. Stellt man Relevanz und Soll-Ist-Abweichung der Faktoren überblicksartig dar, so lassen sich die Maßnahmen in einem 4-Felder-Schema systematisieren (vgl. Abb. 24).

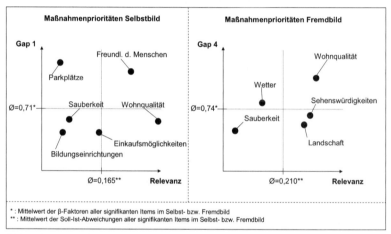

Abb. 24:   Maßnahmenprioritäten für die Stadt Münster

■ Die höchste Priorität ist den Angebotsdimensionen im **rechten oberen Quadranten** einzuräumen. Diese Kriterien weisen eine überdurchschnittliche Differenz zwischen Ideal- und Realeindruck auf und besitzen gleichzeitig eine hohe Bedeutung für die Befragten. Für die Stadt Münster ist der Faktor „Freundlichkeit der Menschen" im Selbstbild und der Faktor „Wohnqualität" im Fremdbild diesem Feld zuzuordnen.

■ Im **rechten unteren Quadranten** sind Faktoren angesiedelt, die zwar einen überdurchschnittlichen Einfluss auf das Urteil der Befragten haben, im Vergleich zu den anderen Dimensionen jedoch eine eher geringe Soll-Ist-Abweichung aufweisen. Bezogen auf die Stadt Münster sind das die Kriterien „Wohnqualität" (Selbstbild) und „Landschaft" bzw. „Sehenswürdigkeiten" (Fremdbild). Aufgrund ihrer Bedeutung für die Zielpersonen ist diesen Komponenten grundsätzlich eine ebenfalls hohe Priorität beizumessen.

■ Im **linken oberen Quadranten** befinden sich Angebotskomponenten, die aufgrund der Ausprägung des Gaps zwar einen großen Anpassungsbedarf mit sich bringen, gleichzeitig jedoch von untergeordneter Relevanz für die Befragten sind. Im Fall der Stadt Münster sind dies die Dimensionen „Parkplätze" im Selbstbild sowie „Wetter" im Fremdbild.

■ Der **linke untere Quadrant** schließlich kennzeichnet Faktoren, denen eine vergleichsweise geringe Priorität beigemessen werden kann. Sowohl die Bedeutung für die Nachfrager als auch die Größe des Anpassungsbedarfs ist unterdurchschnittlich ausgeprägt. Im Selbstbild sind dies die Dimensionen „Sauberkeit", „Einkaufsmöglichkeiten" und „Bildungseinrichtungen", im Fremdbild der Faktor „Sauberkeit".

Die ermittelten Maßnahmenprioritäten können als Grundlage für eine effiziente Marktbearbeitung herangezogen werden. Losgelöst von dieser Priorisierung lassen sich aus Abb. 24 im Selbstbild sechs und im Fremdbild fünf Faktoren identifizieren, aus denen unter Berücksichtigung der internen und externen Zielgruppenpräferenzen ein Handlungsbedarf für das Stadtmarketing resultiert. In Abhängigkeit vom Ursprung des Handlungsbedarfs können diese Faktoren in drei Gruppen unterschieden werden:

1. Faktoren, deren Handlungsbedarf aus dem **Selbstbild** resultiert („Freundlichkeit der Menschen", „Parkplätze", „Einkaufsmöglichkeiten", „Bildungseinrichtungen"),

2. Faktoren, deren Handlungsbedarf aus dem **Fremdbild** resultiert („Wetter", „Sehenswürdigkeiten", „Landschaft") und

3. Faktoren, deren Handlungsbedarf aus den Anforderungen von **Selbst- und Fremdbild** resultiert („Wohnqualität", „Sauberkeit").

Am Beispiel der Stadt Münster sollen im Folgenden für die drei Kriteriengruppen empirisch gestützte Ansatzpunkte für die Ausgestaltung des identitätsorientierten Stadtmarketing aufgezeigt werden. Wenngleich die erarbeitete Priorisierung eine weitere Systematisierung möglich macht, werden dabei für jede der drei Gruppen zunächst sämtliche von den Zielgruppen als relevant erachteten Kriterien in die Analyse mit einbezogen.

1.52   Analyse des Anpassungsbedarfs

1.521   Selbstbildinduzierte Anpassung

Von den als relevant identifizierten Angebotsdimensionen weist der Faktor „Parkplätze" die größte Abweichung zwischen Ideal- und Realwahrnehmung innerhalb des Selbstbildes auf. Mit der Beeinflussung der Soll- und der Ist-Komponente bieten sich in diesem Zusammenhang zwei unterschiedliche Möglichkeiten zur Reduktion dieser Lücke.[433] Dabei kann davon ausgegangen werden, dass eine kommunikationspolitische Beeinflussung der Idealvorstellungen ungleich schwerer zu vollziehen ist als eine Verbesserung der Ist-Wahrnehmung.[434] Neben der hier in den Mittelpunkt gerückten leistungspolitischen Einflussnahme wären zur Beeinflussung der Ist-Komponente auch Maßnahmen der Kommunikationspolitik denkbar, falls der Realeindruck auf einer verzerrten Wahrnehmung der tatsächlichen Gegebenheiten beruht. Dem weiteren Vorgehen liegt jedoch die Prämisse zugrunde, dass zumindest die Bewohner einer Stadt über eine der Realität entsprechende Wahrnehmung verfügen und eine Beeinflussung des Ist-Selbstbildes dementsprechend im Rahmen der Leistungspolitik zu erfolgen hat.

Zur Spezifikation des leistungspolitischen Anpassungsbedarfs ist allerdings die an der TROMMSDORFFschen Einstellungsmessung orientierte betragsmäßige Betrachtungsweise von Gap 1 zu verlassen. Für die Ableitung konkreter Implikationen des Stadtmarketing ist vielmehr die Kenntnis essenziell, ob die Gesamtabweichung aus einer Über- oder Untererfüllung einzelner Angebotskomponenten resultiert. Vor diesem Hintergrund wurden für sämtliche Befragte die **individuellen Differenzen zwischen Ideal- und Realeindruck** gebildet, woraus sich wiederum postulierte Anpassungsbedarfe der Zielgruppen ableiten lassen. In Abb. 25 sind am Beispiel des Faktors „Parkplätze" die Anteile der Befragten dargestellt, die diese Angebotskomponente in einem bestimmten Ausmaß gestärkt bzw. geschwächt wünschen.

---

[433]   Wenn etwa die Soll-Komponente um eine Einheit reduziert würde, hätte dies den gleichen Effekt wie eine ebenso starke Verbesserung der Ist-Komponente.

[434]   Vgl. Barich, H., Kotler, Ph., A Framework for Marketing Image Management, a. a. O., S. 102.

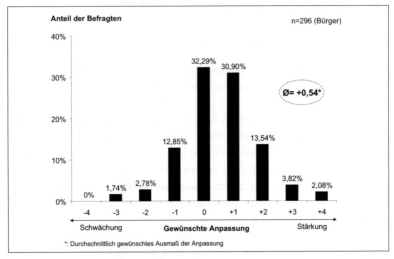

Abb. 25: **Innerhalb des Selbstbildes gewünschte Richtung des Anpassungsbedarfs für die Stadt Münster am Beispiel des Faktors „Parkplätze"**

Es zeigt sich, dass ca. ein Drittel der Bewohner keinen Anpassungsbedarf im Hinblick auf den Faktor „Parkplätze" sieht, weil offensichtlich ihre Wahrnehmung der Parkplatzsituation in Münster den Anforderungen an eine ideale Stadt entspricht. Weiterhin wird deutlich, dass nur ein geringer Anteil der Befragten (17,37%) Münster hinsichtlich der Dimension „Parkplätze" besser als eine ideale Stadt beurteilt, während die Mehrzahl der Bewohner eine Verbesserung des Parkplatzangebots als wünschenswert erachtet. Das positive Vorzeichen des durchschnittlich gewünschten Anpassungsbedarfs impliziert somit eine **im Selbstbild gewünschte grundsätzliche Stärkung** der Angebotskomponente „Parkplätze".

Als Referenzpunkt für die Stärke des Anpassungsausmaßes ist der ermittelte Wert von 0,54 angesichts seiner Durchschnittsbildung jedoch nur begrenzt geeignet. Hierzu ist vielmehr simulativ zu erheben, welche Effekte aus einer Stärkung des Faktors „Parkplätze" um unterschiedliche Intensitätsstufen resultieren. In diesem Zusammenhang gewinnt die Frage nach der gewünschten **Wirkung auf der Zielgruppenebene** an Bedeutung.

In seiner auf das Politikmarketing bezogenen Anwendung des Gap-Modells zieht SCHNEIDER den Anteil der Befragten, deren Ideal- und Realbild übereinstimmt, als Kriterium für die Identifikation des optimalen Anpassungsbedarfs heran.[435] Dies lässt sich dadurch begründen, dass mit einer Maximierung dieses Personenkreises auch zugleich die Zahl der Wähler einer Partei maximiert wird. Nach dieser auf dem politischen Mehrheitsprinzip basierenden Denkweise wird den als Nicht-Wählern identifizierten Personen keine weitere Beachtung geschenkt.

Die Gültigkeit des Majoritätsprinzips – also die Orientierung am Willen der Mehrheit der Befragten – ist für das Stadtmarketing jedoch grundsätzlich in Frage zu stellen.[436] Insbesondere innerhalb des Selbstbildes sollten weniger die Bedürfnisse einzelner Zielgruppen, sondern vielmehr die **Interessen der breiten Bürgerschaft** im Mittelpunkt kommunaler Aktivitäten stehen.[437] Die Aufgabe des Stadtmarketing besteht in diesem Zusammenhang darin, unter Berücksichtigung der Nutzenerwartungen einzelner Interessengruppen eine für die Allgemeinheit wünschenswerte und sinnvolle Versorgung bereitzustellen.[438] Im Unterschied zu der auf den einmaligen Wahlakt abzielenden Idee der Wählermaximierung im Politikmarketing liegt dem Stadtmarketing mit der Harmonisierung aller innerhalb einer Stadt existierenden Interessenlagen ein Konsensmodell zugrunde.

Vor diesem Hintergrund ist für die Spezifikation des Anpassungsbedarfs im Rahmen des identitätsorientierten Stadtmarketing nicht der Bürgeranteil mit übereinstimmenden Ideal- und Realeindruck zu maximieren, sondern vielmehr die Größe des als stadtbezogene Einstellung interpretierten Gaps 1 aus Sicht aller Befragten zu minimieren. Zur Ermittlung eines derartigen Referenzpunkts sind die personenspezifischen Gaps im Hinblick auf ihre Ursachen näher zu analysieren. Hierzu wurden die **individuellen Abweichungen** in Bezug auf den Fak-

---

[435] Vgl. Schneider, H., Markenführung in der Politik, a. a. O., S. 179.

[436] Vgl. Manschwetus, U., Regionalmarketing. Marketing als Instrument der Wirtschaftsentwicklung, a. a. O., S. 88.

[437] Ein einfaches Beispiel vermag diese Argumentation zu verdeutlichen: Wenn in Bezug auf einen fiktiven Angebotsfaktor „Diskotheken" 60% der Bürger einer Stadt eine sehr hohe Bedeutung beimessen (z. B. Jugendliche) und 40% der Befragten dies als nicht wünschenswert erachten, so hat sich das Stadtmarketing bzw. die Kommunalpolitik nicht einzig an der Mehrheit zu orientieren. Vielmehr wird ein Interessenausgleich angestrebt, indem beispielsweise das Angebot an Diskotheken außerhalb von Wohngegenden platziert und den interessierten Zielgruppen die Möglichkeit eines kostenlosen Transfers geboten wird.

[438] Vgl. Meissner, H. G., Stadtmarketing – Eine Einführung, a. a. O., S. 25.

tor „Parkplätze" in die dahinter stehenden Kombinationen aus Ideal- und Real-
eindrücken unterschieden (vgl. Tab. 7).

Faktor „Parkplätze"		Eine **ideale Stadt** hat die Ausprägung…				
		1	2	3	4	5
		Anteil der Befragten				
Die **Stadt Münster** hat die Ausprägung…	1	1,39%	0,00%	1,04%	0,35%	0,00%
	2	4,51%	9,03%	7,29%	0,69%	1,39%
	3	7,64%	16,32%	14,24%	3,82%	1,04%
	4	2,43%	4,86%	8,68%	6,25%	1,74%
	5	2,08%	1,39%	1,04%	1,39%	1,39%

Größe der Gaps: ■Gap=0 ▨Gap=1 ▨Gap=2 ■Gap=3 ■Gap=4

Gesamt-Gap:
(0,0139+0,0903+0,1424+0,0625+0,0139)*0+(0,0451+0,1632+0,0868+0,0139+0,0729+
0,0382+0,0174)*1+(0,0764+0,0486+0,0104+0,0104+0,0069+0,0104)*2+(0,0243+0,0139
+0,0035+0,0139)*3+(0,0208+0)*4=**1,01**

Tab. 7:   Verteilung der unterschiedlichen Ideal-Real-Kombinationen der Bewohner Münsters am Beispiel „Parkplätze" in der Ausgangssituation

Bei jeweils fünf verschiedenen Antwortmöglichkeiten für das Ideal- bzw. Realurteil ergeben sich 25 unterschiedliche Ursachenkomplexe für die Ausprägung der
Identitätslücken. So gibt das linke obere Feld beispielsweise an, dass im Hinblick
auf den Faktor „Parkplätze" 1,39% der Befragten sowohl eine ideale Stadt als
auch die Stadt Münster mit dem Wert 1 (=trifft sehr zu) bewerten, was gleichbedeutend mit einem Gap von 0, d. h. einer Erfüllung der Idealanforderungen ist.
Die Größe der Lücke über sämtliche Bürger bzw. die Gesamteinstellung der Bewohner zum Parkplatzangebot der Stadt Münster lässt sich somit als gewichteter
Durchschnitt der einzelnen Identitätslücken berechnen.

Da sich die Größe der Gesamtlücke aus der multiplikativen Verknüpfung der jeweiligen Anteile mit der Größe der korrespondierenden Gaps ergibt, ist für die
Simulation von Maßnahmen des Stadtmarketing die Veränderung der prozentua-
len Verteilung in den einzelnen Feldern von besonderer Bedeutung (vgl. Tab. 8).
Hierbei ist zu berücksichtigen, dass sich bei einer Verbesserung des Ist-Bildes
nicht die Urteile sämtlicher Probanden verändern. Vielmehr wird für Personen,

die bereits in der Ausgangsituation einen Wert von 1 für das Parkplatzangebot vergeben haben, auch bei einer Verbesserung des Angebots die Stadt Münster weiterhin diesen – bestmöglichen – Wert annehmen.[439] Für die anderen Zielpersonen hingegen erhöht sich bei einer vorgenommenen Verbesserung auch das Realurteil.[440]

Faktor „Parkplätze"		Eine **ideale Stadt** hat die Ausprägung...				
		1	2	3	4	5
		Anteil der Befragten				
Die **Stadt Münster** hat die Ausprägung...	1	5,90%	9,03%	8,33%	1,04%	1,39%
	2	7,64%	16,32%	14,24%	3,82%	1,04%
	3	2,43%	4,86%	8,68%	6,25%	1,74%
	4	2,08%	1,39%	1,04%	1,39%	1,39%
	5	0,00%	0,00%	0,00%	0,00%	10,00%

Größe der Gaps: ■Gap=0 ░Gap=1 ░Gap=2 ■Gap=3 ■Gap=4

Gesamt-Gap:
(0,0590+0,1632+0,0868+0,0139+0,1000)*0+(0,0764+0,0486+0,0104+0+0,0903+0,1424+0,0625+0,0139)*1+(0,0243+0,0139+0+0,0833+0,0382+0,0174)*2+(0,0208+0,0104+0,0104)*3+(0+0,0139)*4=**0,98**

Tab. 8:   **Verteilung der unterschiedlichen Ideal-Real-Kombinationen der Bewohner Münsters am Beispiel „Parkplätze" nach Verbesserung der Ist-Komponente um eine Einheit**

Wenngleich durch die simulierte leistungspolitische Einflussnahme eine Verbesserung des Parkplatzangebots eintritt, geht diese nicht zwangsweise mit einer Einstellungsverbesserung sämtlicher Bewohner einher. Vielmehr resultiert eine derartig veränderte Wahrnehmung für diejenigen Befragten, deren Realeindruck

---

[439] Diese Argumentation trifft gleichsam auf den Fall einer Einflussnahme auf die Soll-Komponente zu. Für Befragte, deren Idealvorstellung an einem Extrempunkt liegt, kann grundsätzlich ein Nutzenverlauf nach dem Idealvektormodell angenommen werden, während die Einstellungsmessung nach TROMMSDORFF ein Idealpunktmodell unterstellt. Vgl. hierzu auch Schneider, H., Markenführung in der Politik, a. a. O., S. 174 f.

[440] Dies impliziert die Annahme, dass die leistungspolitische Einflussnahme des Stadtmarketing bei sämtlichen Befragten die gleiche Wirkung erzielt. Wenngleich in der Realität situationsspezifische und interpersonell bedingte Wahrnehmungsunterschiede auftreten, lassen sich aus den Ergebnissen zumindest grundsätzliche Stoßrichtungen für das Stadtmarketing ableiten.

bereits zuvor dem Ideal entsprach, nunmehr in einer Lücke von 1.[441] Im Ergebnis zeigt sich jedoch, dass eine Verbesserung des Faktors „Parkplätze" für die Stadt Münster sinnvoll ist, da dies eine Reduktion der Identitätslücke über alle Bewohner von 1,01 auf 0,98 mit sich bringt.

Auf dieser Basis wurde simuliert, welche Auswirkung eine unterschiedlich starke Verbesserung des Parkplatzangebots auf die Gesamteinstellung der Bürger hat.[442] Tab. 9 verdeutlicht, dass mit einer leichten Verbesserung um eine Einheit zunächst eine Reduktion der Identitätslücke und damit eine Verbesserung der Bürgereinstellungen einhergeht. Eine über diesen Punkt hinausgehende Veränderung des Faktors „Parkplätze" würde hingegen die Differenz zwischen Ideal- und Realeindruck wieder vergrößern. Die in der Tabelle grau hinterlegte Anpassung kann demnach als **Referenzpunkt für das Stadtmarketing** interpretiert werden.

Änderung der Ist-Komponente des Faktors „Parkplätze" durch Maßnahmen des Stadtmarketing um...	+0	+1	+2	+3	+4
Größe Gap 1 des Faktors „Parkplätze"	1,01	0,98	1,33	1,53	1,56

Tab. 9: **Auswirkungen der Einflussnahme auf die Ist-Wahrnehmung des Faktors „Parkplätze" auf die Gesamteinstellung der Bewohner Münsters**

Zu berücksichtigen ist jedoch, dass die Ermittlung des Änderungsbedarfs bislang ausschließlich auf die Wirkungen innerhalb des Selbstbildes fokussierte. Wenngleich der Anpassungsbedarf hinsichtlich des Faktors „Parkplätze" selbstbildinduziert ist, kann davon ausgegangen werden, dass eine leistungspolitische Einflussnahme auf das Parkplatzangebot auch von den **externen Zielgruppen** wahrgenommen wird.[443] Wenn sich durch die als wünschenswert erachteten Maßnahmen des Stadtmarketing negative Effekte innerhalb des Fremdbildes ergäben, so wäre abzuwägen, ob die Reduktion der Lücke auf der Bürgerebene

---

[441] Ausgenommen hiervon sind Zielpersonen, die das Parkplatzangebot bereits zuvor mit einem Realwert von 1 versehen haben.

[442] Die Werte sind dabei weniger in ihrer exakten metrischen Ausprägung zu begreifen, sondern vielmehr als unterschiedliche Intensitätsstufen der leistungspolitischen Einflussnahme.

[443] Im Bewusstsein, dass die Veränderung des Leistungsangebots von externen Zielgruppen nicht in vollem Ausmaß bzw. mit zeitlicher Verzögerung wahrgenommen wird, sollen auch hier die gleichen Wirkungszusammenhänge wie im Selbstbild unterstellt werden.

nicht durch eine selektive kommunikationspolitische Einflussnahme auf die Soll-Komponente innerhalb des Selbstbildes zu realisieren wäre.

Vor diesem Hintergrund wurde die für das Selbstbild vorgenommene Simulation der Auswirkung einer Verbesserung des Parkplatzangebotes um eine Einheit auch für das Fremdbild durchgeführt. Dabei ergab sich in der Ausgangssituation eine betragsmäßige Differenz zwischen Ideal- und Realeindruck des Faktors „Parkplätze" von 0,69. Durch die selbstbildinduzierte Veränderung in Richtung des ermittelten Referenzpunktes verkleinert sich diese Identitätslücke im Fremd-bild auf 0,63. Die damit einhergehende itemspezifische Einstellungsverbesse-rung ist mit der aus dem Selbstbild abgeleiteten Einflussnahme somit konform.

Auf dieselbe Weise wurden die weiteren im vorangegangenen Kapitel als rele-vant identifizierten Angebotskomponenten im Hinblick auf Richtung und Ausmaß des Anpassungsbedarfs analysiert.[444] Dabei ergab sich für den Faktor „Bil-dungseinrichtungen" ebenfalls eine optimale Verbesserung um eine Einheit, die durch eine Erhöhung der Einstellung im Fremdbild getragen wird, während für den Faktor „Einkaufsmöglichkeiten" eine Einflussnahme auf die Ist-Komponente nicht Erfolg versprechend ist, weil jede Veränderung des Aus-gangszustandes zu einer Vergrößerung des Gaps zwischen Real- und Idealein-druck der Bewohner und damit zu einer Verschlechterung der stadtbezogenen Einstellung führt.

Während die bisherige Argumentation zur Ableitung eines Anforderungsprofils an das Stadtmarketing lediglich auf eine Veränderung der Ist-Wahrnehmung ab-zielte, gestaltet sich die Anpassung des ebenfalls selbstbildinduzierten Faktors „Freundlichkeit der Menschen" grundsätzlich anders. Hier scheidet eine Be-einflussung der Ist-Komponente zumindest unter kurz- bis mittelfristigen Ge-sichtspunkten grundsätzlich aus. In Anbetracht der Differenzierung zwischen Soll- und Ist-Position lässt sich eine Reduktion der daraus resultierenden Lücke gleichermaßen durch eine kommunikationspolitisch gestützte Veränderung der Idealanforderungen der Bürger erzielen. Dabei hat eine Reduktion der Idealvor-stellungen um eine Einheit die gleichen Auswirkungen auf die Zielgruppenein-stellungen wie eine gleich starke Verbesserung des Ist-Bildes.

---

[444] Für detaillierte Ergebnisse vgl. den Anhang II der Arbeit.

Analog zu den drei anderen Items wurde auch für den Faktor „Freundlichkeit der Menschen" zunächst die Richtung des Anpassungsbedarfs analysiert. Dabei stellte sich heraus, dass bei der Mehrzahl der Befragten eine Reduktion des Anspruchsniveaus zu einer Verringerung der itembezogenen Einstellung führen würde. Anschließend wurde simulativ der optimale Änderungsbedarf für diesen Faktor ermittelt. Die Identitätslücke von 0,92 im Ausgangszustand reduziert sich bei einer **Schwächung der Soll-Anforderungen um eine Einheit** zunächst auf 0,75. Eine stärkere Reduktion der Idealanforderungen hingegen führt zu einer Vergrößerung der betragsmäßigen Abweichung zwischen Soll- und Ist-Komponente. Dementsprechend stellt für den Faktor „Freundlichkeit der Menschen" eine geringfügige Verringerung des Anspruchsniveaus der Bürger um eine Einheit den Referenzpunkt für das Stadtmarketing dar. Die Notwendigkeit einer Analyse der Auswirkungen auf das Fremdbild ist hier nicht gegeben, wenn davon ausgegangen werden kann, dass die kommunikative Beeinflussung selektiv auf die Bewohner der Stadt ausgerichtet ist.

An dieser Stelle bleibt zunächst festzuhalten, dass aus der Analyse des selbstbildinduzierten Steuerungsbedarfs unterschiedliche Implikationen für das identitätsorientierte Stadtmarketing resultieren. Für die Faktoren „Parkplätze", „Bildungseinrichtungen" und „Einkaufsmöglichkeiten" wurde zunächst die von den Bürgern gewünschte Richtung einer leistungspolitischen Einflussnahme auf Basis der individuellen Einstellungen erhoben. Unter der Annahme, dass die Minimierung des auf sämtliche Bürger bezogenen Gaps zwischen Ideal- und Realeindruck und damit eine Maximierung der itembezogenen Einstellung den optimalen Änderungsbedarf angibt, konnten anschließend Referenzpunkte für die Ausgestaltung des Stadtmarketing ermittelt werden. Dabei zeigte sich, dass hinsichtlich des Parkplatzangebotes und der Bildungseinrichtungen eine geringfügige Verbesserung des Angebotes mit einer Erhöhung der Bürgereinstellungen einhergeht, während eine leistungspolitische Einflussnahme auf das Angebot an Einkaufsmöglichkeiten nicht zu einer Verringerung der Identitätslücke beitragen kann. Gegenüber den anderen Items stellte sich für den Faktor „Freundlichkeit der Menschen" die Option einer Beeinflussung der Ist-Komponente nicht, so dass die Möglichkeit einer Einflussnahme auf die Idealvorstellungen der Bürger geprüft wurde. Hier konnte aufgezeigt werden, dass eine geringfügige Reduktion des Anspruchsniveaus die Diskrepanzen zwischen Ideal- und Realvorstellungen innerhalb der Bürgerschaft minimiert.

1.522 Fremdbildinduzierte Anpassung

Die Methodik zur Ermittlung des fremdbildinduzierten Anpassungsbedarfs ähnelt zunächst der Vorgehensweise innerhalb des Selbstbildes. Für die im Hinblick auf das Gesamturteil der externen Anspruchsgruppen als relevant identifizierten Faktoren „Sehenswürdigkeiten", „Wetter" und „Landschaft" wurde zunächst auf Basis der Zielgruppenanforderungen die Richtung eines möglichen Änderungsbedarfes analysiert. Abb. 26 verdeutlicht diese Ergebnisse am Beispiel des Items „Sehenswürdigkeiten".

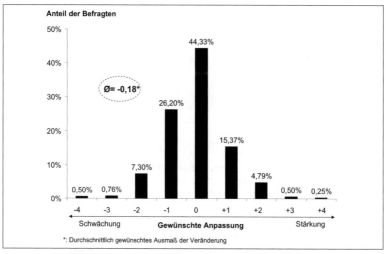

Abb. 26: **Postulierte Richtung des Anpassungsbedarfs am Beispiel des Faktors „Sehenswürdigkeiten" (Fremdbild)**

Zunächst wird deutlich, dass nahezu die Hälfte der befragten Bundesbürger (44,33%) keinen Anpassungsbedarf im Hinblick auf das Angebot an Sehenswürdigkeiten für notwendig erachtet. Von den übrigen Befragten tendiert jedoch die Mehrzahl zu einer **Schwächung dieses Faktors**, weil offensichtlich die Stadt Münster die Idealanforderungen dieser Zielgruppen übererfüllt. Für den Durchschnitt der externen Zielgruppe würde demnach eine Reduktion der Ist-Komponente tendenziell positivere Effekte mit sich bringen als eine Verbesserung des Angebots.

Angesichts der Tatsache, dass eine „Verschlechterung" des kommunalen Angebots in der Praxis kaum tragbar wäre, ist als Ansatzpunkt für potenzielle Anpassungsmaßnahmen im vorliegenden Fall die **Beeinflussung der Soll-Komponente** zu überprüfen. So wäre es vorstellbar, dass durch eine Erhöhung der Zielgruppenansprüche hinsichtlich des Faktors „Sehenswürdigkeiten" die Stadt Münster bei einem größeren Anteil der Befragten den Idealvorstellungen entspricht. Hierzu ist zunächst die Verteilung der unterschiedlichen Ideal-Real-Kombinationen in der Ausgangssituation zu untersuchen (vgl. Tab. 10).

Faktor „Sehens-würdigkeiten"	Eine **ideale Stadt** hat die Ausprägung…				
	1	2	3	4	5
	Anteil der Befragten				
Die **Stadt Münster** hat die Ausprägung… 1	8,31%	8,31%	4,28%	0,76%	0,50%
2	6,05%	23,17%	15,11%	2,27%	0,00%
3	2,77%	6,80%	12,09%	2,27%	0,76%
4	0,25%	1,76%	2,27%	0,76%	0,50%
5	0,25%	0,25%	0,25%	0,25%	0,00%

Größe der Gaps: ■Gap=0 ☐Gap=1 ☐Gap=2 ■Gap=3 ■Gap=4

Anzahl der Befragten, deren Idealanforderungen mit dem Realbild der Stadt Münster übereinstimmen (Gap=0): 8,31%+23,17%+12,09%+0,76%+0%=**44,33%**

Tab. 10: **Verteilung der unterschiedlichen Ideal-Real-Kombinationen der Bundesbürger am Beispiel „Sehenswürdigkeiten" in der Ausgangssituation (Münster)**

Die dunkelgrau markierten Felder in der Diagonale kennzeichnen diejenigen Befragten, die aufgrund einer Übereinstimmung von Ideal- und Realeindruck eine Lücke von 0 aufweisen. Für 8,31% der Befragten etwa resultiert dieses Ergebnis aus der Bewertung einer idealen Stadt und der Stadt Münster mit einem Wert von 1 (=trifft sehr zu).

Im Rahmen der selbstbildinduzierten Anpassungsanalyse bildete die Minimierung des Gaps zwischen Ideal- und Realeindruck der Bürger das Kriterium für den optimalen Änderungsbedarf. Dies wurde damit begründet, dass innerhalb einer Stadt die Harmonisierung und Berücksichtigung der Interessen der breiten Bürgerschaft ein vordringliches Ziel des Stadtmarketing ist. Diese Argumentation kann jedoch nicht unreflektiert auf die Fremdbildebene übertragen werden. Interpretiert man die Gesamtheit der Bundesbürger als externe Zielgruppe einer Stadt, so besteht das Ziel nicht darin, einen Ausgleich der Interessen sämtlicher Personen zu erlangen. Aufgrund der interkommunalen Konkurrenz würde die Ausrichtung der Stadtmarketing-Aktivitäten an den durchschnittlichen Erwartungen der Zielgruppen zu einem Verlust dieser Personen an andere Städte führen, die diesen Bedarf besser befriedigen können.

Vor diesem Hintergrund ist für die Ableitung von Änderungsbedarf anstelle der Minimierung der Abweichung für sämtliche Befragte der **Anteil der Personen** zu maximieren, **deren Bild der Stadt Münster mit den Anforderungen an eine ideale Stadt übereinstimmt**. Dies entspricht einer transaktionsorientierten Denkweise, da davon auszugehen ist, dass Personen, für die eine Stadt den Idealvorstellungen entspricht, mit dieser Stadt in einen Transaktionszusammenhang treten. Im vorliegenden Fall etwa könnte ein potenzieller Tourist einen Besuch der Stadt Münster in Erwägung ziehen, wenn die dortigen Sehenswürdigkeiten seinem Ideal entsprechen.

Faktor „Sehenswürdigkeiten"		Eine **ideale Stadt** hat die Ausprägung…				
		1	2	3	4	5
		Anteil der Befragten				
Die **Stadt Münster** hat die Ausprägung…	1	0,00%	8,31%	8,31%	4,28%	1,26%
	2	0,00%	6,05%	23,17%	15,11%	2,27%
	3	0,00%	2,77%	6,80%	12,09%	3,02%
	4	0,00%	0,25%	1,76%	2,27%	1,26%
	5	0,00%	0,25%	0,25%	0,25%	0,25%

Größe der Gaps: ■Gap=0 ░Gap=1 ▨Gap=2 ▧Gap=3 ▬Gap=4

Anzahl der Befragten, deren Idealanforderungen mit dem Realbild der Stadt Münster übereinstimmen (Gap=0): 0%+6,05%+6,80%+2,27&+0,25%=**15,37%**

Tab. 11: **Verteilung der unterschiedlichen Ideal-Real-Kombinationen am Beispiel „Sehenswürdigkeiten" nach Reduktion der Idealanforderungen um eine Einheit (Selbstbild)**

Tab. 11 verdeutlicht die Veränderung der unterschiedlichen Ideal-Real-Kombinationen nach einer simulierten Reduktion der Soll-Komponente des Faktors „Sehenswürdigkeiten" um eine Einheit. Die Anteile der Befragten verschieben sich jeweils spaltenweise nach rechts, wobei sich jedoch in der rechten Spalte zusätzlich diejenigen Befragten wiederfinden, die bereits zuvor einen Wert von 5 für eine ideale Stadt vergeben haben. Im Ergebnis zeigt sich, dass durch eine kommunikationspolitische **Reduktion der Idealvorstellungen** um eine Einheit der Anteil der Personen, deren Idealvorstellungen mit dem Realbild Münsters übereinstimmen, auf 15,37% (zuvor 44,33%) abnimmt. Eine ebenfalls durchgeführte Simulation stärkerer Einflussnahmen auf die Soll-Komponente verdeutlicht, dass dadurch der Anteil der Befragten mit einem Gap von 0 noch weiter sinkt (vgl. Tab. 12).

Änderung der Soll-Komponente des Faktors „Sehens-würdigkeiten" durch Maßnahmen des Stadtmarketing um...	-0	-1	-2	-3	-4
Anteil der Befragten, deren Idealanforderung des Faktors „Sehenswürdigkeiten" mit dem Realbild übereinstimmt	44,33%	15,37%	5,04%	1,01%	1,01%

Tab. 12: **Auswirkungen der Einflussnahme auf die Soll-Komponente des Faktors „Sehenswürdigkeiten" auf den Anteil der Bundesbürger mit einem Gap von 0**

Ebenso wie im Selbstbild wurde auch im Fremdbild der Anpassungsbedarf für die weiteren für das Zielgruppenurteil relevanten Faktoren ermittelt.[445] Aufgrund der Tatsache, dass die Faktoren „Wetter" und „Landschaft" unveränderliche Angebotskomponenten darstellen, wurde in beiden Fällen eine kommunikationspolitische Beeinflussung der zielgruppenbezogenen Idealvorstellungen überprüft. Dabei stellte sich heraus, dass eine Einflussnahme durch Maßnahmen des Stadtmarketing in keinem der beiden Fälle den Anteil der Personen, für die die Stadt Münster den Idealvorstellungen entspricht, erhöht. Insgesamt ist somit festzuhalten, dass **aus den drei fremdbildinduzierten Faktoren kein Veränderungsbedarf** für das Stadtmarketing resultiert.[446]

1.523 Selbst- und fremdbildinduzierte Anpassung

Für die Faktoren „Sauberkeit" und „Wohnqualität" wurde sowohl im Selbst- als auch im Fremdbild ein signifikanter Einfluss auf das gesamtstadtbezogene Urteil der Befragten festgestellt. Während die bisherige Analyse des Steuerungsbedarfs isoliert für die internen und externen Zielgruppen durchgeführt wurde, ist der Anpassungsbedarf für diese beiden Faktoren **integriert** zu überprüfen. Ein besonderes Entscheidungsproblem stellt sich dabei, wenn aus den Anforderun-

---

[445] Vgl. hierzu die Tabellen im Anhang II der Arbeit.

[446] Diese Aussage resultiert aus der auf der 5er-Skala basierenden Überprüfung von Veränderungsmaßnahmen um ganze Einheiten. Denkbar wäre darüber hinaus eine Anpassungsüberprüfung im Dezimalstellenbereich. Eine solche Analyse wäre jedoch unter forschungsökonomischen Gesichtspunkten äußerst fragwürdig, zumal bereits die auf ganzen Einheiten basierenden Veränderungsbedarfe im Selbstbild nicht in ihrer exakten Metrik zu interpretieren sind.

gen des Selbst- und Fremdbildes unterschiedliche Intensitäten für Veränderungsmaßnahmen resultieren.

Zunächst wurde für beide Faktoren isoliert im Selbst- und Fremdbild die Richtung
des potenziellen Änderungsbedarfs erhoben. Bei beiden Items zeigte sich dabei
sowohl für das Selbst- als auch das Fremdbild, dass die Stadt Münster die Idealanforderungen der Zielgruppen untererfüllt. Somit ist in einem nächsten Schritt
zu überprüfen, welchen Effekt eine Verbesserung der Ist-Komponente auf der
Zielgruppenebene mit sich bringt. Im Selbstbild wurde dabei die Auswirkung auf
die Größe des Gaps über alle Bewohner und im Fremdbild die Veränderung des
Anteils der Befragten mit einem Gap von 0 überprüft.[447]

Bezogen auf den Faktor „Sauberkeit" stellte sich heraus, dass bereits eine geringfügige Verbesserung des Angebots das Gap der Bürger von 0,61 auf 0,78
erhöht. Auch im Fremdbild führte die Stärkung des Items um eine Einheit zu einer Verschlechterung des Optimalitätskriteriums: Der Anteil der Bundesbürger,
deren Realbild der Stadt Münster mit den Idealvorstellungen übereinstimmt,
nahm von 47,96% auf 45,15% ab. Wenngleich dieser Rückgang als geringfügig
einzustufen ist, verdeutlichen beide Ergebnisse, dass im Hinblick auf den Faktor
„Sauberkeit" eine Verbesserung durch Maßnahmen des Stadtmarketing nicht
sinnvoll erscheint.[448]

Dieselbe für das Item **„Wohnqualität"** durchgeführte Analyse brachte hervor,
dass sowohl im Selbst- als auch im Fremdbild eine leistungspolitische Einflussnahme einen positiven Effekt auf der Zielgruppenebene erzielt. Während im
Selbstbild bereits eine geringfügige Änderung um eine Einheit das zugrunde liegende Gap minimiert (Ausgangszustand: 0,61, nach Anpassung um eine Einheit:
0,49), führt im Fremdbild eine Stärkung um vier Einheiten zu einer Maximierung
des Personenanteils mit übereinstimmendem Ideal- und Realeindruck (Ausgangssituation: 37,37%, nach Anpassung um vier Einheiten: 55,65%). Entsprechend der Annahme, dass eine leistungspolitische Einflussnahme von internen

---

[447] Zur Herleitung dieser Vorgehensweisen vgl. die Erläuterungen in den beiden vorangegangenen Kapiteln.

[448] Eine darüber hinaus durchgeführte simulative Verbesserung um zwei, drei und vier Einheiten
führte sowohl im Selbst- als auch im Fremdbild zu einer weiteren Verschlechterung der
Optimalitätskriterien.

und externen Zielgruppen gleichermaßen wahrgenommen wird, stellt sich im vorliegenden Fall das Problem über die **Entscheidung einer integriert-optimalen Anpassungsintensität.** Hierzu sind die Effekte unterschiedlicher Anpassungsstufen auf der internen und externen Zielgruppenebene gegenüberzustellen (vgl. Abb. 27).

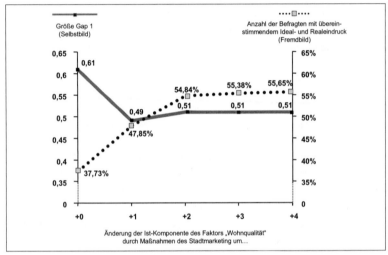

Abb. 27: **Auswirkungen der Einflussnahme auf die Ist-Komponente des Faktors „Wohnqualität" auf das Selbst- und Fremdbild der Stadt Münster**

Auf der Grundlage von Abb. 27 ließe sich zunächst argumentieren, dass eine maximale Anpassung um vier Einheiten integriert betrachtet die bestmöglichen Ergebnisse liefert. Im Vergleich zu einer Veränderung der Ist-Komponente um eine Einheit vergrößert sich das Gap auf der Selbstbildebene nur geringfügig von 0,49 auf 0,51, während der Anteil der Befragten mit einem übereinstimmenden Ideal- und Realeindruck auf der Fremdbildebene von 47,85% auf 55,65% deutlich ansteigt.

Allerdings ist zu berücksichtigen, dass sich der Anteil der Befragten, deren modifiziertes Ist-Bild der Stadt Münster mit den Vorstellungen von einer idealen Stadt übereinstimmt, nicht linear entwickelt. Während der Prozentsatz bei einer Stärkung um eine Einheit im Vergleich zum Ausgangszustand um über zehn Prozentpunkte ansteigt, verbessert sich dieser Anteil beim letzten Erhöhungsschritt von drei auf vier Einheiten von 55,38% auf 55,65% nur noch marginal. Diesen mit zunehmender Intensität der Veränderung sinkenden Grenzerträgen stehen vermutlich ansteigende Grenzkosten in Abhängigkeit vom Ausmaß der Veränderung gegenüber. Wenngleich die genaue Kenntnis der mit der leistungspolitischen Verbesserung einhergehenden Kosten eine einzelfallspezifische Analyse erfordert, wäre gemäß den Ergebnissen aus Abb. 27 eine maximale Veränderung um vier Einheiten ökonomisch zumindest zu hinterfragen. Unter der Annahme einer linearen Kostenentwicklung lässt sich allerdings – anhand der über die Wirkungen auf der Zielgruppenebene abgeleiteten Grenzgewinne – argumentieren, dass eine Veränderung um zwei Einheiten sinnvoll erscheint. Diese reduziert die Bürgereinstellungen nur marginal, während sie innerhalb des Fremdbildes noch zu einem bedeutsamen Anstieg des Prozentsatzes um etwa 7% führt.[449]

Ein derartiger Referenzpunkt erbringt zwar bei einer simultanen Anpassung den bestmöglichen Effekt, isoliert betrachtet liefert er sowohl für das Selbst- als auch für das Fremdbild jedoch nur suboptimale Ergebnisse. Eine bestmögliche Zielerreichung ist allerdings möglich, wenn der Einsatzbereich des Stadtmarketing über die bislang in den Vordergrund gerückte leistungspolitische Einflussnahme hinaus erweitert wird. Denkbar ist zunächst eine nur geringfügige Verbesserung des Faktors „Wohnqualität", die im Selbst- und Fremdbild die mit einer Erhöhung um eine Einheit einhergehenden Effekte mit sich bringt. Diese Veränderung des Leistungsangebotes wäre durch **selektive Kommunikationsmaßnahmen** innerhalb des Fremdbildes zu unterstützen, um die externe Wahrnehmung der Wohnqualität im Hinblick auf den maximalen Personenanteil mit einem korrespondierenden Real- und Idealeindruck zu erhöhen. Dahinter steht der Gedanke, dass die relativ große Lücke innerhalb des Fremdbildes im Ausgangszustand weniger auf tatsächlich vorhandene Defizite der Stadt Münster im Bereich der Wohnqualität, sondern vielmehr auf eine verzerrte Wahrnehmung der Bundesbürger zurückzuführen ist.[450] Im Ergebnis erscheint somit eine über die im

---

[449] Diese heuristische Vorgehensweise ähnelt dem im Rahmen der Clusteranalyse zum Einsatz kommenden Elbow-Kriterium. Vgl. Backhaus et. al., Multivariate Analysemethoden. Eine anwendungsorientierte Einführung, a. a. O., S. 307 f.

[450] Bei relativ ähnlichen Idealanforderungen im Selbst- (1,51) und Fremdbild (1,58) lassen die unterschiedlichen Realeindrücke der Bürger (1,95) und Bundesbürger (2,19) darauf schließen, dass die Wohnqualität von den externen Zielgruppen nicht entsprechend den tatsächlichen Gegebenheiten wahrgenommen wird. Die bislang größte deutsche Online-

(Fortsetzung der Fußnote auf der nächsten Seite)

Selbst- und Fremdbild gleichermaßen wahrgenommene leistungspolitische Verbesserung um eine Einheit eine starke kommunikative Unterstützung innerhalb des Fremdbildes als sinnvoll.

1.53 Ergebnisse des identitätsorientierten Anpassungsprozesses

In den vorangegangenen Kapiteln wurden die innerhalb des Selbst- und Fremdbildes gewünschten Änderungsbedarfe an das Stadtmarketing für die einzelnen Angebotsitems isoliert analysiert. Im Hinblick auf eine gesamtstadtbezogene Betrachtung sind diese in einem nächsten Schritt in ihrem Zusammenwirken zu betrachten. Hierzu sind in Tab. 13 die aus der Analyse resultierenden Referenzpunkte im Sinne eines **Anforderungsprofils** an das identitätsorientierte Stadtmarketing überblicksartig dargestellt.

	Ausgangspunkt der Veränderung	Anpassungsbedarf	Ausmaß
Freundlichkeit der Menschen	Selbstbild	Reduktion der Soll-Vorstellungen	-1
Parkplätze	Selbstbild	Verbesserung der Ist-Wahrnehmung	+1
Bildungseinrichtungen	Selbstbild	Verbesserung der Ist-Wahrnehmung	+1
Wohnqualität	Selbstbild + Fremdbild	Verbesserung der Ist-Wahrnehmung	+1
		Selektive kommunikationspolitische Verbesserung der Ist-Wahrnehmung im Fremdbild	+3

Tab. 13: Selbst- und fremdbildinduziertes Anforderungsprofil an das identitätsorientierte Stadtmarketing der Stadt Münster

Es zeigt sich, dass der Veränderungsbedarf für das Stadtmarketing vornehmlich aus den **Anforderungen des Selbstbildes** resultiert. So basieren drei der in Tab. 13 dargestellten Faktoren auf einem selbstbildinduzierten Änderungsbedarf, während für den Faktor „Wohnqualität" sowohl im Selbst- als auch im Fremdbild eine Anpassung als sinnvoll identifiziert wurde. Einzig für den Faktor „Freundlichkeit der Menschen" wurde dabei eine geringfügige Reduktion der Soll-Vorstellungen der Bürger als optimal identifiziert, für die anderen Faktoren hingegen ist eine ebenfalls nur geringe Stärkung der Ist-Wahrnehmung anzustre-

---

Umfrage verdeutlicht vielmehr die gute Lebensqualität Münsters im bundesweiten Vergleich. Vgl. McKinsey, stern.de, T-Online (Hrsg.), perspektive deutschland, o. O., 2002.

ben. Für den Faktor „Wohnqualität" erwies sich darüber hinaus eine starke kommunikative Unterstützung der Wahrnehmung innerhalb des Fremdbildes als sinnvoll.

Die Analyse der Auswirkungen des ermittelten Änderungsbedarfs fokussierte bislang ausschließlich auf die itemspezifischen Effekte innerhalb des Selbst- bzw. Fremdbildes. Zur **Bewertung der simulativ ermittelten Anpassungsmaßnahmen** ist allerdings die bisherige Einzelkomponentenperspektive durch eine integrierte Betrachtung zu ergänzen. Hierzu wurde das Gap-Modell der Stadt Münster in der Ausgangssituation den Ergebnissen nach erfolgter Anpassung gegenübergestellt (vgl. Abb. 28).

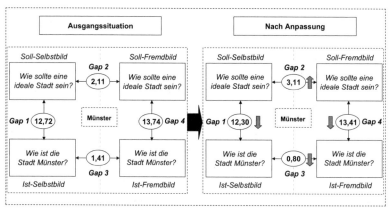

Abb. 28: **Zusammenfassung des identitätsorientierten Anpassungsprozesses für die Stadt Münster**

Zunächst wird deutlich, dass sich einzig **Gap 2** im Vergleich zum Ausgangszustand von 2,11 auf 3,11 vergrößert hat. Dies ist auf die innerhalb der Selbstbildanalyse als sinnvoll identifizierte Einflussnahme auf die Soll-Komponente zurückzuführen. Der leichte Anstieg ist jedoch nicht grundsätzlich kritisch zu beurteilen, weil zum einen die Lücke auch nach erfolgter Anpassung relativ klein ist und zum anderen dem Gap zwischen den Soll-Vorstellungen der internen und externen Zielgruppen im Vergleich zu den anderen Lücken eine untergeordnete Bedeutung beigemessen werden kann.[451]

Gegenüber der Lücke zwischen den Soll-Vorstellungen der internen und externen Zielgruppen zeichnen sich die als gesamtstadtbezogene Einstellungen interpretierten **Gaps 1 und 4** durch einen hohen Verhaltensbezug aus. Sowohl im Selbst- als auch im Fremdbild konnte durch die Änderungsmaßnahmen eine Verringerung der Lücken und damit eine Verbesserung der Einstellungen der Zielgruppen erreicht werden. Absolut betrachtet erscheint die Verminderung der beiden Gaps zunächst unwesentlich. Allerdings ist zu berücksichtigen, dass aufgrund der Kriterienrelevanz nur für 4 von insgesamt 18 Angebotskomponenten, die das Gesamtgap determinieren, eine Anpassung durchgeführt wurde. Eine Simulation der Anpassung auf Basis eines Gap-Modells, welches nur aus den Faktoren „Freundlichkeit der Menschen", „Parkplätze", „Bildungseinrichtungen" und „Wohnqualität" besteht, verdeutlicht hingegen den Wirkungsgrad der Veränderungsmaßnahmen.[452] Zudem ist darauf zu verweisen, dass eine vollständige Schließung der Lücken 1 und 4 aufgrund der Varianzen der internen und externen Zielgruppenanforderungen nicht möglich ist.

Neben den Auswirkungen des Anpassungsprozesses auf die Gaps 1 und 4, die gemäß ihrer Interpretation als stadtbezogene Einstellungen primäre Bedeutung für das identitätsorientierte Stadtmarketing erlangen, ist der Effekt der Veränderungsmaßnahmen auf Divergenzen zwischen Ist-Selbstbild und Ist-Fremdbild von besonderem Interesse. Im vorliegenden Fall trägt die als optimal erachtete Einflussnahme auf die Identitätskomponenten im Selbst- und Fremdbild zu einer Reduktion von **Gap 3** um nahezu 50% auf 0,80 bei. Durch die **fast vollständige Angleichung der Ist-Wahrnehmung** der Stadt Münster im Selbst- und Fremd-

---

[451] Ähnlich argumentiert SCHNEIDER, der neben den Gaps 1 und 4 die Lücke zwischen Ist-Selbst- und Ist-Fremdbild als „Schlüssel der Markenführung" gegenüber den divergierenden Soll-Vorstellungen im Selbst- und Fremdbild hervorhebt. Vgl. Schneider, H., Markenführung in der Politik, a. a. O., S. 188 f.

[452] In der Ausgangssituation eines Modells der 4 angepassten Faktoren weisen die Gaps 1 und 4 Werte von 3,1 bzw. 3,16 auf. Nach erfolgter Anpassung reduzieren sich diese Beträge auf 2,78 bzw. 2,79, was einer Lückenschließung von 10% bzw. 12% gleichkommt.

bild erzielt der identitätsorientierte Anpassungsprozess im Ergebnis somit einen Effekt, der als nahezu idealtypisch gekennzeichnet werden kann.[453]

Neben der Stadt Münster wurde die empirische Fundierung des identitätsorientierten Stadtmarketing auf Basis des stadtspezifischen Gap-Modells auch für die Städte Bielefeld und Dortmund durchgeführt. Die Ergebnisse dieser Anpassungsprozesse werden im folgenden Kapitel überblicksartig dargestellt. Unter der Prämisse einer ex-ante Koordination wird dabei analog zum bisherigen Vorgehen der Steuerungsbedarf anhand der Wahrnehmungsdiskrepanzen der internen und externen Zielgruppen in den Mittelpunkt gerückt.

1.54 Vergleichende Analyse im regionalen Kontext

Die für die Stadt Münster durchgeführte empirische Untersuchung wurde im Sinne eines interkommunalen Vergleichs auch für die Städte Bielefeld und Dortmund durchgeführt. Während die jeweilige Fremdbildanalyse auf den von TNS Emnid generierten Daten beruht, fußt die Selbstbildanalyse auf mündlichen Befragungen, die im Rahmen einer Projekt-Arbeitsgemeinschaft des Instituts für Marketing im Sommersemester 2002 durchgeführt wurden.[454]

Die Gap-Analyse für die **Stadt Bielefeld** basiert auf einer Befragung von 164 Bewohnern Bielefelds (Selbstbild) sowie 497 Bundesbürgern (Fremdbild).[455] Tab. 14 stellt zunächst die unter Berücksichtigung der Größe der Gaps sowie der Kriterienrelevanz ermittelten Maßnahmenprioritäten für das Stadtmarketing dar.[456]

---

[453] Die als Referenz herangezogenen Simulationsrechnungen im Politikmarketing ergaben mit Lücken von 2,51 (SPD) bzw. 2,43 (CDU) Werte, die fast dreimal so hoch liegen. Vgl. Schneider, H., Markenführung in der Politik, a. a. O., S. 188 bzw. S. 196.

[454] Die Befragungen wurden im Juni 2002 in den Zentren der Städte Bielefeld und Dortmund durchgeführt, wobei nur Personen befragt wurden, die nach eigenem Bekunden in der jeweiligen Stadt wohnen. Gleichwohl kommt den Erhebungen der Charakter von Zufallsstichproben zu, die keinen Anspruch auf Repräsentativität erheben können.

[455] Die unterschiedliche Größe der Fremdbildstichprobe im Vergleich zur Stadt Münster basiert auf der Tatsache, dass die Befragten zu den einzelnen Städten jeweils selektiv befragt wurden. Vgl. hierzu auch Kap. C.1.1.

[456] Die zuvor durchgeführte Überprüfung der Einsatzvoraussetzungen der multiplen Regressionsanalyse ergab keinen Hinweis auf eine mögliche Prämissenverletzung.

	Selbstbild		Fremdbild	
	Gap 1	Relevanz	Gap 4	Relevanz
Wohnqualität	1,04	0,221***	0,99	0,336***
Bildungseinrichtungen	0,77	n.s.	0,78	n.s.
Sehenswürdigkeiten	0,98	n.s.	0,77	n.s.
Berufliche Perspektiven	1,34	n.s.	1,13	0,202***
Freundl. d. Menschen	1,75	0,290***	0,65	n.s.
Wetter	1,68	n.s.	0,71	n.s.
Landschaft	0,72	n.s.	0,87	0,135*
Attr. Wirtschaftsstandort	0,87	n.s.	0,83	n.s.
Verkehrsanbindung	0,96	0,220***	0,71	n.s.
Sauberkeit	0,96	n.s.	0,73	n.s.
Einkaufsmöglichkeiten	0,79	0,147*	0,66	n.s.
Freizeitmöglichkeiten	1,07	0,166*	0,69	n.s.
Mediz. Versorgung	0,69	n.s.	0,65	n.s.
Gaststätten u. Rest.	0,85	n.s.	0,55	n.s.
Parkplätze	1,23	n.s.	0,80	n.s.
Wohnungsangebot	1,01	n.s.	0,82	n.s.
Sportanlagen	0,77	n.s.	0,61	n.s.
Schulen u. Kindergärten	1,04	0,152*	0,69	n.s.

Selbstbild: $r^2 = 0,492$
Fremdbild: $r^2 = 0,284$

Signifikanzniveau:
*** = $\alpha < 0,001$
** = $\alpha < 0,01$
* = $\alpha < 0,05$
n.s. = nicht signifikant

Tab. 14:   Ausprägung der Gaps 1 und 4 sowie Komponentenrelevanz im Selbst- und Fremdbild der Stadt Bielefeld

Im Vergleich zur Stadt Münster liegt der Schwerpunkt der für das Gesamturteil der Zielgruppen relevanten Kriterien bei der Stadt Bielefeld eindeutig im Selbstbild. So stehen sechs selbstbildinduzierten Maßnahmenprioritäten nur drei Kriterien gegenüber, die für das Urteil der Bundesbürger bedeutend sind. Wie bei der Stadt Münster ist der Faktor „Wohnqualität" sowohl für die internen als auch die externen Zielgruppen im Hinblick auf das Gesamturteil relevant. Darüber hinaus zeigt sich, dass insbesondere innerhalb des Selbstbildes die Lücken deutlich größer ausfallen als bei der Stadt Münster. Während dort nur zwei Dimensionen knapp über einem Wert von 1 lagen, sind es für Bielefeld acht Kriterien, die diesen Wert teilweise deutlich übertreffen. Kritisch ist zudem zu beurteilen, dass mehrere dieser Kriterien eine signifikante Bedeutung für das Zielgruppenurteil aufweisen. Die im Vergleich zum Selbstbild kleineren Diskrepanzen innerhalb des Fremdbildes deuten darauf hin, dass die **eigenen Bewohner der Stadt Bielefeld kritischer gegenüberstehen als die befragten Bundesbürger.**

Zur Ableitung eines Anforderungsprofils an das Stadtmarketing wurde auch für die Stadt Bielefeld auf Basis der Zielgruppenanforderungen zunächst die generelle Stoßrichtung einer Lückenschließung für die einzelnen Kriterien abgeleitet. Anschließend wurde für jede Komponente simulativ ermittelt, welche Veränderungsintensität zu einer maximalen Gesamteinstellung (Selbstbild) bzw. einem maximalem Zielgruppenanteil mit übereinstimmendem Ideal- und Realeindruck (Fremdbild) führt. Tab. 14 verdeutlicht überblicksartig die Ergebnisse dieser Simulation.[457]

	Ausgangspunkt der Veränderung	Anpassungsbedarf	Ausmaß
Einkaufsmöglichkeiten	Selbstbild	Verbesserung der Ist-Wahrnehmung	+1
Freundlichkeit der Menschen	Selbstbild	Reduktion der Soll-Vorstellungen	-2
Verkehrsanbindung	Selbstbild	Verbesserung der Ist-Wahrnehmung	+2
Freizeitmöglichkeiten	Selbstbild	Verbesserung der Ist-Wahrnehmung	+4
Schulen und Kindergärten	Selbstbild	Verbesserung der Ist-Wahrnehmung	+1
Berufliche Perspektiven	Fremdbild	Verbesserung der Ist-Wahrnehmung	+4
Wohnqualität	Selbstbild + Fremdbild	Verbesserung der Ist-Wahrnehmung	+2

Tab. 15: Selbst- und fremdbildinduziertes Anforderungsprofil an das identitätsorientierte Stadtmarketing der Stadt Bielefeld

Wie für die Stadt Münster besteht auch im vorliegenden Fall der Schwerpunkt des Stadtmarketing in einer **Verbesserung der Ist-Wahrnehmung der Zielgruppen**. Einzig für den Faktor „Freundlichkeit der Menschen", für den eine Beeinflussung der Ist-Komponente als nicht sinnvoll zu erachten ist, wurde eine Reduktion der Soll-Vorstellungen überprüft. Ebenfalls analog zur Stadt Münster tragen vornehmlich die **selbstbildinduzierten Maßnahmen** zu positiven Effekten auf der Zielgruppenebene bei. Augenscheinlich liegt für die Stadt Bielefeld jedoch ein relativ **starker Veränderungsbedarf** im Rahmen des Stadtmarketing vor. Während für die Stadt Münster nur vier Kriterienanpassungen einen Wirkungsbeitrag auf der Zielgruppenebene erzielten, sind es im vorliegenden Fall sieben Faktoren. Zudem ist die Intensität des Anpassungsbedarfs bei den ein-

---

[457] Für detaillierte Ergebnisse vgl. den Anhang II der Arbeit.

zelnen Items deutlich stärker ausgeprägt als bei der Stadt Münster. Ein maximaler Verbesserungsbedarf wird von den Zielgruppen in Bezug auf die Faktoren „Freizeitmöglichkeiten" und „Berufliche Perspektiven" gesehen.

Für eine Analyse der Hintergründe dieses Unterschiedes sowie eine Bewertung des ermittelten Veränderungsprofils im Hinblick auf seinen Gesamteffekt sind in Abb. 29 die Ergebnisse des identitätsorientierten Anpassungsprozesses für die Stadt Bielefeld zusammenfassend dargestellt.

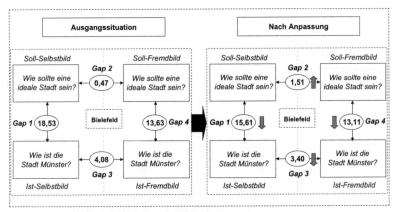

Abb. 29: **Zusammenfassung des identitätsorientierten Anpassungsprozesses für die Stadt Bielefeld**

Vergleicht man zunächst den **Ausgangszustand** mit der Stadt Münster, so fällt auf, dass insbesondere Gap 1 für die Stadt Bielefeld deutlich höher ausfällt. Die **schlechtere Gesamteinstellung der Bürger zu ihrer Stadt** erklärt somit, weshalb der Anpassungsbedarf für das Bielefelder Stadtmarketing vornehmlich selbstbildinduziert ist. Augenscheinlich sind die Bewohner Bielefelds in geringerem Ausmaß mit ihrer Stadt zufrieden als die Münsteraner.[458] Neben Gap 1 ist auch die **Divergenz zwischen dem Ist-Selbst- und Ist-Fremdbild für die Stadt Bielefeld stärker ausgeprägt**. Eine Detailanalyse macht in diesem Zusammen-

---

[458] Auch das auf einer Skala von „1=sehr positiv" bis „5=sehr negativ" separat erfasste Gesamturteil der Bewohner Bielefelds (2,59) fällt deutlich schlechter aus als das der Münsteraner (1,99).

hang deutlich, dass die eigenen Bürger (Mittelwert über alle Items: 47,92) die Stadt kritischer beurteilen als die externen Zielgruppen (Mittelwert: 43,84).

Nach Durchführung der Anpassungsmaßnahmen vergrößert sich zunächst mit Gap 2 die Lücke zwischen den Sollvorstellungen der Zielgruppen in einem ähnlichen Ausmaß wie bei der Stadt Münster. Aufgrund der größeren Anpassungsintensitäten erschließt sich jedoch für die Stadt Bielefeld ein ungleich größeres Potenzial zur **Reduktion der Einstellungsgaps 1 und 4**. Im Gegensatz zur Stadt Münster kann hier die Diskrepanz zwischen Ideal- und Realeindruck der eigenen Bewohner deutlich gemindert werden. Trotz der relativ großen Reduktion um 16% (Münster: 3%) bleibt jedoch die Gesamteinstellung der Bewohner Bielefelds schlechter als die der Münsteraner, während die Einstellung der Bundesbürger ähnliche Werte annimmt. Deutlich größer als für die Stadt Münster bleibt zudem auch nach erfolgter Modifikation die Diskrepanz zwischen der Ist-Wahrnehmung der internen und externen Zielgruppen (Gap 3). Angesichts der kritischen Einstellung der eigenen Bewohner ist eine – am Verhältnis zwischen Selbst- und Fremdbild festgemachte – Identität für die Stadt Bielefeld somit nur begrenzt zu konstatieren.

Die Analyse der **Stadt Dortmund** auf Grundlage des Gap-Modells beruht auf einer Befragung von 180 Bewohnern Dortmunds (Selbstbild) sowie 510 Bundesbürgern (Fremdbild). Analog zu den beiden anderen Städten wurden hierbei zunächst die aus den Anforderungen des Selbst- und Fremdbildes resultierenden Maßnahmenprioritäten identifiziert (vgl. Tab. 16).[459]

---

[459] Auch hier ergab sich aus einer Prämissenüberprüfung kein Hinweis auf eine Verletzung der Einsatzvoraussetzungen der multiplen linearen Regressionsanalyse.

	Selbstbild		Fremdbild	
	Gap 1	Relevanz	Gap 4	Relevanz
Wohnqualität	1,08	0,326***	1,19	n.s.
Bildungseinrichtungen	0,93	n.s.	0,82	n.s.
Sehenswürdigkeiten	0,82	n.s.	0,80	0,288***
Berufliche Perspektiven	1,14	n.s.	1,04	0,245***
Freundl. d. Menschen	1,11	n.s.	0,68	0,165**
Wetter	1,04	n.s.	0,85	n.s.
Landschaft	0,93	0,197**	1,09	n.s.
Attr. Wirtschaftsstandort	0,95	n.s.	0,81	-0,130*
Verkehrsanbindung	0,69	n.s.	0,65	n.s.
Sauberkeit	1,15	0,207**	1,03	0,175**
Einkaufsmöglichkeiten	0,83	n.s.	0,64	n.s.
Freizeitmöglichkeiten	0,81	n.s.	0,67	n.s.
Mediz. Versorgung	0,60	n.s.	0,66	n.s.
Gaststätten u. Rest.	0,73	n.s.	0,68	n.s.
Parkplätze	1,58	n.s.	0,96	-0,111*
Wohnungsangebot	0,89	n.s.	1,02	n.s.
Sportanlagen	0,79	n.s.	0,62	0,177***
Schulen u. Kindergärten	0,99	n.s.	0,80	-0,131*

Selbstbild: $r^2 = 0,384$
Fremdbild: $r^2 = 0,352$

Signifikanzniveau:
*** = $\alpha < 0,001$
** = $\alpha < 0,01$
* = $\alpha < 0,05$
n.s. = nicht signifikant

Tab. 16:   Ausprägung der Gaps 1 und 4 sowie Komponentenrelevanz im Selbst- und Fremdbild der Stadt Dortmund

Verglichen mit der Stadt Münster fallen auch hier die **Lücken innerhalb des Selbst- und Fremdbildes im Durchschnitt größer** aus. Für die Bewohner Dortmunds entfällt das größte Gap auf das Parkplatzangebot, im Fremdbild hingegen weist der Faktor „Wohnqualität" die größte Differenz zwischen Idealvorstellungen und Realeindruck auf. Grundsätzlich anders als im Vergleich zu den bisherigen Ergebnissen gestaltet sich hier der Ursprung des potenziellen Anpassungsbedarfs. Während insbesondere bei der Stadt Bielefeld die Mehrzahl der Maßnahmenprioritäten aus den Anforderungen des Selbstbildes resultierte, sind diese im vorliegenden Fall vornehmlich fremdbildinduziert.

Aufbauend auf den ermittelten Maßnahmenprioritäten war in einem nächsten Schritt zu überprüfen, inwieweit eine Anpassung dieser Items durch Maßnahmen des Stadtmarketing zu einer Verbesserung der Zielgruppeneinstellung (Selbstbild) bzw. zu einer Erhöhung des Anteils der Befragten, deren Idealvorstellungen mit dem Realeindruck übereinstimmen (Fremdbild), führt. Tab. 17 verdeutlicht die Ergebnisse des simulativ durchgeführten Optimierungsprozesses.[460]

	Ausgangspunkt der Veränderung	Anpassungsbedarf	Ausmaß
Wohnqualität	Selbstbild	Verbesserung der Ist-Wahrnehmung	+4
Landschaft	Selbstbild	Reduktion der Soll-Vorstellungen	-1
Berufliche Perspektiven	Fremdbild	Verbesserung der Ist-Wahrnehmung	+4
Attraktiver Wirtschaftsstandort	Fremdbild	Verbesserung der Ist-Wahrnehmung	+1
Schulen und Kindergärten	Fremdbild	Verbesserung der Ist-Wahrnehmung	+4
Sauberkeit	Selbstbild + Fremdbild	Verbesserung der Ist-Wahrnehmung	+4

Tab. 17: **Selbst- und fremdbildinduziertes Anforderungsprofil an das identitätsorientierte Stadtmarketing der Stadt Dortmund**

Trotz der zuvor ermittelten überwiegend fremdbildinduzierten Maßnahmenprioritäten setzt sich das auf der Grundlage der Wirkungen auf der Zielgruppenebene ermittelte Anforderungsprofil **nahezu gleichermaßen aus selbst- und fremdbildinduzierten Veränderungen** zusammen. Während sämtliche von den Bürgern Dortmunds als relevant erachteten Faktoren durch eine Anpassung positive Effekte erzielen, kann von den acht fremdbildinduzierten Maßnahmenprioritäten nur für die Hälfte eine Veränderung als sinnvoll erachtet werden. Analog zur Stadt Bielefeld ist jedoch auch hier der notwendige Veränderungsbedarf deutlich stärker als für die Stadt Münster ausgeprägt. Für die Faktoren „Wohnqualität", „Berufliche Perspektiven", „Schulen und Kindergärten" sowie „Sauberkeit" wird von den Zielgruppen eine jeweils maximale Verbesserung des vorhandenen Angebots als wünschenswert erachtet.

Für eine gesamtstadtbezogene Bewertung der simulativ ermittelten Veränderungsmaßnahmen sind in Abb. 30 die Ergebnisse des Anpassungsprozesses im Vergleich zur Ausgangssituation zusammenfassend dargestellt.

---

[460] Zur Herleitung dieser Ergebnisse vgl. die ergänzenden Tabellen im Anhang II der Arbeit.

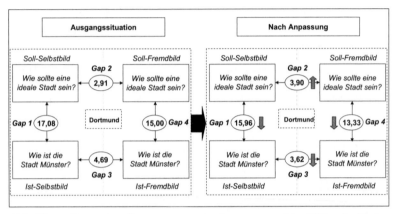

Abb. 30:   Zusammenfassung   des   identitätsorientierten Anpassungsprozesses für die Stadt Dortmund

Im Vergleich zu den beiden anderen Städten weisen die Ergebnisse im Ausgangszustand eine ähnliche Grundstruktur, jedoch Unterschiede im Detail auf. So ergeben sich auch in diesem Modell zwischen den Soll- und Ist-Eindrücken der Zielgruppen deutlich höhere Abweichungen als zwischen den Selbst- und Fremdbildern. Im Unterschied zur Stadt Münster sind in der Ausgangssituation jedoch sämtliche Gaps für die Stadt Dortmund stärker ausgeprägt. Verglichen mit Bielefeld fällt auf, dass Gap 4 zwar ebenfalls größer ausfällt, Gap 1 jedoch geringer ausgeprägt ist. Offensichtlich verfügen die **Bewohner der Stadt Dortmund über eine positivere Einstellung zu ihrer Stadt als die Bielefelder**. Im kommunalen Vergleich ist jedoch Münster die einzige Stadt, deren Bewohner eine positivere Gesamteinstellung – festgemacht an der Größe von Gap 1 – als die externen Zielgruppen aufweisen. Interessant ist zudem die relativ große Divergenz zwischen der Ist-Wahrnehmung der Stadt Dortmund aus Sicht der internen und externen Zielgruppen. Diese Diskrepanz zwischen Selbst- und Fremdbild als Folge des Strukturwandels im Ruhrgebiet ist in letzter Zeit vermehrt Gegenstand der kommunalen Diskussion.[461]

---

[461] Vgl. hierzu die bundesweite Umfrage des Kommunalverbands Ruhrgebiet „Der Pott kocht. Image 2000", http://www.kvr.de/freizeit/marketing/bindata/alle.pdf, abgerufen am 22.09.2003.

Aus einer abschließenden Betrachtung der Ergebnisse nach der Durchführung von Anpassungsmaßnahmen geht hervor, dass sich wie bei den beiden anderen Städten einzig die Lücke zwischen den Sollvorstellungen der internen und externen Zielgruppen leicht erhöht. Die anderen Gaps können dagegen aufgrund der hohen Veränderungsintensität im Vergleich zum Münster-Modell teilweise stark reduziert werden. So verbessert sich die Gesamteinstellung der Bürger um 7% und die der externen Zielgruppen um 11%. Auch die in der Ausgangssituation bestehende Diskrepanz zwischen Ist-Selbst- und Ist-Fremdbild kann durch eine Angleichung der internen und externen Wahrnehmung verringert werden. Insgesamt ähnelt das Gap-Modell nach erfolgter Anpassung den Ergebnissen der Stadt Bielefeld. Allerdings erlangen beide Städte trotz stärkerer Veränderungsmaßnahmen nur im Fremdbild (Gap 4) einen ähnlichen Wert wie die Stadt Münster, während die Einstellung der Münsteraner (12,30) zu ihrer Stadt auch nach der Anpassung deutlich besser ausfällt als die der Bielefelder (15,61) bzw. der Dortmunder (15,96).

1.6 Zusammenfassung der empirischen Ergebnisse

Ausgangspunkt der empirischen Untersuchung war die theoretisch abgeleitete Erkenntnis, dass ein auf der Identität einer Stadt basierendes Stadtmarketing einen Beitrag zur Lösung des stadtspezifischen Koordinations- und Steuerungsproblems leisten kann. Als Grundlage eines identitätsorientierten Stadtmarketing wurde in einem ersten Schritt die **Tragfähigkeit der Mikroebene Stadt als Bezugspunkt identifikatorischer Prozesse** überprüft. Dabei zeigte sich, dass die hier untersuchten Städte Münster, Bielefeld und Dortmund im Vergleich zu übergeordneten räumlichen Maßstabsbereichen eine **besonders starke Identifikationsbasis** für ihre Bewohner bilden.

Darauf aufbauend wurde das konzeptionell abgeleitete Gap-Modell des identitätsorientierten Stadtmarketing und damit die unterschiedlichen Selbst- und Fremdbilder am Beispiel Münsters einer empirischen Fundierung unterzogen. Die **Analyse des Gesamtmodells** ergab, dass der Führungsbedarf für das Stadtmarketing vornehmlich aus den Differenzen zwischen Ideal- und Realeindruck der Zielgruppen resultiert, da diese eindeutig größer ausfallen als die ebenfalls in dem Modell abgebildeten Unterschiede zwischen den Selbst- und Fremdbildern. Die aggregierte Darstellung sämtlicher Angebotskomponenten und Bezugsgruppen machte allerdings auch die Problematik einer integrierten Analyse des Führungsbedarfs unter Berücksichtigung der damit einhergehenden

109 Identitätslücken deutlich. Dadurch konnte die mit einer Komplexitätsreduktion begründete **Notwendigkeit eines konsistenten Aussagenkonzepts als Voraussetzung für die Steuerung im Stadtmarketing** empirisch fundiert werden. Folglich wurde ein zweistufiges Vorgehen gewählt, bei dem zunächst isoliert der Koordinationsbedarf untersucht und auf dieser Basis der Steuerungsbedarf für das Stadtmarketing analysiert werden sollte.

Die Notwendigkeit der **Koordination** im Stadtmarketing konnte anhand eines Vergleichs der Soll-Anforderungen einzelner Trägergruppen mit den durchschnittlichen Anforderungen der Trägerschaft überprüft werden. Die dabei ermittelten Unterschiede wurden als **Indiz für das Vorhandensein des Koordinationsbedarfs** interpretiert, der in Abhängigkeit von den untersuchten Angebotskomponenten unterschiedlich stark ausfiel. Im Bewusstsein der Notwendigkeit qualitativer Abstimmungsmechanismen wurden anschließend mittels einer Gap-Analyse Stoßrichtungen für die Abstimmung der Trägerschaft auf Basis der Zielgruppenanforderungen aufgezeigt. Je nachdem, ob die Soll-Vorstellungen der Zielgruppen höher oder niedriger als die der Träger ausfielen, ließen sich hierbei für die einzelnen Themenfelder Ansatzpunkte eines Anpassungsbedarfs der Trägergruppen ableiten.

Unter der Annahme einer ex-ante Koordination der Trägerschaft bezog sich die Analyse des **Steuerungsbedarfs** auf die Selbst- und Fremdbilder der internen und externen Zielgruppen. In diesem Zusammenhang wurden auf Basis der Größe der komponentenbezogenen Gaps sowie der Relevanz der Kriterien für das Gesamturteil der Zielgruppen **Maßnahmenprioritäten** für das Stadtmarketing abgeleitet. Diese ließen sich in Abhängigkeit vom Ausgangspunkt der postulierten Änderung in selbstbildinduzierte, fremdbildinduzierte sowie selbst- und fremdbildinduzierte Kriterien einteilen. Für jedes als relevant identifizierte Item wurde anschließend die gewünschte **Richtung einer Veränderung** als Folge einer Über- bzw. Untererfüllung der Idealanforderungen aufgezeigt. Die Analyse des optimalen Änderungsausmaßes erfolgte für die selbstbildinduzierten Kriterien anhand der Wirkung auf die Gesamteinstellung der Bewohner, für die fremdbildinduzierten Komponenten wurde hingegen auf den Anteil der Befragten abgestellt, deren Realeindruck mit den Anforderungen an eine ideale Stadt übereinstimmt. Eine integrierte Berücksichtigung beider Wirkungsziele erforderte die Analyse der selbst- und fremdbildinduzierten Kriterien. Auf Grundlage der Analyse konnte abschließend ein **Anforderungsprofil** an das Stadtmarketing ermittelt und die Ergebnisse der Modifikationen anhand einer Veränderung des stadtspezifischen Gap-Modells im Vergleich zum Ausgangszustand simuliert werden.

Für die **Stadt Münster** bezog sich der Anforderungskatalog auf eine leichte Verbesserung der selbstbildinduzierten Faktoren „Parkplätze", „Bildungseinrichtungen" und „Wohnqualität" sowie eine ebenfalls geringfügige Einflussnahme auf die Soll-Vorstellungen des Faktors „Freundlichkeit der Menschen" im Selbstbild. Hinsichtlich des Faktors „Wohnqualität", der sich als gleichermaßen fremdbildinduziert herausstellte, wurde darüber hinaus eine starke kommunikative Stärkung der Ist-Wahrnehmung innerhalb des Fremdbildes als sinnvoll erachtet. Nach einer simulierten Durchführung dieser Anpassungsmaßnahmen konnten sowohl im Selbst- als auch im Fremdbild die Gesamteinstellungen der Zielgruppen verbessert werden. Zusätzlich ging mit diesen Effekten eine nahezu vollständige Angleichung von Ist-Selbst- und Ist-Fremdbild einher.

Die Gap-Analyse der **Stadt Bielefeld** offenbarte, dass vor allem die Einstellungen der eigenen Bürger gegenüber ihrer Stadt – festgemacht an der Größe von Gap 1 – deutlich schlechter ausgeprägt sind als die der Münsteraner. Dementsprechend resultierte das Veränderungsprofil an die Stadt Bielefeld vornehmlich aus den Anforderungen der eigenen Bewohner. Für die Faktoren „Freundlichkeit der Menschen", „Einkaufsmöglichkeiten", „Verkehrsanbindung", „Schulen und Kindergärten" und „Wohnqualität" wurde eine leichte und für den Faktor „Freizeitmöglichkeiten" eine starke Anpassung der Wahrnehmung an die Idealvorstellungen als notwendig identifiziert. In Bezug auf das Fremdbild ergab sich für den Faktor „Wohnqualität" eine ebenfalls nur geringe und für den Faktor „Berufliche Perspektiven" eine starke Verbesserung der Ist-Wahrnehmung. Aufgrund der größeren Anzahl einbezogener Faktoren sowie der stärkeren Anpassungsintensität ergaben sich im Bielefeld-Modell größere Effekte im Vergleich zur Ausgangssituation als bei der Stadt Münster. Insbesondere die Einstellung der eigenen Bewohner konnte hier deutlicher verbessert werden. Allerdings erreichte im Ergebnis weder dieser Wert noch die ebenfalls verringerte Diskrepanz zwischen Ist-Selbst- und Ist-Fremdbild die Vergleichswerte der Stadt Münster.

Ähnlich wie für die Stadt Bielefeld ergab auch die Gap-Analyse der **Stadt Dortmund**, dass die Einstellungen der eigenen Bürger schlechter ausgeprägt sind als die der Bundesbürger, wenngleich die Diskrepanzen hier nicht so deutlich ausfielen. Dementsprechend resultierte das identifizierte Anforderungsprofil gleichermaßen aus selbst- und fremdbildinduzierten Kriterien. Innerhalb des Selbstbildes wurde eine für den Faktor „Landschaft" geringfügige und für die Faktoren

„Wohnqualität" und „Sauberkeit" starke Anpassung der Realwahrnehmung an die Idealvorstellungen der Bürger als sinnvoll identifiziert. Bezogen auf das Fremd-bild ergab sich für den Faktor „Attraktiver Wirtschaftsstandort" eine schwache und für die Faktoren „Berufliche Perspektiven", „Schulen und Kindergärten" so-wie „Sauberkeit" eine starke Verbesserung der Ist-Wahrnehmung. Das Anpas-sungsprofil machte deutlich, dass ähnlich wie Bielefeld auch die Stadt Dortmund einem stärkeren Veränderungsbedarf ausgesetzt ist als die Stadt Münster. Dem-entsprechend zeichneten sich bei einem Vergleich des Gesamtmodells mit dem Ausgangszustand deutlichere Effekte ab. Sowohl die internen als auch die ex-ternen Zielgruppeneinstellungen konnten bei einer Simulation der Verände-rungsmaßnahmen stärker verringert werden als im Fall der Stadt Münster. Wenngleich auch die Diskrepanz zwischen der Ist-Wahrnehmung im Selbst- und Fremdbild deutlich verringert wird, liegen sämtliche Werte auch nach erfolgter Anpassung über den Ergebnissen der Stadt Münster

Zusammenfassend ist festzuhalten, dass der Veränderungsbedarf an das iden-titätsorientierte Stadtmarketing vornehmlich aus den Anforderungen der eigenen Bürger resultiert. In allen drei Städten kommt dem Faktor „Wohnqualität" eine hohe Bedeutung für das Zielgruppenurteil zu und impliziert zudem für jede Stadt einen teilweise deutlichen Verbesserungsbedarf. Innerhalb des Fremdbildes er-wächst hingegen aus dem Faktor „Berufliche Perspektiven" das größte Anpas-sungspotenzial. Können für die als relevant identifizierten Angebotskomponenten die Diskrepanzen zwischen Ideal- und Realeindruck der Zielgruppen verringert werden, so wird neben einer Verbesserung der Zielgruppeneinstellungen in allen drei Fällen auch eine Angleichung der Ist-Wahrnehmung zwischen Selbst- und Fremdbild erreicht. Bezogen auf die Stadt Münster verdeutlichen die empirischen Ergebnisse einen verhältnismäßig geringen Veränderungsdruck, der in den ge-ringen Lücken im Vergleich zu den beiden anderen Städten seinen Ausdruck findet. Für Bielefeld und Dortmund konnten hingegen insbesondere aufgrund der schlechteren Einstellungen der eigenen Bürger größere Verbesserungspotenzia-le im Rahmen des Stadtmarketing aufgezeigt werden. Trotz der stärkeren An-passungsintensität erreichen diese Werte jedoch ebenso wie die Lücke zwischen Ist-Selbst- und Ist-Fremdbild nicht die Vergleichswerte der Stadt Münster, für die somit am ehesten eine – am Verhältnis zwischen Selbst- und Fremdbild festzu-machende – Stadtidentität konstatiert werden kann.

2.   Implikationen für ein identitätsorientiertes Stadtmarketing

2.1   Kritische Würdigung des wissenschaftlichen Referenzmodells

Aufgrund der integrativen Betrachtung der Innen- und Außenperspektive zeichnet sich das vorliegende Gap-Modell des identitätsorientierten Stadtmarketing durch eine **umfassende Berücksichtigung der Komplexität des stadtspezifischen Führungsproblems** aus. Die Konzeptionierung des Modells auf Basis von Identitätslücken ermöglicht dabei die Aufdeckung potenzieller Konflikte zwischen den unterschiedlichen Anspruchsgruppen sowie der damit verbundenen Wirkungszusammenhänge. Während diese Lücken durch die rollenbezogene Interpretation der Trägerschaft als Koordinationsbedarf interpretiert wurden, zeigten sie in Bezug auf die internen und externen Zielgruppen den Anpassungsbedarf im Rahmen der Steuerung auf.

Gleichsam ist zu berücksichtigen, dass die im vorangegangenen Kapitel erarbeiteten quantitativen Ergebnisse **nicht in ihrer exakten metrischen Ausprägung** zu verstehen sind. So sind die im Rahmen der Modellanalyse für sämtliche Zielpersonen als gleich unterstellten Wirkungseffekte der Marketingmaßnahmen in der Realität von zahlreichen situationsspezifischen und intrapersonellen Einflussfaktoren abhängig. Zudem kann davon ausgegangen werden, dass bei der Ausgestaltung des Marketinginstrumentariums nicht nur die im Modell erfassten Zusammenhänge zwischen Selbst- und Fremdbild, sondern auch Interdependenzen zwischen den einzelnen Gestaltungsparametern zu berücksichtigen sind.

Vor diesem Hintergrund ist jedoch darauf zu verweisen, dass das Ziel der Modellanalyse nicht in der Entwicklung eines detaillierten Maßnahmenkataloges für das Marketing einzelner Städte bestand. Vielmehr sollten unter Berücksichtigung der methodischen Vorgehensweise grundsätzliche Stoßrichtungen für die Koordination und Steuerung im Stadtmarketing abgeleitet werden. Zur Ableitung heuristischer Gestaltungsempfehlungen erscheint somit eine Fokussierung auf die wesentlichen Aspekte der quantitativen Modellanalyse zweckmäßig.[462] Aus der

---

[462] Durch die Beschränkung auf die zentralen Aspekte eines Planungsproblems führen heuristische Prinzipien zu einer bewussten Reduzierung der Problemkomplexität und erlauben damit eine praktisch ausreichende Strukturierung. Aufgrund des fehlenden Optimalitätskriteriums ermöglichen derartige qualitative Prinzipien i. d. R. nur suboptimale Lösungen. Vgl. hierzu Adam, D., Planung in schlechtstrukturierten Entscheidungssituationen mit Hilfe

(Fortsetzung der Fußnote auf der nächsten Seite)

inhaltlichen Interpretation der Ergebnisse lassen sich dabei **drei zentrale An-satzpunkte des identitätsorientierten Stadtmarketing** aufzeigen.

■ Im Rahmen der aggregierten Modellanalyse in Kap. C.1.3 zeigte sich zu-nächst die Komplexität einer simultanen Berücksichtigung des Koordinati-ons- und Steuerungsproblems. Ohne vorherige Abstimmung der komponen-tenbezogenen Soll-Anforderungen innerhalb der Trägerschaft ergab sich ei-ne hohe Anzahl von Identitätslücken sowohl innerhalb des Selbstbildes als auch zwischen Selbst- und Fremdbild.[463] Die empirische Fundierung des Gap-Modells verdeutlicht somit die Notwendigkeit einer **ex-ante-Koordination innerhalb der Stadtmarketing-Führung,** um eine einheitli-che Außenwahrnehmung der Stadtidentität im Sinne eines Akzeptanzkon-zepts durch ein konsistentes Aussagenkonzept der Akteure zu gewährleis-ten.

■ Durch die alleinige Koordination der Trägerschaft des Stadtmarketing konn-ten jedoch nicht sämtliche Lücken innerhalb des Selbstbildes geschlossen werden. Vielmehr erforderte die Analyse des auf die externen Zielgruppen ausgerichteten Steuerungsbedarfs eine Reduktion der empirisch fundierten Diskrepanzen zwischen den Trägern des Stadtmarketing und den Bürgern einer Stadt. Wenngleich im Rahmen der Modellanalyse Ansatzpunkte zur Orientierung der Träganforderungen an den Ansprüchen der Bewohner aufgezeigt wurden, ist gleichfalls eine Beeinflussung der Bürgererwartungen im Hinblick auf die Vorstellungen der Stadtmarketing-Akteure denkbar. In je-dem Fall verdeutlichen die Ergebnisse das Erfordernis einer **stärkeren Bür-gerintegration in den Prozess des Stadtmarketing** als Basis für eine An-näherung der divergierenden Soll-Vorstellungen zwischen der Stadtmarke-ting-Führung und den internen Zielgruppen.

■ Die empirische Analyse hat weiterhin gezeigt, dass mit der leistungspoliti-schen Einflussnahme auf die Ist-Wahrnehmung einer Stadt und der kommu-nikationspolitischen Beeinflussung der korrespondierenden Soll-Vorstel-lungen zwei grundsätzliche Ansatzpunkte des Marketing-Mix zur Verbesse-

---

heuristischer Vorgehensweisen, in: BFuP 1983, S. 484-494, Streim, H., Heuristische Lösungsverfahren – Versuch einer Begriffserklärung, in: ZOR 1975, S. 143-162.

[463] Vgl. Kap. C.1.3.

rung der Zielgruppeneinstellungen existieren, die jedoch in der Praxis nicht isoliert voneinander betrachtet werden dürfen. Zudem wurden im Rahmen der Modellsimulation zahlreiche Wirkungszusammenhänge zwischen den Zielgruppenwahrnehmungen im Selbst- und Fremdbild aufgezeigt. Da sich darüber hinaus das unter Berücksichtigung der Modellannahmen optimale Anforderungsprofil an das Stadtmarketing erst durch eine Einflussnahme auf sämtliche als relevant erachteten Kriterien ergab, implizieren die Ergebnisse somit die Erfordernis einer **integrierten Ausrichtung des Marketing-Mix im Rahmen der zielgruppenorientierten Steuerung** durch die Einbeziehung sämtlicher Leistungsfelder in ein stimmiges und identitätsbasiertes Gesamtkonzept.

Im Hinblick auf die innen- und außengerichtete Verankerung der Stadtidentität ergeben sich mit der ex-ante-Koordination der Akteure, der Bürgerpartizipation sowie der integrativen Ausrichtung des Stadtmarketing-Mix somit drei grundsätzliche Gestaltungsparameter, deren Umsetzung bereits im Rahmen der empirisch fundierten Modellanalyse aufgezeigt wurde. Losgelöst von der stark quantitativ geprägten Vorgehensweise sollen im Folgenden Implikationen für die Ausgestaltung des identitätsorientierten Stadtmarketing im Rahmen dieser drei Schwerpunktbereiche aufgezeigt werden.

2.2 Kontingenzbezogene Ansatzpunkte des identitätsorientierten Stadtmarketing

2.21 Identifikation von Städtetypen als Grundlage für die Ableitung von Gestaltungsparametern des identitätsorientierten Stadtmarketing

Für eine praxisorientierte Beurteilung des identitätsorientierten Stadtmarketing im Hinblick auf seine Implementierung ist eine theoretisch-generalisierende Betrachtungsweise nicht ausreichend. Vielmehr ist davon auszugehen, dass die Ausgestaltung von Maßnahmen zur Verankerung der Stadtidentität von den jeweiligen **Kontextfaktoren** einer Stadt abhängt. Allerdings stehen einer individuellen Betrachtung sämtlicher kommunaler Ausprägungsformen forschungsökonomische Restriktionen gegenüber. Eine differenzierte Ableitung von Ansatzpunkten zur Ausgestaltung des identitätsorientierten Stadtmarketing soll vor diesem Hintergrund auf eine übergeordnete Typenebene begrenzt und damit dem Grundgedanken einer systematischen und letztlich effizienzorientierten Betriebswirtschaftslehre gefolgt werden.[464]

Für die **Typologisierung von Städten** als Ausgangspunkt für die praxisnahe Strukturierung von Implikationen sollen im Folgenden die beiden Dimensionen herangezogen werden, die zu Beginn dieser Arbeit als zentrale Determinanten der stadtbezogenen Komplexität herausgestellt wurden.[465] Mit der Subjektdimension ist dabei die **Anzahl der am Stadtmarketing beteiligten Akteure** angesprochen, die sich nicht zwingend auf die Anzahl individueller Akteure bezieht, sondern vielmehr unterschiedliche Interessengruppen kennzeichnet. Mit zunehmender Anzahl divergierender Interessen steigt die Komplexität, insbesondere im Hinblick auf die Koordination im Stadtmarketing, tendenziell an. Die Objektdimension beschreibt demgegenüber die **Anzahl der Stadtmarketing-Themenfelder**. Damit sind nicht sämtliche Aufgabenbereiche einer Stadt (z. B. Sozialwesen) angesprochen, sondern die für das Marketing als relevant erachteten Themengebiete. Mit zunehmender Anzahl zu berücksichtigender Themengebiete erhöhen sich die Anforderungen an die zielgruppenorientierte Steuerung im Stadtmarketing. Werden beide Dimensionen aus Vereinfachungsgründen bipolar dargestellt, so lassen sich vier Städtetypen mit jeweils unterschiedlicher Komplexität des Führungsbedarfs charakterisieren (vgl. Abb. 31).

---

[464] Vgl. Heinen, E., Unternehmenskultur als Gegenstand der Betriebswirtschaftslehre, in: Heinen, E. et al. (Hrsg.), Unternehmenskultur, München 1987, S. 26.

[465] Vgl. Kap. A.2.

Subjektdimension Objektdimension	Anzahl der beteiligten Akteure	
	wenige	viele
wenige — Anzahl der Themenfelder	**A** z. B. Bad Harzburg	**B** z. B. Weimar
viele	**C** z. B. Stuhr	**D** z. B. Münster

Abb. 31:   Typologisierung von Städten

Typ A beschreibt Städte, die sich in ihren Marketingaktivitäten auf wenige Themenfelder konzentrieren und gleichzeitig durch eine geringe Zahl am Stadtmarketing beteiligter Interessengruppen gekennzeichnet sind. Dementsprechend
sind sowohl der Koordinations- als auch der Steuerungsbedarf verhältnismäßig
gering ausgeprägt. Ein Beispiel für eine eindimensionale Themenfokussierung
sind kleinere Kurorte, deren Marketingaktivitäten oftmals nur von wenigen Akteuren gelenkt werden (z. B. Bad Harzburg).

Städte vom **Typ B** zeichnen sich ebenfalls durch einen starken inhaltlichen Fokus der Marketingaktivitäten aus. Gegenüber Typ A sind hier jedoch mehrere
Interessenvertreter aus unterschiedlichen Bereichen (z. B. Politik, Fremdenverkehr) am Stadtmarketing beteiligt, so dass der Koordinationsbedarf tendenziell
ansteigt. Diesem Typus lassen sich mittelgroße Städte zuordnen, die aufgrund
ihrer historischen Prägung über ein eindeutiges Profil verfügen (z. B. Weimar).

Städtetyp C charakterisiert Orte, die sich aufgrund ihrer Potenziale in unterschiedlichen Themengebieten profilieren, deren Marketingaktivitäten jedoch nur
von wenigen Akteuren gelenkt werden. Während die Notwendigkeit der Koordination aufgrund einheitlicher Interessen eher gering ausgeprägt ist, ergibt sich im
Hinblick auf die zielgruppenorientierte Steuerung der themenspezifischen Maß-

nahmen ein größerer Abstimmungsbedarf als bei den zuvor skizzierten Typen A und B. In der Stadt Stuhr[466] etwa liegt die Stadtmarketing-Verantwortung bei einer innerhalb der Verwaltung angesiedelten Stabsstelle mit nur drei Mitarbeitern, gleichzeitig profiliert sich die Stadt in verschiedenen Themenfeldern (z. B. Wirtschaft, Tourismus, Kultur).

Städte vom **Typ D** schließlich sind sowohl durch eine Vielzahl von am Stadtmarketing beteiligten Interessengruppen als auch durch ein mehrdimensionales Angebotsspektrum gekennzeichnet. Diesem Typus sind zahlreiche mittlere bis große Städte wie z. B. Münster zuzuordnen.[467] Aufgrund des starken Abstimmungsbedarfs im Rahmen der Koordination und der Steuerung der Marketingaktivitäten ist die Komplexität des Führungsbedarfs für das Stadtmarketing hier besonders stark ausgeprägt.

Für eine kontingenzbezogene Betrachtungsweise soll im Rahmen der Ableitung von Implikationen für das identitätsorientierte Stadtmarketing auf die skizzierten Städtetypen zurückgegriffen werden. Dabei ist zu berücksichtigen, dass die hinter der Subjektdimension stehende Akteurszahl und die durch die Objektdimension beschriebene Anzahl der Themenfelder nicht gänzlich unabhängig voneinander sind. Vielmehr ist davon auszugehen, dass sowohl der Koordinations- als auch der Steuerungsbedarf und damit die stadtspezifische Komplexität mit zunehmender Größe der Städte prinzipiell ansteigen.

---

[466] Vgl. hierzu http://www.stuhr.de/Rathaus/Behoerdengaenge/Sp_bis_St/Stadtmarketimg.htm, abgerufen am 08.09.2003.

[467] Die Anzahl unterschiedlicher Interessenvertreter und die daraus resultierenden divergierenden Sollvorstellungen konnten bereits im Rahmen der empirischen Analyse aufgezeigt werden. Im Hinblick auf die vielschichtigen Angebotspotenziale der Stadt Münster formulierte der Oberbürgermeister im Rahmen einer Sitzung des damaligen „Lenkungsauschuss Stadtmarketing" am 18. Mai 2000 zusammenfassend: „Münster besitzt mehrdimensionale Alleinstellungsmerkmale...Aufgrund der Vielfalt der Stadt ist es schwer, einen treffenden Begriff für Münster zu finden".

2.22 Ansatzpunkte zur Verankerung der Stadtidentität im Rahmen der Koordination

2.221 Organisatorische Verfestigung des Stadtmarketing

Die Durchsetzung der Stadtidentität im Rahmen des Stadtmarketing kann nicht unmittelbar an den einzelnen Produktkomponenten ansetzen, da deren Ausgestaltung in den Zuständigkeitsbereich der entsprechenden privaten und öffentlichen Akteure fällt.[468] Die Realisierung eines identitätsorientierten Stadtmarketing ist deshalb an die langfristige Zusammenarbeit der relevanten gesellschaftlichen und politischen Gruppierungen gebunden. Grundsätzlich sind dabei Kooperationsformen unterschiedlicher Intensitätsstufen denkbar, wobei sich auf der niedrigsten Stufe lediglich ein informeller Informationsaustausch zwischen den am Stadtmarketing beteiligten Personen vollzieht.[469] Wenngleich sich derartige Kooperationsmodelle durch ihre verhältnismäßig einfache Implementierung auszeichnen, erscheint für ein identitätsorientiertes Stadtmarketing ein Mindestmaß gemeinsamer Prozeduren und Verhaltensregeln im Sinne einer Institutionalisierung sinnvoll.[470] Zum einen wird hierdurch die anzustrebende öffentliche Wahrnehmung des Stadtmarketing gewährleistet, zum anderen resultieren aus dem Langfristcharakter der Identität Anforderungen an die Zusammenarbeit der Akteure hinsichtlich Dauerhaftigkeit und Stabilität.[471]

Vor diesem Hintergrund ist in der **Schaffung geeigneter organisatorischer Rahmenbedingungen** ein wichtiger Schritt im Hinblick auf die Einbindung der kommunalen Interessenvertreter zu sehen. Dabei offerieren sich zwei grundle-

---

[468] Vgl. Werthmöller, E., Räumliche Identität als Aufgabenfeld des Städte- und Regionenmarketing - ein Beitrag zur Fundierung des Placemarketing, a. a. O., S. 171 f.

[469] Vgl. zu den unterschiedlichen Kooperationsintensitäten Kistenmacher, H., Geyer, T., Hartmann, P., Regionalisierung in der kommunalen Wirtschaftsförderung, Köln 1994, S. 33 f.

[470] Vgl. Batt, H.-L., Regionale und lokale Entwicklungsgesellschaften als Public-Private Partnerships: Kooperative Regime subnationaler Politiksteuerung, in: Bullmann, U., Heinze, R. G. (Hrsg.), Regionale Modernisierungspolitik – Nationale und internationale Perspektiven, Opladen 1997, S. 178.

[471] Zu den weiteren Vorteilen institutionell-organisatorischer Verfestigungen gegenüber informellen Kooperationsformen vgl. Batt, H.-L., Kooperative regionale Industriepolitik. Prozessuales und institutionelles Regieren am Beispiel von fünf regionalen Entwicklungsgesellschaften in der Bundesrepublik Deutschland, Frankfurt a. M. u. a. 1994, S. 242.

gende Möglichkeiten.[472] Entweder wird das Stadtmarketing in die existierenden
Politik- und Verwaltungsstrukturen integriert oder aber an eine eigenständige
privatrechtliche Institution übertragen. Da mit den aus diesen „Basislösungen"
resultierenden Varianten jeweils spezifische Vor- und Nachteile verbunden sind,
ist die Eignung organisationaler Konfigurationen des Stadtmarketing in der Praxis von den spezifischen kommunalen Kontextfaktoren abhängig zu machen und
somit typenspezifisch zu evaluieren.

Eine praktikable Form der organisatorischen Ausgestaltung ist die Verankerung
der Trägerschaft innerhalb der **Stadtverwaltung**, weil dort auf eine funktionie-
rende Infrastruktur und fachliches Know-how der Verwaltungsmitarbeiter zurückgegriffen werden kann.[473] Aufgrund der existierenden Strukturen sowie der Zusammenarbeit der Ämter bietet diese Lösung potenziell gute Koordinations- und
Lenkungsmöglichkeiten. In besonderem Maße kann hierbei die unter Implemen-
tierungsgesichtspunkten als notwendig zu erachtende Einbindung politischer
Entscheidungsträger gewährleistet werden.[474] Zudem verhindert die ganzheitliche Betrachtungsperspektive der städtischen Entwicklung durch die Stadtverwaltung die Gefahr eines von Partikularinteressen einzelner Gruppierungen dominierten Stadtmarketing.

Die strukturellen Charakteristika einer Verwaltung determinieren jedoch zugleich
die Grenzen einer verwaltungsinternen Ansiedlung des Stadtmarketing. So
zeichnen sich die Verwaltungsstrukturen oftmals durch ein nicht ausreichendes
Maß an Flexibilität und Marktorientierung aus, womit die Identifikation der Verwaltungsmitarbeiter mit dem Marketinggedanken prinzipiell beeinträchtigt ist.[475]
Die Verankerung der Zuständigkeiten des Stadtmarketing in einem relativ ge-
schlossenen Verwaltungsapparat grenzt zudem die Offenheit gegenüber priva-

---

[472] Vgl. Manschwetus, U., Regionalmarketing, Marketing als Instrument der Wirtschaftsentwicklung, a. a. O., S. 304.

[473] Vgl. Beyer, R., Die Institutionalisierung von Stadtmarketing. Praxisvarianten, Erfahrungen,
Fallbeispiele, a. a. O., S. 10 ff.

[474] Vgl. Konken, M., Stadtmarketing – Handbuch für Städte und Gemeinden, Limburgerhof
2000, S. 374.

[475] Vgl. Kap. B.1.21.

ten Akteuren stark ein.[476] Die fehlende Möglichkeit zur Einbindung der Bevölkerung sowie weiterer gesellschaftlicher Interessengruppen ist somit bei zunehmender Anzahl der Interessenvertreter als zentraler Nachteil der Verwaltungslösung im Hinblick auf die Koordinationsanforderungen des identitätsorientierten Stadtmarketing anzusehen.

Mit der Einrichtung eines **Stadtmarketing-Arbeitskreises** bietet sich eine Verankerungsform der Trägerschaft mit weitaus besseren Integrationsmöglichkeiten. Gegenüber einer verwaltungsinternen Ansiedlung des Stadtmarketing zeichnet sich eine derart offene Konstruktion durch die Möglichkeit der Einbeziehung aller gesellschaftlichen Interessengruppen aus.[477] Da keine kommunalen Beschlüsse für das Agieren eines Arbeitskreises notwendig sind, kann dieser unabhängig von Politik und Verwaltung agieren. Wenngleich sich aus den kaum vorhandenen Verhaltensregelungen ein hohes Maß an Flexibilität dieser Ausgestaltungsform ergibt, ist darin zugleich die Gefahr einer mangelnden Umsetzungsorientierung zu sehen. Die im Unterschied zum politischen Entscheidungssystem fehlenden Abstimmungsverfahren können leicht dazu führen, dass ein Arbeitskreis zu einem Ort des Informationsaustausches degeneriert.[478] Mit zunehmender Anzahl der Akteure wird zudem die Stabilität dieser Lösung mit niedriger Kooperationsintensität beeinträchtigt, da die Existenz eines Arbeitskreises auf dem fortdauernden Willen und der Gemeinsamkeit der Mitglieder beruht.[479] Die potenzielle Instabilität eines Arbeitskreises steht somit den langfristigen Stabilitätsanforderungen eines identitätsorientierten Stadtmarketing entgegen.

Als privatrechtliche Organisationsform verfügt ein zum Zweck des Stadtmarketing gegründeter **Verein** (e. V.) über eine klare rechtliche Basis und entfaltet damit eine stärkere Bindungswirkung als ein Arbeitskreis. Gleichzeitig bietet die offene Vereinsstruktur ähnlich wie ein Arbeitskreis gute Möglichkeiten zur Einbe-

---

[476] Vgl. Beyer, R., Die Institutionalisierung von Stadtmarketing. Praxisvarianten, Erfahrungen, Fallbeispiele, a. a. O., S. 13.

[477] Vgl. Wiechula, A., Stadtmarketing im Kontext eines New Public Management, Stuttgart 2000, S. 42 f.

[478] Beyer, R., Die Institutionalisierung von Stadtmarketing. Praxisvarianten, Erfahrungen, Fallbeispiele, a. a. O., S. 25.

[479] Vgl. Töpfer, A., Erfolgsfaktoren des Stadtmarketing: 10 Grundsätze, in: Töpfer, A. (Hrsg.), Stadtmarketing – Herausforderung und Chance für Kommunen, a. a. O., S. 72.

ziehung privater Akteure. Aufgrund der steuerlichen Abzugsfähigkeit von Spenden zeichnet sich die gemeinnützige Variante der Vereinsgründung zudem durch fiskalische Vorteile aus.[480] Mit der Gemeinnützigkeit geht jedoch zugleich eine mangelnde Gewinnorientierung und somit ein nur geringer Erfolgsdruck für die in einem Verein verankerte Trägerschaft des Stadtmarketing einher. Außerdem sind insbesondere im Vorfeld (z. B. Vereinsziele, Vertretungsrechte, Stimmverhältnisse) aber auch nach der Vereinsgründung (z. B. Mitgliederversammlung, Vorstandswahlen) zahlreiche Formalia zu beachten.[481] Im Hinblick auf die Integration von Akteuren sind die fehlende Aufnahmemöglichkeit von Institutionen sowie die relativ leichten Austrittsmöglichkeiten als weitere Nachteile einer Vereinsgründung anzusehen.[482]

Die Gründung einer **GmbH** bietet als Ausprägungsform höchster Kooperationsintensität das größte Bindungspotenzial für die Trägerschaft des Stadtmarketing und zeichnet sich damit durch eine größere Stabilität als die bereits genannten Organisationsformen aus.[483] So kann prinzipiell jeder private, öffentliche oder juristische Akteur als Gesellschafter in eine GmbH aufgenommen werden, womit eine derartige Lösung als geeignete Basis für eine Public-Private-Partnership im Rahmen des Stadtmarketing gewertet werden kann. Unabhängig von diesen Integrationsmöglichkeiten gelten die ökonomischen Eigenschaften einer GmbH (z. B. Gewinnorientierung, Kostenbewusstsein) sowie die hohe Transparenz und Signalwirkung als zentrale Vorteile dieser Ausprägungsform.[484] Allerdings ist auch die Verankerung des Stadtmarketing im Rahmen einer GmbH durch einige Nachteile gekennzeichnet. Einerseits erscheint die professionelle Lösung einer GmbH aufgrund des hohen Aufwandes für die Gründung und Bilanzierung[485] nur

---

[480]   Vgl. Beyer, R., Die Institutionalisierung von Stadtmarketing. Praxisvarianten, Erfahrungen, Fallbeispiele, a. a. O., S. 16 f.

[481]   Vgl. Schaller, U., City-Management, City-Marketing, Stadtmarketing – Allheilmittel für die Innenstadtplanung?, Bayreuth 1993, S.123.

[482]   Vgl. Beyer, R., Die Institutionalisierung von Stadtmarketing. Praxisvarianten, Erfahrungen, Fallbeispiele, a. a. O., S. 18.

[483]   Zu den Vor- und Nachteilen einer GmbH für das Stadtmarketing vgl. Haag, T., Stadtmarketing-GmbH als effiziente Organisationsform, a. a. O.

[484]   Vgl. Fehn, M., Vossen, K., Stadtmarketing, Stuttgart 2000, S. 64.

[485]   Vgl. hierzu § 5 Abs. 1 GmbH Gesetz.

für Städte ab einer gewissen Größenordnung geeignet. Andererseits sind trotz der prinzipiellen Integrationspotenziale die Aufnahmemöglichkeiten für Einzelpersonen sowie Vertreter des politischen Bereichs beschränkt.[486]

Insgesamt betrachtet zeichnet sich jede organisatorische Ausprägungsform durch spezifische Vor- und Nachteile im Hinblick auf die anzustrebende Verankerung der Stadtidentität aus (vgl. Tab. 18). Die Ansiedlung des Stadtmarketing innerhalb der Stadtverwaltung stellt aufgrund der existierenden Strukturen eine praktikable Lösung in der Anfangsphase des Stadtmarketing dar. Durch die fehlende Einbindung gesellschaftlicher Akteure kann sie jedoch typenunabhängig nur als Übergangslösung angesehen werden, die durch private Ausgestaltungsformen zu ergänzen ist. Die Gründung eines kommunalen Arbeitskreises erscheint vornehmlich für die **Städtetypen A und C** mit einer nur geringen Anzahl an Interessenvertretern sinnvoll. Die mit steigender Zahl der Beteiligten zunehmende potenzielle Instabilität dieser Ausgestaltungsform widerspricht jedoch dem auf Langfristigkeit ausgelegten Grundgedanken eines identitätsorientierten Stadtmarketing. Infolge dessen sowie aufgrund des hohen Aufwandes in Bezug auf die Einrichtung und dauerhafte Führung erscheinen für Städte vom **Typus B und D** privatrechtliche Organisationsformen zweckmäßig. Sowohl die Vereinsgründung als auch die Gründung einer GmbH bieten aufgrund ihrer Integrationspotenziale gute Chancen für eine breite und dauerhafte Verankerung der Stadtidentität. Allerdings konnte aufgezeigt werden, dass auch diese beiden Lösungsansätze Limitationen im Hinblick auf die Einbindung spezifischer Gruppen aufweisen.

---

[486] Vgl. Beyer, R., Die Institutionalisierung von Stadtmarketing. Praxisvarianten, Erfahrungen, Fallbeispiele, a. a. O., S. 21 f.

Beurteilungskriterien	Stadtver-waltung	Arbeitskreis	Verein (e. V.)	GmbH
Einbindung der Politik	+	o	o	o
Einbindung privater Gruppen	-	+	+	o
Einbindung der Wirtschaft	-	+	o	+
Stabilität	+	-	+	+
Flexibilität	-	+	o	o
Umsetzungsorientierung	o	-	+	+

+ = trifft sehr zu / o = trifft etwas zu / - = trifft kaum zu

Tab. 18: **Eignung unterschiedlicher Organisationsformen für die identitätsorientierte Koordination**

Es wird somit deutlich, dass mit zunehmender Komplexität der kommunalen Kontextbedingungen jede der skizzierten organisationalen Konfigurationen im Hinblick auf eine breite Akteurseinbindung an ihre Grenzen stößt. Allerdings ist es auch nicht zweckmäßig, das Stadtmarketing für **Städtetypen B und D** auf eine einzige Organisationseinheit zu reduzieren, die mit der Maßnahmenplanung, -entscheidung und -durchführung beauftragt ist. Vielmehr sind die skizzierten formalen Organisationsformen sowie ggf. informelle Kooperationen **sinnvoll miteinander zu kombinieren** und damit eine Integration der Interessenvertreter zu gewährleisten. Ist das Stadtmarketing etwa in der Anfangsphase innerhalb der Verwaltung angesiedelt, so wäre im Sinne einer Stufenlösung eine spätere Überführung in privatrechtliche Organisationsformen denkbar oder aber eine strukturelle Anbindung gesellschaftlicher Akteure an die verwaltungsbezogene Lösung. Abb. 32 verdeutlicht ein derart strukturiertes komplexes Organisationsmodell am Beispiel der Stadt Münster.

Abb. 32: **Organisatorische Verankerung des Stadtmarketing in Münster**

Die eigenbetriebsähnliche Einrichtung „Münster Marketing" stellt als wirtschaftliches Unternehmen ohne eigene Rechtspersönlichkeit eine Zwischenlösung zwischen einem städtischen Amt und einer privatrechtlichen Ausgestaltungsform dar. Damit wird einerseits eine Signalwirkung im Hinblick auf die Herauslösung des Stadtmarketing aus den existierenden Verwaltungsstrukturen erzielt und andererseits der verwaltungsinterne Informationsfluss erhalten. Die Werksleitung von „Münster Marketing" übernimmt hierbei als „Macher" die Funktionen der Planung und Gesamtkoordination, während die Geschäftsbereiche „Stadtwerbung und Touristik" sowie „Veranstaltungen und Projekte" als „Gestalter" fungieren. Wenngleich durch die Abkopplung von der Verwaltung Flexibilität und Eigenverantwortung des Stadtmarketing gestärkt werden, behalten im Organisationsmodell der Stadt Münster die politischen „Entscheider" ihre Einflussrechte in Grundsatzangelegenheiten. Die parlamentarische Anbindung wird zudem durch die politischen „Überwacher" innerhalb des Werksauschusses „Münster Marketing" gestärkt. Als „Berater" fungieren die aus privaten Akteuren bestehenden Mitglieder des Beirats „Münster Marketing", wodurch darüber hinaus eine intensive bürgerschaftliche Anbindung aus unterschiedlichen Themenfeldern an das Stadtmarketing gewährleistet ist. Ohne strukturelle Anbindung agieren die Kaufmannschaft sowie Gastronomie und Hotellerie als finanzielle „Förderer" des

Münsteraner Stadtmarketing, deren personelle Einbindung jedoch durch die Mit-
gliedschaft im Beirat gewährleistet ist.

Mit zunehmender Komplexität des stadtbezogenen Führungsbedarfs bietet eine
derart strukturierte organisationale Konfiguration vielfältige Möglichkeiten zur
Anbindung politischer und privater Akteure. Allerdings darf nicht übersehen werden, dass auch ein kombiniertes Organisationsmodell nicht die Einbindung der
breiten Bürgerschaft gewährleisten kann. Dies ist jedoch auch nicht der Zweck
einer als Aufbauorganisation zu verstehenden langfristigen Institutionalisierung
des Stadtmarketing im Sinne der Wahl einer Rechtsform. Die Einbindung der
Bürger in das Stadtmarketing ist vielmehr Aufgabe der Prozessorganisation, die
im Rahmen der partizipativen Erarbeitung inhaltlicher Leitlinien Gegenstand von
Kap. C. 2.23 ist.[487]

2.222 Qualitative Entscheidungsmechanismen

Die organisationale Verankerung der Trägerschaft im Sinne einer Institutionalisierung kann zwar die Erfolgswahrscheinlichkeit einer kooperativ getragenen
Entscheidungsfindung verbessern, sie vermag jedoch allein noch keine Koordination im Rahmen des Stadtmarketing zu gewährleisten. Der Wahl einer Rechtsform kommt vielmehr der Charakter einer strukturellen Rahmenbedingung zu, die
in Abhängigkeit vom jeweiligen Städtetyp durch qualitative Abstimmungsmechanismen zu ergänzen ist. Im Rahmen der empirischen Fundierung des Koordinationsbedarfs wurden in diesem Zusammenhang bereits Möglichkeiten der Ausrichtung der Trägerschaft an den **Zielgruppenerwartungen** aufgezeigt.[488]
Wenngleich eine langfristige Orientierung des Stadtmarketing an den Bedürfnissen der Bürger wünschenswert ist, hat eine vollständige und alleinige Ausrichtung an den Vorstellungen der Zielgruppen eher idealtypischen Charakter. Vor
diesem Hintergrund stellt sich die Frage nach möglichen **Abstimmungsprinzi-
pien und Entscheidungsmechanismen** der Trägerschaft (vgl. Abb. 33).

---

[487] Vgl. zur Notwendigkeit der Differenzierung in Aufbau- und Ablauforganisation im Stadtmarketing Bornemeyer, C., Erfolgskontrolle im Stadtmarketing, a. a. O., S. 32.

[488] Vgl. Kap. C.1.4.

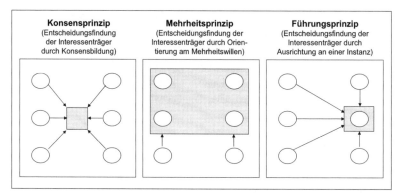

Abb. 33:   Abstimmungsmechanismen der Stadtmarketing-Trägerschaft

Im Hinblick auf die breite Verankerung einer Stadtidentität im Rahmen des identitätsorientierten Stadtmarketing erscheint eine Konsensbildung zwischen den unterschiedlichen Interessengruppen grundsätzlich erstrebenswert.[489] Der deutliche Vorteil eines derartigen **Konsensprinzips** ist darin zu sehen, dass einmal gefasste Beschlüsse i. d. R. eine hohe Durchsetzungskraft besitzen. Allerdings birgt dieses Prinzip aufgrund der häufig langen Entscheidungsfindung die Gefahr einer zu geringen Dynamik, woraus wiederum Konflikte zwischen konsens- und aktionsorientierten Mitgliedern resultieren können.[490] Mit steigender Komplexität der kommunalen Kontextbedingungen im Hinblick auf die Anzahl der Akteure sowie die zu diskutierenden Themengebiete ist zudem ein vollständiger Konsens i. d. R. nicht herbeizuführen. Vor diesem Hintergrund erscheint die Koordination auf Basis des Konsensprinzips vornehmlich für Städte vom **Typ A** sowie ggf. **Typ C** eine praktikable Lösung.

Kann wegen der Vielzahl der beteiligten Akteure ein gemeinsamer Konsens nicht erzielt werden, so offeriert sich mit dem **Mehrheitsprinzip** ein alternativer Entscheidungsmechanismus im Hinblick auf die Koordination. Die Orientierung am Mehrheitswillen muss vor dem Hintergrund der Limitationen des Konsensmodells bei steigender Komplexität für den Städtetyp A als suboptimale Lösung angese-

---

[489] Vgl. Honert, S., Stadtmarketing und Stadtmanagement, a. a. O., S. 395.

[490] Vgl. Beyer, R., Die Institutionalisierung von Stadtmarketing. Praxisvarianten, Erfahrungen, Fallbeispiele, a. a. O., S. 25.

hen werden, erscheint jedoch insbesondere für Städte vom **Typ B** und **D** mit einer großen Anzahl von Interessenvertretern als zweckmäßige Alternative. Bei langfristig unausgewogenen Mehrheitsverhältnissen – etwa im Rahmen der Gesellschafterstruktur einer GmbH – besteht hier jedoch die Gefahr eines von Partikularinteressen (z. B. Wirtschaft) dominierten Stadtmarketing. Zudem steht das Mehrheitsprinzip dem Gedanken einer Identitätsstärkung innerhalb der gesamten Trägerschaft prinzipiell entgegen.

Neben dem Konsensmodell und dem Mehrheitsmodell stellt die Verlagerung der Entscheidungskompetenz an eine einzelne Instanz eine weitere Option zur Koordination im Rahmen des Stadtmarketing dar. Der Vorteil eines derartigen **Führungsprinzips** ist insbesondere im Vergleich zum Konsensprinzip in der Effizienz seiner Entscheidungsfindung zu sehen. In dem in Abb. 32 dargestellten verwaltungsnahen Organisationsmodell der Stadt Münster etwa fungieren der Rat bzw. der Oberbürgermeister als zentrale Entscheidungsinstanz. Grundsätzlich ist das Führungsprinzip auf alle Städtetypen anwendbar, wobei es aufgrund der Vermeidung von komplexitätsinduzierten langwierigen Diskursen für Städte der **Typen B, C** und **D** eine besondere Eignung aufweist.

Im Hinblick auf die Übertragung dieser Entscheidungsfunktion stellt sich für das Führungsprinzip die Grundsatzfrage nach der Rollenverteilung zwischen den beteiligten privaten Akteuren und der Politik.[491] Die Einbeziehung privater Akteure in die Erfüllung traditionell öffentlicher Aufgaben macht das Stadtmarketing prinzipiell anfällig für mögliche Demokratiedefizite.[492] Allerdings ist es wenig sinnvoll, den Einbezug privater Gruppierungen in die Trägerschaft des Stadtmarketing zu beschränken, wenn die Zuständigkeit für einzelne Angebotskomponenten in deren Aufgabenbereich fällt. Für die Koordination nach dem Führungsprinzip gilt es somit nach Möglichkeiten der Rollenverteilung zu suchen, die von

---

[491] Vgl. hierzu auch Kap. B.1.21.

[492] Für das Stadtmarketing ergibt sich somit die gleiche Problematik, wie sie für die Dezentralisierungs- und Regionalisierungskonzepte der Regionalpolitik charakteristisch ist. Diese Konzepte fordern ebenfalls die Einbindung privater Akteure in die Politikformulierung. Vgl. etwa Scherer, B., Regionale Entwicklungspolitik – Konzeption einer dezentralen und integrierten Regionalpolitik, Frankfurt a. M. u. a. 1997, S. 234 f. Das Manko dieser Ansätze wird in dem damit einhergehenden Mangel einer demokratietheoretischen Fundierung gesehen. Vgl. Spieß, S., Marketing für Regionen – Anwendungsmöglichkeiten im Standortwettbewerb, a. a. O., S. 42.

sämtlichen Akteuren getragen werden. Denkbar wäre hier, dass die **privaten Akteure** eine **Entscheidungsunterstützungsfunktion** übernehmen und die von ihnen erarbeiteten Konzepte mit Bezug zum öffentlichen Bereich lediglich den Charakter einer Handlungsempfehlung erhalten.[493] Die **Umsetzungsentscheidung** hingegen bleibt den **demokratisch legitimierten Entscheidungsträgern** vorbehalten. Dabei ist jedoch nicht völlig auszuschließen, dass ein von den Maßnahmenvorschlägen der privaten Akteure ausgehender Druck die Entscheidungen der Politikvertreter gewissermaßen präjudiziert.[494]

Unabhängig von dem jeweiligen Entscheidungsprinzip ist eine vollständige und dauerhafte Koordination mit steigender Komplexität des Führungsbedarfs hinsichtlich der betroffenen Themengebiete und Akteure nur schwer möglich. Allerdings kann die Intention des Stadtmarketing auch nicht darin bestehen, die aus seinem Kollektivcharakter resultierenden Konflikte endgültig zu lösen. Vielmehr beruht der Führungsanspruch des Stadtmarketing im Hinblick auf Dynamik und Wandel auf der Existenz von Spannungen.[495] Konflikte zwischen den Akteuren sind somit nicht per se als Störgrößen zu interpretieren, sondern im Gegenteil als produktive Spannungen.[496] Wesentliche Aufgabe des Stadtmarketing ist demnach die Nutzung der Produktivkraft von Konflikten sowie des endogenen Entwicklungspotenzials der Akteure. Voraussetzung hierfür ist jedoch ein auf der Stadtidentität basierender gemeinsamer Nenner der Beteiligten im wertmäßig-kulturellen Bereich.

2.223 „Stadtkultur" als interne Konstituierung der Stadtidentität

Trotz der Wahl einer adäquaten Organisationsstruktur und der Existenz formaler Abstimmungsmechanismen scheitern viele Stadtmarketing-Konzepte oftmals an

---

[493] Vgl. Honert, S., Stadtmarketing und Stadtmanagement, a. a. O., S. 399.

[494] Vgl. hierzu Schoch, F., Die Kreise zwischen örtlicher Verwaltung und Regionalisierungstendenzen, in: Henneke, H.-G., Maurer, H., Schoch, F. (Hrsg.), Die Kreise im Bundesstaat – Zum Standort der Kreise im Verhältnis zu Bund, Ländern und Gemeinden, Baden-Baden 1994, S. 51 f.

[495] Vgl. Stember, J., Stadt- und Regionalmarketing. Praxisprobleme, Vorbehalte und kritische Erfolgsfaktoren, a. a. O., S. 137.

[496] Vgl. Krüger, W., Konfliktsteuerung als Führungsaufgabe. Positive und negative Aspekte von Konfliktsituationen, a. a. O., S. 21.

ihrer konkreten Umsetzung.[497] Im Hinblick auf eine langfristige Zusammenarbeit der Akteure ist somit neben diesen formalen Rahmenbedingungen nach **informellen Gestaltungsparametern** der Koordination zu suchen. In diesem Zusammenhang ist der Schaffung eines gemeinsamen Selbstverständnisses im Sinne einer „Stadtkultur"[498] eine besondere Bedeutung für die Koordination im Stadtmarketing beizumessen. In Anlehnung an die Unternehmenskultur kann unter einer **„Stadtkultur"** die Grundgesamtheit gemeinsamer Wert- und Normenvorstellungen sowie geteilter Denk- und Verhaltensmuster der Akteure einer Stadt verstanden werden, die sich prägend auf deren Entscheidungen und Handlungen auswirken.[499] Dieses Verständnis einer „Stadtkultur" macht zugleich den engen Zusammenhang des Kulturbegriffs mit dem der Stadtidentität deutlich.[500] Die Entwicklung einer „Stadtkultur" kann in diesem Zusammenhang als Teilbereich des identitätsorientierten Stadtmarketing aufgefasst werden, der primär auf die interne Konstituierung der Stadtidentität abzielt.

Mit der Entwicklung eines auf einer gemeinsamen Kultur basierenden Wertegefüges ist ein abstrakter und zugleich fundamentaler Aufgabenbereich des Stadtmarketing angesprochen. Eine breit getragene „Stadtkultur" kann zu einer einheitlichen Ausrichtung des Handels der Akteure beitragen und stellt somit eine notwendige Unterstützung formaler Organisationsmodelle und Abstimmungsmechanismen dar. Im Hinblick auf die Koordination bewirkt die Kultur interne Kon-

[497] Vgl. Stember, J., Stadt- und Regionalmarketing. Praxisprobleme, Vorbehalte und kritische Erfolgsfaktoren, a. a. O., S. 137.

[498] Vgl. Meffert, H., Städtemarketing – Pflicht oder Kür?, a. a. O., S. 277.

[499] Vgl. Heinen, E., Dill, P., Unternehmenskultur aus betriebswirtschaftlicher Sicht, in: Simon, H. (Hrsg.), Herausforderung Unternehmenskultur, Stuttgart 1990, S. 17. Wesentliche Elemente dieser Kulturdefinition sind nach HEINEN Werte und Normen. Unter Werten versteht er die positive Auszeichnung empirischer Phänomene, die der kognitiven Organisation dienen und demnach globale Handlungsorientierungen bereit stellen. Normen klassifiziert er in Regeln, Vorschriften und Direktiven (Hauptgruppe) sowie Gebräuche, moralische Prinzipien und Ideal-Regeln (Untergruppe). Vgl. Heinen, E., Unternehmenskultur als Gegenstand der Betriebswirtschaftslehre, a. a. O., S. 22 ff.

[500] Vgl. hierzu Schneider, F., Corporate-Identity-orientierte Unternehmenspolitik, Heidelberg 1991, S. 31 f.

sistenz und Kohäsion und entfaltet dabei gleichzeitig eine Außenwirkung, indem sie die Art und Weise der Interaktion mit den Zielgruppen determiniert.[501]

Ähnlich wie im Unternehmensbereich ist auch im Stadtmarketing den zentralen **Führungspersönlichkeiten einer Stadt** eine besondere Bedeutung im Hinblick auf die Steuerung der Verhaltensweisen der Akteure beizumessen.[502] Letztlich sind es nicht Strukturen oder Systeme, sondern Menschen, die eine „Stadtkultur" prägen.[503] So hat der Oberbürgermeister bzw. Stadtdirektor eine Vorbildfunktion für die Stadtmarketing-Träger und Bürger zu erfüllen und die auf der Stadtidentität basierenden Wertevorstellungen zu verkörpern. Der Vermittlung von „shared values" durch die Führungskräfte einer Stadt ist deshalb eine besondere Bedeutung beizumessen, weil deren Einflussnahme auf das operative Tagesgeschäft i. d. R. begrenzt ist.

Allerdings lassen sich im **strukturellen Bereich** einige Gestaltungsparameter zur Beeinflussung einer „Stadtkultur" ausmachen, die neben der Schaffung geeigneter organisatorischer Rahmenbedingungen vor allem im Bereich der Personalpolitik liegen. Ist das Stadtmarketing verwaltungsintern angesiedelt, so sollte bei der Einstellung neuer Mitarbeiter auf deren Lernfähigkeit, Flexibilität sowie die Verinnerlichung einer marktorientierten Denkweise geachtet werden.[504] Insbesondere in den Führungspositionen des Stadtmarketing erscheint ein hoher Grad an Identifikation mit der Stadt notwendig, so dass in der Stadt lebende Personen grundsätzlich externen Kandidaten vorzuziehen sind. Besteht kurzfristig keine Möglichkeit von Neueinstellungen, so können ggf. bereits etablierte Verwaltungsmitarbeiter durch Schulungs- und Weiterbildungsmaßnahmen im Hinblick auf eine marktorientierte und identitätsbasierte Denkweise weiterentwickelt werden. Auch ein regelmäßiger Informationsaustausch im Rahmen von Ge-

---

[501] Vgl. Greipel, P., Strategie und Kultur. Grundlagen und mögliche Handlungsfelder kulturbewussten strategischen Managements, Bern, Stuttgart 1998, S. 48.

[502] Vgl. allg. Schein, E., Organizational Culture and Leadership, Jossey 1992, S. 209 ff.

[503] Prominente Beispiele aus dem Unternehmensbereich wie etwa R. Mohn (Bertelsmann), J. Welch (General Electric) oder T. Watson (IBM) zeigen auf, dass eine Unternehmenskultur oftmals in direktem Zusammenhang mit charismatischen Unternehmerpersönlichkeiten steht. Vgl. hierzu auch Wever, U. A., Unternehmenskultur in der Praxis, Frankfurt a. M., New York 1989, S. 156 ff.

[504] Vgl. Meissner, H. G., Stadtmarketing – Eine Einführung, a. a. O., S. 24.

sprächsrunden kann dazu beitragen, die durch isoliertes Handeln geprägten Verwaltungsstrukturen in Richtung einer gemeinsamen „Stadtkultur" weiterzuentwickeln.

Neben strukturellen Aspekten liegen die Gestaltungsparameter der Stadtmarketing-Führung zur Entwicklung einer „Stadtkultur" vornehmlich im **kommunikativ-symbolischen** Bereich. Ebenso wichtig die Schaffung organisatorischer und personalpolitischer Rahmenbedingungen sind die Weiterentwicklung und das bewusste Vorleben stadtbezogener Werte und Normen durch den Oberbürgermeister bzw. Stadtdirektor. Erst ein von den Führungspersonen einer Stadt „sichtbar gelebtes Wertesystem"[505] trägt dazu bei, dass stadtspezifische „shared values" bei sämtlichen Akteuren einer Stadt handlungsbezogene Kräfte entfalten. Eng mit diesem Gedanken gelebter Wertesysteme verknüpft ist die Idee des symbolischen Managements, welches auf die Verstärkung und zielgerichtete Nutzung symbolischer Potenziale abzielt.[506] In diesem Zusammenhang bilden **kommunikative Instrumente** als verbales Symbol zur Vermittlung einer „Stadtkultur" einen Einflussbereich der Führungspersonen einer Stadt. Da sprachliche Inhalte in besonderem Maße zur Steuerung einer „Stadtkultur" beitragen können, stellen sich spezifische Anforderungen an die kommunikativen Fähigkeiten der Führungskräfte. So erscheint eine regelmäßige und intensive Kommunikation mit den weiteren Akteuren sowie den Bürgern einer Stadt sinnvoll, in denen eigene bzw. gemeinsame Erfahrungen mit der Stadt herausgestellt werden. Ziel dabei sollte es sein, durch die Wahl adäquater sprachlicher Botschaften ein möglichst großes Ausmaß positiver Konnotationen bei sämtlichen Beteiligten hervorzurufen und damit ein gemeinsames Werte- und Normensystem zu fördern.[507] Nicht zu-

---

[505] Vgl. hierzu Peters, T. J., Watermann, R. M., Auf der Suche nach Spitzenleistungen, Landsberg/Lech 1983, S. 321 ff.

[506] Vgl. Dill, P., Hügler, G., Unternehmenskultur und Führung betriebswirtschaftlicher Organisationen. Ansatzpunkte für ein kulturbewusstes Management, in: Heinen, E. (Hrsg.), Unternehmenkultur, a. a. O., S. 183, Morgan, G., Frost, P. J., Pondy, L. R., Organizational Symbolism, in: Pondy, L. R. et al. (Hrsg.), Organizational Symbolism, Greenwich/London 1983, S. 3-35.

[507] Unter Bezugnahme auf die Sprachwissenschaften unterscheidet die Käuferverhaltensforschung des Marketing hinsichtlich denotativer und konnotativer Bedeutungskomplexe kommunikativer Botschaften. Der Begriff der denotativen Bedeutung beschreibt dabei die Beziehung zwischen einem Wort und einem Objekt der Umwelt, wobei die diesbezüglichen Interpretationsspielräume begrenzt sind. Die konnotative Bedeutung sprachlicher Botschaften ist hingegen stärker vom jeweiligen Rezipienten abhängig und spiegelt die

(Fortsetzung der Fußnote auf der nächsten Seite)

letzt ist in diesem Kontext die **symbolische Repräsentationsfähigkeit** des Oberbürgermeisters durch den Auftritt bei partizipativ getragenen Stadtmarketing-Veranstaltungen von hoher Bedeutung. Durch einführende Reden im Rahmen solcher Veranstaltungen fungiert die Führungsperson einer Stadt als Integrationsfigur und kann die notwendige Identifikation mit der Stadt bzw. dem Stadtmarketing fördern.

Unter Bezugnahme auf die identifizierten Städtetypen kann davon ausgegangen werden, dass bei Städten vom **Typ A** die Anforderungen an die Führungskräfte im Hinblick auf die Gestaltung einer „Stadtkultur" eher gering sind. Bei nur wenigen betroffenen Themengebieten und einer geringen Anzahl beteiligter Akteure lassen sich gemeinsame Inhalts- und Wertevorstellungen relativ einfach finden und entwickeln. Umso bedeutsamer wird jedoch eine „Stadtkultur" für die **Städtetypen B, C** und **D**, weil bei zunehmender Komplexität der Kontextbedingungen organisatorische Rahmenbedingungen und formale Abstimmungsmechanismen nur in begrenztem Umfang zur internen Konstituierung einer Stadtidentität beitragen können.

In diesem Zusammenhang soll jedoch der Eindruck vermieden werden, dass die „Stadtkultur" eine vollständig planbare und zielgerichtet beeinflussbare Instrumentalvariable des Stadtmarketing darstellt.[508] Vielmehr ist die Kultur einer Stadt in noch stärkerem Ausmaß als eine Unternehmenskultur von der spezifischen Historie einer Stadt sowie den kommunalen Umweltbedingungen abhängig. Sie lässt sich somit weder konstruieren noch bewusst gestalten, sondern nur im Rahmen eines auf gemeinsamen Erfahrungen basierenden **kulturellen Lernprozesses** finden und entwickeln.[509] Wenngleich eine „Stadtkultur" somit ihre Prägung vor allem durch exogene Faktoren erhält, kann sie jedoch durch stadtinterne Persönlichkeiten – die nicht zwingend der Führungsebene des Stadtmarke-

---

wertenden Gedanken und Interpretationen eines Individuums wider. Vgl. Hörmann, H., Psychologie der Sprache, 2. Aufl., Berlin 1977.

[508]   Die Diskussion, ob Kultur eine Instrumental- oder Kontextvariable darstellt, basiert auf den unterschiedlichen Interpretationsformen des funktionalistischen und interpretativen Paradigmas der Wissenschaft. Vgl. für einen Überblick Greipel, P., Strategie und Kultur. Grundlagen und mögliche Handlungsfelder kulturbewussten strategischen Managements, a. a. O., S. 80 ff.

[509]   Vgl. Voigt, K.-I., Unternehmenskultur und Strategie. Grundlagen kulturbewußten Managements, Wiesbaden 1996, S. 41.

ting angehören müssen – wichtige Impulse erfahren. Dabei sind außer den Stadtmarketing-Akteuren in besonderem Maße auch die Bürger einer Stadt nicht als Objekte, sondern vielmehr als Träger einer „Stadtkultur" zu interpretieren und demnach aktiv in die Erarbeitung identitätsprägender Inhalte im Rahmen des Stadtmarketing einzubinden.

2.23 Partizipative Erarbeitung eines Leitbildes als Bindeglied zwischen Koordination und Steuerung

Mit Ausnahme der anzustrebenden Entwicklung einer „Stadtkultur" fokussieren die skizzierten Gestaltungsparameter der Koordination ausschließlich auf die als „lokale Eliten" zu verstehenden Träger des Stadtmarketing. Vor dem Hintergrund ihrer Doppelfunktion als Zielgruppen und Akteure einer Stadt ist jedoch gleichsam eine **Integration der Bürger in den Stadtmarketing-Prozess** wünschenswert. Zur Gewährleistung einer möglichst breiten Bürgerakzeptanz erlangt die partizipative Erarbeitung eines Leitbildes bzw. Leitprofils[510] als Bindeglied zwischen Koordination und Steuerung eine besondere Bedeutung als normatives Planungsinstrument des identitätsorientierten Stadtmarketing.

Als realistisches Idealbild[511] dient ein **Leitbild** zur Veranschaulichung eines zukünftig anzustrebenden Soll-Zustandes einer Stadt.[512] Es stellt auf einer grundsätzlichen und abstrakten Ebene einen Konsens über visionäre Ziele her[513] und ist gleichzeitig Ausdruck der „shared values" innerhalb einer Stadt. Damit wird die Abgrenzung zu einer Stadt-Vision deutlich, die ausschließlich zukunftsorien-

---

[510] Vor dem Hintergrund der vielfältigen Definitionsansätze der beiden Begriffe und der daraus resultierenden schwierigen Abgrenzung sollen die Begriffe Leitbild und Leitprofil im Folgenden synonym verwendet werden. Vgl. hierzu auch Braun, W., Politischer Stellenwert der Leitbilddiskussion, in: Rauschelbach, B., Klecker, P. M. (Hrsg.), Regionale Leitbilder – Vermarktung oder Ressourcensicherung?, Bonn 1997, S. 15.

[511] Vgl. Bleicher, K., Leitbilder – Orientierungsrahmen für eine integrative Management-Philosophie, 2. Aufl., Stuttgart, Zürich 1994, S. 21.

[512] ANTONOFF bezeichnet das Leitbild als das „Grundgesetz der städtischen Entwicklung". Vgl. Antonoff, R., Corporate Identity für Städte, a. a. O., S. 4.

[513] Vgl. Holthöfer, D., Methodische Wege zur Bürgerbeteiligung, in: der städtetag, H. 1, 2001, S. 37.

tiert ist, während ein Leitbild einen ebenso starken Gegenwartsbezug aufweist.[514]

Auf stadtinterner Ebene gewährleistet die Formulierung eines Leitbildes einen
Orientierungsrahmen, der das Denken und Handeln der vielfältigen Akteure einer Stadt einheitlich ausrichtet.[515] Im Idealfall verkörpert ein Leitbild eine gemeinsam getragene Entwicklungsperspektive einer Stadt, die sämtliche Aktivitäten und Maßnahmen integriert und miteinander verknüpft.[516] Damit fördert es
zugleich die Identifikation und Motivation der an der Leitbilderstellung beteiligten Akteure. Auf der Ebene der zielgruppenorientierten Steuerung hat ein Leitbild
primär kommunikativen Charakter und trägt durch die Herausstellung eines
übergeordneten Soll-Profils zur Imagebildung und Wettbewerbspositionierung
bei (vgl. Abb. 34).

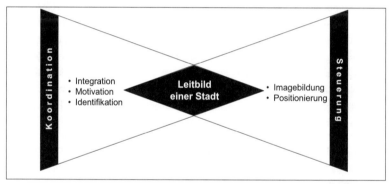

Abb. 34:   **Leitbild einer Stadt als Bindeglied zwischen Koordination und
Steuerung**

Aufgrund seiner Anschaulichkeit entfaltet ein Leitprofil eine Wirkung zur innen-
und außengerichteten Festigung der Stadtidentität. Die Ähnlichkeit der Leitbild-
funktionen zu den Nutzenpotenzialen der Identität macht dabei deutlich, dass

---

[514] Vgl. Sovis, W., Die Entwicklung von Leitbildern als strategische Analyse- und Planungsmethode des touristischen Managements, in: Zins, A. (Hrsg.), Strategisches Management im
Tourismus: Planungsinstrumente für Tourismusorganisationen, Wien, New York 1993, S. 34.

[515] Vgl. Balderjahn, I., Standortmarketing, a. a. O., S. 99.

[516] Vgl. Kistenmacher, H., Geyer, T., Hartmann, P., Regionalisierung in der kommunalen
Wirtschaftsförderung, a. a. O., S. 31.

dem Leitbild der Charakter einer „formulierten Identität" zukommt. Vor dem Hintergrund eines fehlenden Oberziels für das Stadtmarketing bzw. den aus der
Zielformulierung resultierenden Konfliktpotenzialen ist die **Formulierung eines
übergeordneten Leitbildes somit für sämtliche Städtetypen gleichermaßen
relevant**.[517] Dennoch ist davon auszugehen, dass die Bedeutung eines Leitbildes als Orientierungsrahmen des Stadtmarketing bei zunehmender Anzahl der
Beteiligten bzw. der betroffenen Themenfelder – und somit für die **Städtetypen
B, C** und **D** - tendenziell zunimmt.[518]

Nicht zuletzt aufgrund seines hohen Stellenwerts für das Stadtmarketing hat die
Entwicklung eines Leitbildes an den vorhandenen Defiziten, den besonderen
Stärken und den daraus abzuleitenden Zukunftspotenzialen einer Stadt anzuset-
zen.[519] Vor diesem Hintergrund bildet eine umfassende **Situationsanalyse** den
Ausgangspunkt der Leitbildentwicklung. Hierbei ist eine möglichst vollständige
Erfassung der stadtspezifischen Stärken und Schwächen sowie der marktbezo-
genen Chancen und Risiken von Bedeutung. Für die Durchführung einer Chancen-Risiken-Analyse, d. h. die Erhebung wirtschaftlicher, gesellschaftlicher und
geografischer Rahmenbedingungen, bietet sich ein Rückgriff auf Sekundärdaten
an, welche einen Überblick über objektive Bewertungskriterien ermöglichen.[520]
Auch die Untersuchung stadtspezifischer Stärken und Schwächen kann grundsätzlich über die Auswertung sekundärstatistischer Daten erfolgen.

Neben der Ermittlung dieser objektiven Gegebenheiten muss jedoch auch die
Wahrnehmung dieser Faktoren durch die relevanten Anspruchsgruppen analysiert werden.[521] In einer ersten Phase bieten sich für einen groben Überblick
über die stadtbezogenen Identitätsfaktoren Gesprächsrunden bzw. Workshops

---

[517] Vgl. Meyer, J.-A., Regionenmarketing, a. a. O., S. 55.

[518] Vgl. Sovis, W., Die Entwicklung von Leitbildern als strategische Analyse- und
       Planungsmethode des touristischen Managements, a. a. O., S. 36.

[519] Vgl. Holthöfer, D., Methodische Wege zu umfassender Bürgerbeteiligung (II), in: KBD, H. 4,
       2001, S. 4.

[520] Als Sekundärquellen für die Durchführung einer Chancen-Risiken-Analyse im Stadtmarke-
       ting eignen sich etwa das Statistische Bundesamt, Tourismusverbände, Unternehmens-
       daten, Ministerien auf der Landes- und Bundesebene (z. B. Kultur, Wirtschaft), Behörden,
       Industrie- und Handelskammern, wissenschaftliche Einrichtungen etc.

[521] Vgl. Grabow, B., et al., Weiche Standortfaktoren, a. a. O., S. 66.

mit ausgewählten Experten einer Stadt an. Aufgrund der kommunikativen Wirkung eines Leitbildes sind diese jedoch durch eine Analyse der Wahrnehmung einer Stadt durch die internen und externen Zielgruppen zu ergänzen. Mittels schriftlicher bzw. telefonischer Meinungsumfragen lassen sich hierbei die Bedürfnisse und Erwartungen sowie die bei den Zielgruppen verankerten Vorstellungsbilder von der Stadt erheben. Die möglichst aus einem Vergleich mit konkurrierenden Standorten resultierenden Stärken und Schwächen einer Stadt sind schließlich den ermittelten Chancen und Risiken gegenüberzustellen und auf dieser Basis grundsätzliche Leitlinien für die zukünftige Entwicklung einer Stadt abzuleiten. Da die Träger des Stadtmarketing sowohl für die Durchführung und Auswertung der jeweiligen Analysen als auch die Entwicklung des Leitbildes oftmals nicht ausreichende Methodenkompetenz besitzen, ist für ein derartiges Vorgehen die Unterstützung durch entsprechend qualifizierte Beratungs- und Meinungsforschungsinstitute bzw. wissenschaftliche Einrichtungen erwägenswert.[522]

Wird der Zweck eines Leitbildes nicht nur in der externen Kommunikation, sondern auch in seinem identitätsstiftenden Charakter innerhalb einer Stadt gesehen, so sind die vom Leitbild betroffenen Bezugsgruppen einer Stadt möglichst aktiv in dessen Erarbeitung einzubeziehen.[523] Insofern bietet sich eine **kooperative Leitbildentwicklung** an, bei der neben den Vertretern der Stadtmarketing-Führung auch breite Teile der Bürgerschaft berücksichtigt werden. Dabei offenbart sich jedoch ein häufig unlösbares Dilemma zwischen Ganzheitlichkeit und Operationalisierbarkeit im Stadtmarketing. Obgleich eine Bürgerpartizipation im Rahmen der Leitbilderstellung wünschenswert ist, kann mit zunehmender Anzahl der Bürgervertreter eine effiziente und konsensorientierte Diskussion oftmals nicht mehr gewährleistet werden. Während dies für Städte vom **Typ A** ggf. noch

---

[522] Vgl. Meyer, J.-A., Regionalmarketing, a. a. O., S. 92 f.

[523] Für die Entwicklung eines reinen PR-Leitbildes kann hingegen bereits die Erarbeitung innerhalb der Führungsebene im Rahmen eines hierarchischen Prozesses ausreichend sein. Vgl. Knieling, J., Leitbilder als Instrument der Raumplanung – ein Beitrag zur Strukturierung der Praxisvielfalt, in: Rauschelbach, B., Klecker, P. M. (Hrsg.), Regionale Leitbilder – Vermarktung oder Ressourcensicherung?, a. a. O., S. 33-38.

realistisch sein mag, erscheint bei größeren Städten ein basisdemokratisches Vorgehen unter Beteiligung sämtlicher Bewohner illusorisch.[524]

In solchen Fällen ist eine **phasenspezifische Differenzierung hinsichtlich Bürgerinformation und Bürgerpartizipation** vorzunehmen. Um eine Zersplitterung der inhaltlichen Diskussion zu vermeiden und den Prozess der Leitbildentwicklung zielgerichtet zu steuern, sollte auf der Basis einer Situationsanalyse ein erster Entwurf bereits innerhalb der Stadtmarketing-Trägerschaft generiert werden. Nachdem dieser den interessierten Bürgervertretern im Rahmen einer öffentlichen Veranstaltung oder aber durch begleitende Pressearbeit vorgestellt wurde, bietet sich für die anschließende Entwicklung konkreter Leitlinien eine themenspezifische Bildung von Arbeitskreisen an. Hierbei ist auf den aus der Aufteilung resultierenden Koordinationsbedarf hinzuweisen, dem bspw. durch eine regelmäßige Abstimmung der Arbeitskreisleiter Rechnung zu tragen ist. Neben der oftmals nur selektiv möglichen Bürgerpartizipation gilt es zudem, über Maßnahmen zur Integration der nicht dem Kern eines Arbeitskreises angehörenden Personen und Gruppierungen zu entscheiden. Dies könnte in Form von Bürgerforen erfolgen, in denen alle interessierten Bürger über die Ergebnisse der Arbeitskreise informiert werden und gleichzeitig im Rahmen einer Diskussionsrunde die Möglichkeit zu eigenen Beiträgen erhalten.[525] Nach Abschluss der Arbeit in den einzelnen Arbeitskreisen sollte der entwickelte Leitbildentwurf im Rahmen einer öffentlichkeitswirksamen Veranstaltung sowie mittels vor- und nachbereitender Pressearbeit an die breite Bürgerschaft kommuniziert werden, um eine entsprechend hohe Akzeptanz zu sichern und somit eine möglichst breite Verankerung der Stadtidentität zu gewährleisten.

In der Stadt Münster begann der „Integrierte Stadtentwicklungs- und Stadtmarketingprozess" zur Erarbeitung eines Leitprofils mit einer **öffentlichen Auftaktveranstaltung**, die dazu diente, den 480 anwesenden Bürgern die Zielsetzung einer gemeinsamen Leitbildentwicklung zu verdeutlichen und damit Motivation und Interesse an einer aktiven Beteiligung zu wecken (vgl. Abb. 35). Gleichzeitig bot

---

[524] Vgl. Grabow, B., Hollbach-Grömig, B., Stadtmarketing – Eine kritische Zwischenbilanz, a. a. O., S. 97.

[525] Für einen Überblick über Modelle und Ausgestaltungsformen von Bürgerforen vgl. Herrmann, H., Bürgerforen. Ein lokalpolitisches Experiment der Sozialen Stadt, Opladen 2002.

die Auftaktveranstaltung eine geeignete Plattform, die bereits in bürgerschaftlichen Arbeitskreisen und verwaltungsinternen Sitzungen geleistete Vorarbeit öffentlich zu präsentieren. Auf der Basis dieser Ergebnisse wurden **Werkstätten und Foren** zu den Themenfeldern „City", „Kunst und Kultur", „Wirtschaft und Wissenschaft", „Natur, Freizeit und Sport" sowie „Wohnen und Soziales" gebildet, die eine intensive Beteiligung von gesellschaftlichen Akteuren, Bürgerschaft und Verwaltung ermöglichten. In der ersten Werkstattphase fand eine konzentrierte Diskussion von jeweils ca. 20 ausgewählten Interessenvertreten bezüglich themenspezifischer Leitlinien sowie zukünftig anzustrebender Zielsetzungen für die Stadt Münster statt. Im Anschluss daran wurden die einzelnen Themenfelder „geöffnet" und damit allen bürgerschaftlichen Vertretern die Möglichkeit gegeben, die erarbeiteten Ergebnisse zu diskutieren bzw. eigene Vorschläge einzubringen.[526] Diese Vorschläge wurden wiederum in einer zweiten Werkstattphase aufgegriffen, in deren Rahmen neben der Formulierung themenspezifischer Leitbildkomponenten konkrete Projekt- und Maßnahmenvorschläge entwickelt wurden. Durch die vorgenommene Strukturierung des Erarbeitungsprozesses in Werkstätten und Foren verknüpfte die Stadt Münster somit ein effizientes und konsensorientiertes Arbeiten in Kleingruppen mit einer gleichzeitig breiten Bürgerbeteiligung.

---

[526] Wenngleich sich die Möglichkeit der Partizipation an sämtliche Bewohner einer Stadt richtet, so zeigen die Erfahrungen, dass der „Durchschnittsbürger" über eine Bürgerbeteiligung oftmals nicht erreicht wird. Artikulationsmöglichkeiten werden vor allem von Bürgern genutzt, die bereits in entsprechenden Gruppierungen organisiert sind. Damit besteht wiederum die Gefahr eines zu hohen Einflusses gewisser Interessengruppen, die es bei der Gestaltung eines partizipativen Leitbildentwicklungsprozesses zu berücksichtigen gilt. Vgl. hierzu Grabow, B., Hollbach-Grömig, B., Stadtmarketing – Eine kritische Zwischenbilanz, a. a. O., S. 93 f. Einen Ansatzpunkt zur Berücksichtigung der breiten Bürgerschaft stellt in diesem Zusammenhang die ex-ante-Erhebung der Bürgerinteressen im Rahmen einer repräsentativen Befragung dar. Im Sinne eines Korrektivs hat die Stadt Münster zu diesem Zweck vor Beginn des Erarbeitungsprozesses ca. 2000 Bewohner zu den gewünschten Zielen für die zukünftige Stadtentwicklung befragt. Stadt Münster (Hrsg.), Ergebnisse der Bürgerbefragung 2001 zu Zielen der Stadtentwicklung und zu Eigenschaften der Stadt (Stadtimage). Vorlage Nr. 55/2002, Münster 2002 sowie Hauff, Th., Braucht Münster ein neues Image? Empirische Befunde zum Selbst- und Fremdbild als Grundlage eines integrierten Stadtentwicklungs- und Stadtmarketingkonzeptes, in: Bischoff, C. A., Krajewski, Ch. (Hrsg.), Beiträge zur geographischen Stadt- und Regionalforschung. Festschrift für Heinz Heineberg, Münster 2003, S. 43 – 56.

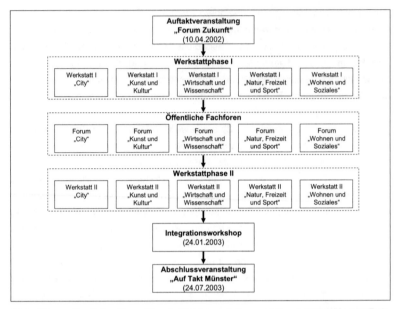

Abb. 35:   **Partizipatives Erarbeitungsverfahren eines Leitprofils im Rahmen des „Integrierten Stadtentwicklungs- und Stadtmarketingprozesses"**

Vor der öffentlichen Ergebnispräsentation wurden die zuvor isoliert erarbeiteten Leitlinien im Rahmen eines **Integrationsworkshops** zusammengeführt. Ziel dieser Veranstaltung, an der ca. 35 öffentliche und private Vertreter des Münsteraner Stadtmarketing teilnahmen, war die konsensuale Entwicklung eines Leitprofils für die Stadt Münster. Hierzu wurden die in den einzelnen Werkstätten und Foren erarbeiteten Ergebnisse auf Konflikte und Synergiepotenziale untersucht und zu einem integrierten Profil verdichtet. Im Rahmen einer **öffentlichen Abschlussveranstaltung** wurde dieses Profil in Form von Leitorientierungen der interessierten Bürgerschaft präsentiert (vgl. Abb. 36).

Abb. 36:   Leitprofil der Stadt Münster

Grundsätzlich hat ein Leitbild den **Anforderungen** der Authentizität, Konsensfähigkeit, Konsistenz, Langfristigkeit und Prägnanz zu genügen, um seine Funktionen für das Stadtmarketing erfüllen zu können.[527] Mit Blick auf die **Authentizität**
des Münster-Profils ist zu konstatieren, dass dieses durch eine umfassende Da-
tenbasis fundiert ist. Neben den Ergebnissen aus den Werkstätten und Foren
fanden die stadteigenen Bürgerumfragen sowie eine empirische Untersuchung
zur bundesweiten Wahrnehmung der Stadt Münster Eingang in die Leitbildentwicklung. Die **Konsensfähigkeit** der Leitbildformulierung konnte durch den partizipativen Erarbeitungsprozess und die abschließende öffentliche Präsentation
gewährleistet werden. Der vor der Abschlussveranstaltung durchgeführte Integ-
rationsworkshop trug dazu bei, dass die zuvor isoliert ermittelten Leitlinien nach
ihrer Zusammenführung ein hohes Maß an **Konsistenz** aufweisen. Selbst originär konfliktäre Themengebiete wie Wirtschaft und Lebensqualität wurden im
Rahmen des Gesamtprofils komplementär abgebildet. Durch die Formulierung
„wir werden…" sowie die Vermeidung zeitlicher Aussagen wurde zudem der
Langfristcharakter des Münster-Profils sichergestellt.

---

[527] Vgl. hierzu ausführlich Bleicher, K., Leitbilder – Orientierungsrahmen für eine integrative
Management-Philosophie, a. a. O., S. 51, Balderjahn, I., Standortmarketing, a. a. O., S. 100.

Bei der Entwicklung des Leitprofils für die Stadt Münster wurde dem integrativen Charakter eine besondere Bedeutung beigemessen. Zur Gewährleistung einer möglichst breiten Akzeptanz wurden Leitlinien aus unterschiedlichen Themengebieten in das Leitbild integriert, womit jedoch die **Prägnanz** seiner Formulierung tendenziell gefährdet ist. Um die Gefahr eines mangelnden Profilierungspotenzials zu vermeiden, wurde den beiden als „Profilspitzen" identifizierten Komponenten „Wissenschaft" und „Lebensart" eine exponierte Stellung eingeräumt. Während die überregionale Positionierung der Stadt auf der Basis der münsterspezifischen Kombination aus qualifizierten Bildungs- und Wissenschaftseinrichtungen mit einer hohen Lebensqualität erfolgen soll, dienen die weiteren Leitorientierungen als Profilstützen im regionalen bzw. lokalen Umfeld.

Wenngleich ein Leitbild als bedeutsames Bindeglied zwischen Koordination und Steuerung im Stadtmarketing anzusehen ist, geht aus dieser Darstellung hervor, dass sich die Entwicklung eines Leitbildes im Rahmen des identitätsorientierten Stadtmarketing stets in einem **Spannungsfeld zwischen Integrations- und Aussagekraft** bewegt. Kommt das Leitbild der für die zielgruppenorientierte Profilbildung wünschenswerten inhaltlichen Fokussierung nach, so kann die breite Verankerung einer Stadtidentität nur in Ansätzen gewährleistet werden. Werden hingegen die Interessengebiete möglichst vieler Vertreter koordiniert, so besteht die Gefahr, dass zu ungenaue Formulierungen der Funktion eines Leitbildes als normatives Steuerungsinstrument entgegenstehen.

Zur Gewährleistung des normativen Charakters eines Leitbildes erscheint deshalb eine **schriftliche Fixierung** zwingend erforderlich.[528] Häufig entfalten Leitorientierungen und -ideen erst dann handlungsleitende Kraft, wenn den betroffenen Interessenträgern ein in sich geschlossener, langfristiger Orientierungsrahmen vorliegt.[529] Um dies zu gewährleisten, sollte ein Stadt-Leitbild nach Abschluss des partizipativen Entwicklungsprozesses von den politischen Entscheidungsträgern verabschiedet werden. So wird auf der Grundlage des Leitprofils für die Stadt Münster dem Rat im Anschluss an den Erarbeitungsprozess ein

---

[528] Vgl. Bleicher, K., Leitbilder – Orientierungsrahmen für eine integrative Management-Philosophie, a. a. O., S. 52.

[529] Vgl. Werthmöller, E., Räumliche Identität als Aufgabenfeld des Städte- und Regionenmarketing - ein Beitrag zur Fundierung des Placemarketing, a. a. O., S. 187.

Vorschlag vorgelegt, der die **politische Verpflichtung** zur zielgerichteten Profilierung der Stadt bezweckt.

Anders als im Unternehmensbereich ist die idealtypische Einbindung der Leitbildentwicklung in einen Prozess mit anschließender Ziel- und Strategieentwick-
lung und darauf aufbauender Maßnahmenplanung und -implementierung im
Rahmen des identitätsorientierten Stadtmarketing wenig sinnvoll. Aufgrund der
Heterogenität möglicher Zielvorstellungen würden eine auf dem Leitbild basierende Zieldiskussion und die daraus resultierenden Konfliktpotenziale den identitätsstiftenden Charakter eines Leitbildes konterkarieren.[530] Die **Operationalisierung eines Stadt-Leitbildes** sollte somit auf der strategischen bzw. operativen
Ebene durch die Erarbeitung und Durchführung themenspezifischer Konzepte
erfolgen.[531] Die Umsetzung des Leitbildes in konkrete Maßnahmen muss dabei
nicht zwingend einem chronologischen Ablauf folgen, vielmehr können bereits in
der Leitbildentwicklungsphase Projekte und Maßnahmen implementiert werden,
sofern sie sich den bereits erarbeiteten Leitlinien unterordnen lassen.

2.24 Ausgewählte Gestaltungsparameter der identitätsorientierten Steu-
erung

Dem Prozessschema zur Identitätsentwicklung von WERTHMÖLLER folgend
schließt die schriftliche Fixierung eines Leitbildes die Phase der Bewusstwer-
dung stadtbezogener Identität ab.[532] Im Anschluss an die damit vollzogene Identität*sermittlung* kennzeichnet die Phase der Identität*svermittlung* an die interne
und externe Öffentlichkeit das Aufgabenfeld der zielgruppenorientierten Steuerung durch geeignete Maßnahmen. In der Gestaltungsphase des identitätsorientierten Stadtmarketing gilt es somit, das erarbeitete Leitbild im Rahmen eines

---

[530] Mit Rückgriff auf die Arbeiten von STAEHLE erscheinen unpräzise Leitorientierungen in
komplexen Entscheidungssituationen, wie sie im Stadtmarketing vorliegen, durchaus
sinnvoll. Zum einen können dadurch potenzielle Zielkonflikte vermieden werden, zum anderen erhalten undeutliche Formulierungen die Flexibilität und damit den individuellen Aktions-
spielraum der Entscheidungsträger. Vgl. Staehle, W. H., Management: Eine verhaltenswissenschaftliche Perspektive, a. a. O., S. 409 f.

[531] Vgl. Fellner, A., Kohl, M., Anforderungen an die Qualität von Leitbildern in der räumlichen
Planung, in: Rauschelbach, B., Klecker, P. M. (Hrsg.), Regionale Leitbilder – Vermarktung
oder Ressourcensicherung?, a. a. O., S. 58.

[532] Vgl. Werthmöller, E., Räumliche Identität als Aufgabenfeld des Städte- und Regionenmarketing - ein Beitrag zur Fundierung des Placemarketing, a. a. O., S. 186 f.

widerspruchsfreien **Identitäts-Mix**[533] – bestehend aus den Elementen des Stadt-
verhaltens (City Behavior), des Stadtdesigns (City Design) und der Stadtkommunikation (City Communication) – umzusetzen, um damit eine konsistente Verankerung der Stadtidentität zu erreichen. Aufgrund ihres engen Zusammenhangs
sind die drei Elemente des Identitäts-Mix parallel zu entwickeln und aufeinander
abzustimmen.[534]

2.241 Maßnahmen im Rahmen des Stadtverhaltens

Ein bedeutsames Instrument zur Verankerung der Stadtidentität innerhalb des
Selbst- und Fremdbildes stellt das Stadtverhalten dar.[535] Als maßgebliche Aus-
drucksform der Stadtidentität verlangt die **City Behavior** eine einheitliche und in
Bezug auf die angestrebte Stadtidentität schlüssige Ausrichtung aller Verhaltensweisen der relevanten Akteure im Innen- und Außenverhältnis.[536] Diese Forderung ergibt sich nicht zuletzt aus der Gefahr einer unklaren Stadtidentität, welche aus einem inkonsistenten und widersprüchlichen Verhalten resultieren kann.

Die Umsetzung eines einheitlichen Verhaltens als Instrument des Identitäts-Mix
gestaltet sich für eine Stadt ungleich schwieriger als für ein zentral geführtes Unternehmen. Insbesondere für die Städtetypen B und D, die durch eine große Anzahl beteiligter Akteure gekennzeichnet sind, erscheint die Gewährleistung einer
konsistenten City Behavior aufgrund der unterschiedlichen Interessenlagen problematisch. Hinzu kommt die Tatsache, dass im Stadtmarketing – anders als im
Unternehmensbereich – zwischen den einzelnen Organisationen und Institutio-

---

[533] Das Identitäts-Mix der Corporate Identity-Forschung wird von zahlreichen Autoren auf das
Stadtmarketing adaptiert. Vgl. exemplarisch Friese, M., Weil, V., Corporate Identity für
Städte, a. a. O., S. 49 ff., Meyer, R., Kottisch, A., Das „Unternehmen Stadt" im Wettbewerb.
Zur Notwendigkeit einer konsistenten City Identity am Beispiel der Stadt Vegesack, Bremen
1995, S. 16 f.

[534] Vgl. Meffert, H., Städtemarketing – Pflicht oder Kür?, a. a. O., S. 277 f.

[535] Bezogen auf den Unternehmensbereich kennzeichnen BIRKIGT/STADLER die Corporate
Behavior gar als das wichtigste und wirksamste Instrument zur Verankerung der Unter-
nehmensidentität. Vgl. Birkigt, K., Stadler, M. M., Corporate Identity – Grundlagen, a. a. O.,
S. 20.

[536] Vgl. Wimmer, F., Korndörfer, A., Imageanalyse Oberfranken – Basis eines regionalen
Marketing für die Region Oberfranken, in: Institut für Entwicklungsforschung im ländlichen
Raum Ober- und Mittelfranken e. V. (Hrsg.), Das Image Oberfrankens – Neue Initiativen im
Bereich des regionalen Marketings, Kronach u. a. 1995, S. 34.

nen kein hierarchisches Verhältnis besteht. Dies hat zur Folge, dass strukturelle Maßnahmen, die innerhalb eines Unternehmens zur Identitätsverankerung eingesetzt werden können, für eine Stadt als Ganzheit nicht anwendbar sind.[537]

Ist das Stadtmarketing jedoch zumindest teilweise in der **Stadtverwaltung** verankert, so besteht innerhalb der Verwaltung die Möglichkeit zur Anwendung derartiger struktureller Maßnahmen. Durch Instrumente des internen Marketing ist hierbei ein identitätskonformes Verhalten der Verwaltungsmitarbeiter gegenüber den internen und externen Zielgruppen anzustreben. Ein besonderer Stellenwert ist in diesem Zusammenhang der Vorbildfunktion der Führungskräfte und Amtsleiter beizumessen, die den Gedanken eines identitätsorientierten Stadtmarketing aktiv vorleben sollten.[538] Durch symbolische Handlungen und Verhaltensweisen können sie die Verwirklichung einer konsistenten und identitätsbezogenen City Behavior zielgerichtet beeinflussen. Im strukturellen Bereich sind die interne Kommunikation, die Arbeitsumgebung und auch die internen Qualifikations- und Beförderungssysteme auf Dauer konsistent an der Stadtidentität auszurichten.[539] Denkbar wäre hier etwa die Beförderung von Mitarbeitern, die sich in der Vergangenheit durch einen besonderen Einsatz für die Umsetzung der Stadtidentität ausgezeichnet haben.[540]

Neben dem Verhalten der Stadtverwaltung prägt in besonderem Maße das **Verhalten der Bürger** die Identität einer Stadt. Dieses wird determiniert durch die stadteigenen Normen, Traditionen und Gebräuche, aber auch vor allem durch die Mentalität ihrer Einwohner.[541] Im empirischen Teil dieser Arbeit wurde festgestellt, dass für die Städte Münster und Bielefeld ein Wahrnehmungsdefizit in Bezug auf den Faktor „Freundlichkeit der Menschen" besteht.[542] Ein solches –

---

[537] Vgl. Friese, M., Weil, V., Corporate Identity für Städte, a. a. O., S. 50.

[538] Vgl. auch die Ausführungen zur „Stadtkultur" in Kap. C.2.223 dieser Arbeit.

[539] Vgl. Wittke-Kothe, C., Interne Markenführung. Verankerung der Markenidentität im Mitarbeiterverhalten, Wiesbaden 2001, S. 156.

[540] Vgl. Allaire, Y., Firsirotu, M., How to Implement Radical Strategies in Large Organizations, in: Sloan Management Review, Heft 3, Spring 1985, S. 32 sowie zu weiteren personalpolitischen Maßnahmen des internen Marketing Meffert, H., Bruhn, M., Dienstleistungsmarketing. Grundlagen – Konzepte – Methoden, a. a. O., S. 577 ff.

[541] Vgl. Meffert, H., Städtemarketing – Pflicht oder Kür?, a. a. O., S. 277.

[542] Vgl. Kap C.1.52 bzw. C.1.54.

auf der typisch westfälischen Mentalität[543] – basierendes Defizit ist jedoch nicht oder nur sehr langfristig beeinflussbar. Allerdings kann das Ziel des identitätsorientierten Stadtmarketing nicht darin bestehen, die typischen Charaktereigenschaften der Bürger einer Stadt grundlegend zu ändern.[544] Vielmehr bildet die Mentalität der Bewohner eine Grundlage, auf der ein identitätsbasiertes Marketingkonzept aufbauen kann.[545] Gleichsam bestehen im Rahmen der „Stadtkultur" Ansatzpunkte zu einer partiellen Einflussnahme auf das Verhalten der Bürger. So sind etwa durch das Vorleben einer durch Freundlichkeit und Offenheit geprägten Kultur durch die Führungskräfte des Stadtmarketing langfristige Einstellungs- und Verhaltensänderungen der Bevölkerung durchaus denkbar.

2.242 Maßnahmen im Rahmen des Stadtdesigns

Maßnahmen des Stadtdesigns stellen die in der Praxis am häufigsten eingesetzten Gestaltungsparameter der Stadtidentität dar.[546] Zentrale Aufgabe des **City Designs** ist die optisch-visuelle Umsetzung des auf der stadtbezogenen Identität basierenden Leitbildes. Es beinhaltet die ästhetische und symbolische Identitätsvermittlung durch den abgestimmten Einsatz aller von den internen und externen Zielgruppen visuell wahrnehmbaren Elemente einer Stadt.[547] Hieraus ergeben sich mit der Stadtoptik und der Stadtsymbolik zwei verschiedene Einflussbereiche des Stadtdesigns.

---

[543] In Bezug auf das Münsterland hat MEFFERT die typischen Eigenschaften der dort lebenden Bewohner analysiert. Dabei stellte sich heraus, dass – in Relation zu den anderen Eigenschaften – die Münsterländer nur in begrenztem Maße als „heiter" und „offen" gelten. Vgl. Meffert, H., Regionenmarketing Münsterland. Ansatzpunkte auf der Grundlage einer empirischen Untersuchung, a. a. O., S. 71.

[544] Aus diesem Grund fokussierten die Ansatzpunkte zur Reduktion dieser Diskrepanz im empirischen Teil der Arbeit auf eine Einflussnahme auf die Soll-Vorstellungen. Vgl. Tab. 13 und Tab. 15.

[545] Vgl. Friese, M., Weil, V., Corporate Identity für Städte, a. a. O., S. 50 f.

[546] In über 90% der Städte, deren Marketingkonzept auf die Entwicklung einer Stadtidentität abzielt, kommen Maßnahmen aus dem Bereich des Stadtdesigns zum Einsatz. Vgl. Lalli, M., Plöger, W., Corporate Identity für Städte. Ergebnisse einer bundesweiten Gesamterhebung, a. a. O., S. 244.

[547] Vgl. Meffert, H., Marketing – Grundlagen marktorientierter Unternehmensführung, Konzepte – Instrumente – Praxisbeispiele, a. a. O., S. 707.

Die **Optik** einer Stadt umfasst neben ihrer Architektur und Infrastruktur auch geografische und topografische Elemente.[548] Anders als im Unternehmensbereich sind einer leistungspolitischen Beeinflussung derartiger optischer Aspekte im Stadtmarketing jedoch Grenzen gesetzt, zum einen, weil sich viele Leistungsdimensionen einer direkten Gestaltung entziehen, zum anderen, weil die Verantwortung für die Einflussnahme auf diese Bereiche nicht ausschließlich bei den Trägern des Stadtmarketing liegt.[549] Vor diesem Hintergrund liegen die Optionen des Stadtdesigns vornehmlich in der Vernetzung und Anpassung der dezentral und autonom erbrachten Einzelleistungen.[550] Eine komplette Neuentwicklung des Produkts „Stadt" ist aufgrund der Unveränderlichkeit zahlreicher Angebotskomponenten jedoch nicht möglich. Dennoch können partielle Einflussnahmen auf die Stadtoptik innovativen Charakter haben, wenn sich diese auf einzelne Leistungsbestandteile oder deren Kombination bezieht.

Zur Stärkung des innerhalb des Leitbildes verankerten kulturellen Profils plant die Stadt Münster bspw. die Errichtung eines „Kulturforum Westfalen", bestehend aus einer Musikhalle und einem Museum für Gegenwartskunst.[551] Dieses „Leuchtturmprojekt" im Rahmen der Bewerbung Münsters als „Europäische Kulturhauptstadt 2010" wird von einer breiten Trägerschaft gefördert und durch einen europaweit ausgeschriebenen Architektenwettbewerb unterstützt. Aufgrund der Tragweite des Projektvorhabens sowie der zentralen Lage innerhalb der Stadt geht mit dieser Maßnahme eine bewusste Änderung der Stadtoptik einher, die jedoch zu der im Leitprofil verankerten Identität der Stadt Münster konform ist.

Wenngleich sich zahlreiche Elemente des Stadtdesigns einer direkten Einflussnahme entziehen, so lassen sich diese durch **symbolische Maßnahmen** hervorheben bzw. in den Zusammenhang mit der Stadtidentität stellen.[552] Im Mittel-

---

[548] Vgl. Meffert, H., Städtemarketing – Pflicht oder Kür?, a. a. O., S. 277.

[549] Vgl. Friese, M., Weil, V., Corporate Identity für Städte, a. a. O., S. 49.

[550] Vgl. Spieß, S., Marketing für Regionen – Anwendungsmöglichkeiten im Standortwettbewerb, a. a. O., S. 115.

[551] Vgl. hierzu die Projektpräsentation im Internet unter www.kulturforum-westfalen.de.

[552] Vgl. Lalli, M., Plöger, W., Corporate Identity für Städte. Ergebnisse einer bundesweiten Gesamterhebung, a. a. O., S. 240. Die hohe Bedeutung symbolischer Bezugsgrößen für die Identitätsgestaltung resultiert aus dem häufig nur schwachen Interaktionszusammenhang

(Fortsetzung der Fußnote auf der nächsten Seite)

punkt der symbolischen Selbstdarstellung einer Stadt im Rahmen des identitätsorientierten Stadtmarketing steht dabei die konsequente identitätskonforme
Kennzeichnung der Leistungskomponenten. Eine besondere Bedeutung ist dabei dem Logo einer Stadt zuzuschreiben, welches als bildhafte Darstellungsform
eine eindeutige Charakterisierung des Absenders ermöglicht und damit eine
Stadt gegenüber anderen Städten abgrenzt. In Münster etwa repräsentiert das
im Logo verankerte historische Rathaus den Stellenwert der Stadt für den Westfälischen Frieden von 1648. Wenngleich in Kombination mit dem Schriftzug
„Stadt Münster" die Unverwechselbarkeit des Logos gewährleistet ist, so ist der
Identitätsbezug dieser symbolischen Darstellung zu hinterfragen. Im Hinblick auf
die im aktuellen Leitbild verankerte Profilspitze „Wissenschaftstadt" wäre für die
Logogestaltung z. B. eine Substitution des historischen Rathauses durch das
Münster-Schloss – als Symbol für die den Bildungs- und Wissenschaftsbereich
charakterisierende, überregional bekannte Westfälische Wilhelms-Universität –
erwägenswert (vgl. Abb. 37).

**Abb. 37:   Mögliche Ausgestaltung eines identitätskonformen Logos der
Stadt Münster**

Die im Rahmen der Symbolik erfolgende Markierung des stadtbezogenen Angebots erscheint vor allem für die **Städtetypen C** und **D** von Bedeutung, die durch

stadtbezogener Identität. Vgl. Weichhardt, P., Raumbezogene Identität. Bausteine zu einer
Theorie räumlich-sozialer Kognition und Identifikation, a. a. O., S. 70.

eine hohe Angebotskomplexität gekennzeichnet sind. Für eine themenfeldüber-
greifend konsistente Darstellung einer Stadt sind hierzu formale Richtlinien fest-
zulegen, die über die Verwendung des Logos hinausgehen. Erstrebenswert sind
Mindestvorgaben bezüglich Farbe, Typografie sowie Schriftart und -stil, die im
Rahmen eines Design-Manuals festzulegen sind. Zur breiten Verankerung der
Gestaltungselemente des City Designs ist dieses Manual von möglichst vielen
Interessengruppen einzusetzen, wobei zusätzlich auf die Verträglichkeit zu be-
reits existierenden Logos o. ä. zu achten ist.[553]

2.243   Maßnahmen im Rahmen der Stadtkommunikation

Um ein einheitliches Bild der Stadt nach innen und außen zu vermitteln, ist das
im Leitbild verankerte Identitätsprofil durch kommunikative Maßnahmen zu unterstützen. Die **City Communication** beinhaltet somit den abgestimmten und
widerspruchsfreien Einsatz sämtlicher Kommunikationsinstrumente des Stadtmarketing.[554] Eine konsistente Stadtkommunikation prägt in hohem Maße die
interne und externe Wahrnehmung einer Stadt und konstituiert damit die anzustrebende Stadtidentität. Maßnahmen der Kommunikation bilden das grundsätzlich flexibelste Instrument im Rahmen des Identitäts-Mix, da sie sowohl den pla-
nungsgesteuert-strategischen als auch den anlassbedingt-operativen Einsatz
ermöglichen.[555]

Ähnlich dem Unternehmensbereich wird auch die Kommunikation einer Stadt in
besonderem Maße durch Name und Slogan beeinflusst. Der **Name** einer Stadt
gilt dabei als wichtigster Wiedererkennungsfaktor und prägt somit die Stadtidentität in höchstem Maße.[556] Beispiele wie Dachau, Bitterfeld, Dinkelscherben oder
Faulungen verdeutlichen jedoch das hieraus resultierende Dilemma historisch
gewachsener und etablierter Namen für das identitätsorientierte Stadtmarketing.

---

[553] Vgl. Flade, F., Regional-Marketing – Umsetzung am Beispiel Oberfranken, in: Institut für
Entwicklungsforschung im Ländlichen Raum Ober- und Mittelfrankens e. V. (Hrsg.), Das
Image Oberfrankens – Neue Initiativen im Bereich des regionalen Marketings, a. a. O., S.
80.

[554] Vgl. allg. Meffert, H., Marketing – Grundlagen marktorientierter Unternehmensführung,
Konzepte – Instrumente – Praxisbeispiele, a. a. O., S. 707.

[555] Vgl. Birkigt, K., Stadler, M. M., Corporate Identity – Grundlagen, a. a. O., S. 22.

[556] Vgl. Antonoff, R., Corporate Identity für Städte, a. a. O., S. 1.

Auch wenn mit Städtenamen eindeutig negative Assoziationen verbunden werden, so ist eine Namensänderung politisch kaum realisierbar. Ebenso resultieren aus neutralen, jedoch profillosen „Allerweltsnamen" (z. B. Neustadt) Schwierigkeiten im Hinblick auf die Herausstellung einer einzigartigen Stadtidentität. Hier kann jedoch möglicherweise durch Namenszusätze (z. B. Neustadt an der Weinstraße) die gewünschte Unverwechselbarkeit herbeigeführt werden.[557]

Mit der inhaltlichen Erweiterung des Stadtnamens ist zugleich die Entwicklung eines **Slogans** als Instrument der Stadtkommunikation angesprochen. Ein Stadt-Slogan ist ein kurzer und eingängiger Satz, der die Identität einer Stadt in einem einprägsamen Motto wiedergeben soll.[558] Dies verdeutlicht die Schwierigkeit, die sich bei zunehmender Komplexität des marketingrelevanten Angebots im Hinblick auf die Formulierung eines prägnanten Slogans im Rahmen der Stadtkommunikation ergibt. Grundsätzlich existieren drei unterschiedliche Ansatzpunkte für die Ausgestaltung eines Stadt-Slogans, die jedoch eine typenbezogen unterschiedliche Eignung aufweisen (vgl. Tab. 19). Für kleinere Städte ohne echte Profilspitzen bietet sich ein Hinweis auf die **geografische Lage** an, um damit eine eindeutige Lokalisierung und Identifizierung zu unterstützen (z. B. „Rieneck – Das Tor zur Rhön!"). Nicht zur Identitätsbildung geeignet ist dagegen die Verwendung sog. „Leerformeln" wie etwa die Formulierung „in der Mitte/im Herzen Deutschlands/Europas gelegen".[559] Städte der **Typen A** und **C**, die durch wenige Profilkomponenten und damit eine klar fokussierte Identität gekennzeichnet sind, können ihre Identität durch die Herausstellung dieser **Themenfelder** im Slogan kommunizieren (z. B. „Bad Segeberg – Eine Stadt spielt Indianer!"). Die größten Probleme, zugleich jedoch auch die meisten Optionen zur Gestaltung eines prägnanten Slogans, bieten sich für die **Städtetypen B** und **D**, deren Angebot durch ein hohes Maß an Mehrdimensionalität gekennzeichnet ist. Denkbar wäre

---

[557] Vgl. Niedner, M., Markenpolitik für Städte und Regionen, in: Bruhn, M. (Hrsg.), Handbuch Markenartikel, Band 1, Wiesbaden 1994, S. 1654.

[558] Vgl. Kotler, Ph., Haider, D., Rein, I., Standort-Marketing. Wie Städte, Regionen und Länder gezielt Investitionen, Industrien und Touristen anziehen, Düsseldorf u. a. 1994, S. 191.

[559] Vgl. Schückhaus, U., Stadtmarketing in Zeiten knapper Kassen, in: VOP, Heft 3, 1995, S. 164, Lilienbecker, J., Regionale Zusammenarbeit als Grundlage eines Regionenmarketing, in: Rektor der Technischen Universität Illmenau (Hrsg.), Erfolgsfaktor Marketing – für Regionen, Mittelstand und Technologien, Tagungsband zum 8. Illmenauer Wirtschaftsforum, Illmenau 1996, S. 56 f.

hier, anstatt der Herausstellung einzelner Angebotskomponenten eine themen-
feldübergreifende und identitätsbezogene Idee durch die Hervorhebung **abstrakter Eigenschaften** zu kommunizieren (z. B. „Hannover überrascht!"). Lassen
sich wie im Fall der Stadt Münster trotz eines mehrdimensionalen Angebots einige zentrale Profilspitzen identifizieren, so bietet sich auch eine **kombinatorische
Verknüpfung** dieser Identitätsfaktoren, ggf. in Verbindung mit charakteristischen
Eigenschaften an. Ein Beispiel eines Slogans wäre die Formulierung „Münster –
Wissen, Wirken, Wohlfühlen", die mit den Begriffen „Wissen" und „Wohlfühlen"
die münsterspezifische Kombination aus Wissenschaftsstadt und Lebensqualität
aufgreift und durch das Wort „Wirken" zudem eine dynamische Komponente integriert. Allerdings sollte eine mögliche Begriffskombination auf wenige Themengebiete begrenzt werden, da ansonsten die Gefahr einer Identitätsverwässerung
besteht.

Art des Slogans	Beispiele
Herausstellung der **geografischen Verankerung**	„Mülheim – Stadt am Fluss!" „Hof – In Bayern ganz oben und auch auf der Höhe!" „Rieneck – Das Tor zur Rhön!" „Konstanz – Die Stadt zum See!" „Koblenz – Die einzige Stadt an Rhein und Mosel!"
Herausstellung von **Angebots-komponenten**	„Pilsen – Stadt des Bieres!" „Waltrop – Stadt der Schiffshebewerke!" „Bad Segeberg – Eine Stadt spielt Indianer!" „Fellbach – Stadt der Weine und Kongresse!"
Herausstellung von **Eigenschaften**	„Berlin – offene Stadt!" „Hannover überrascht!" „Rietberg – siebenmal sympathisch!" „Uns schöner Trier!" „Norderstedt – Eine Idee voraus!"

Tab. 19:   Ausgewählte Slogans von Städten

Neben der Entwicklung eines Slogans bestehen die Ansatzpunkte der City
Communication in den aus dem Unternehmensbereich bekannten Kommunikati-
onsinstrumenten.[560] Hierzu ist vor allem die Durchführung **stadtbezogener
Events** (z. B. Stadtteilfeste, Jubiläen) zu zählen, die durch die Verknüpfung von

---

[560] Für einen umfassenden Überblick über die Instrumente der Marketingkommunikation vgl.
Meffert, H., Marketing – Grundlagen marktorientierter Unternehmensführung, Konzepte –
Instrumente – Praxisbeispiele, a. a. O., S. 712 ff.

Emotion und Information[561] ein großes identitätsstiftendes Potenzial aufweisen. Aufgrund des hohen öffentlichen Interesses im kommunalen Kontext erlangen zudem Maßnahmen der **Öffentlichkeitsarbeit** eine besondere Bedeutung im Rahmen des Stadtmarketing.[562] Ziel dieser Maßnahmen ist es, ein konsistentes und identitätskonformes Bild einer Stadt bei der internen und externen Öffentlichkeit zu erzeugen. Hierbei stehen zum einen Formen der klassischen Werbung, wie etwa Plakataktionen, Anzeigenserien[563] oder Broschüren als direkte PR-Instrumente zur Verfügung. Zum anderen gilt es, einen guten Kontakt zu den lokalen Medien aufzubauen, um damit eine positive und identitätsorientierte Berichterstattung in Presse, Radio und Fernsehen zu erreichen.

Der Zielsetzung einer einheitlichen Identitätsverankerung folgend ist im Rahmen der City Communication eine möglichst große Konsistenz der Kommunikationsmaßnahmen zu gewährleisten. Hierbei stehen jedoch insbesondere die den **Typen B** und **D** zuzuordnenden Städte vor einem Absenderproblem. So resultieren aus der Vielzahl unterschiedlicher Absender stadtbezogener Kommunikation (z. B. Wirtschaftsförderung, Reisebüros, Bürgerberatung) potenzielle Bruchstellen, die wiederum zu widersprüchlichen kommunikativen Äußerungen und damit einer Schwächung der Stadtidentität führen können. Für derartige Konstellationen ist die Sicherstellung einer **integrierten Kommunikation** von hoher Bedeutung.[564] Dabei bezieht sich die formale Integration auf die Festlegung absenderübergreifender Gestaltungsprinzipien[565] wie etwa Farbgestaltung, Symbolik oder auch einen einheitlicher Kommunikationsstil.[566] Im Rahmen der inhaltlichen In-

---

[561] Vgl. Zanger, C., Event-Marketing, in: Diller, H. (Hrsg.), Vahlens großes Marketinglexikon, a. a. O., S. 439-442.

[562] Vgl. Raffée, H., Fritz, W., Wiedmann, K.-P., Marketing für öffentliche Betriebe, Stuttgart u. a. 1994, S. 222.

[563] Vgl. hierzu die Praxisbeispiele kommunaler Werbekampagnen bei Töpfer, A., Mann, A., Kommunikation als Erfolgsfaktor im Marketing für Städte und Regionen, Spiegel-Verlagsreihe Fach und Wissen, Band 11, Hamburg 1995, S. 101 ff.

[564] Vgl. Bruhn, M., Integrierte Unternehmenskommunikation. Ansatzpunkte für eine strategische und operative Umsetzung integrierter Kommunikationsarbeit, 2. Aufl., Stuttgart 1995, Kroeber-Riel, W., Integrierte Marketingkommunikation. Eine Herausforderung an die strategische Kommunikation und Kommunikationsforschung, in: Thexis, Heft 2, 1993, S. 2-5.

[565] Vgl. hierzu auch die Ausführungen zum Stadtdesign im vorangegangenen Kapitel.

[566] Die Regionenmarketinginitiative Aktion Münsterland e. V. hat z. B. eindeutige Vorgaben hinsichtlich Tonalität und Sprache des Marketingauftritts festgelegt. „Die Sprache, ob gedruckt oder gesprochen, ist stets geprägt von Optimismus, Mut, Zuversicht,

(Fortsetzung der Fußnote auf der nächsten Seite)

tegration ist demgegenüber eine auf der Stadtidentität aufbauende konsistente Botschaftsgestaltung erforderlich. Zeitliche Integration schließlich beschreibt die dem Langfristcharakter der Identität entsprechende Sicherstellung von Kommunikationskontinuität.

Im Rahmen der City Communication sieht sich das identitätsorientierte Stadtmarketing einem **Spannungsfeld zwischen Identitätsvermittlung und Zielgruppenorientierung** ausgesetzt. Einerseits erfordert eine effiziente Marketingkommunikation ein segmentspezifisches Vorgehen.[567] Andererseits kann jedoch eine zu starke Orientierung an den heterogenen Zielgruppen einer Stadt die Konsistenz der Kommunikation und damit auch der Stadtidentität gefährden. Wenngleich diese Problematik vermutlich nicht vollständig lösbar ist, so bieten sich mit dem Einsatz Neuer Medien wie etwa dem Internet durchaus Ansatzpunkte zur identitätskonformen Berücksichtigung unterschiedlicher Informationsbedürfnisse (vgl. Abb. 38).

Entschlossenheit, Seriösität, Ehrlichkeit, Selbstbewußtsein, Stolz, Klarheit, Wahrheit, Verantwortung, Zukunftsorientierung, Geschichts- und Traditionsbewußtsein und Humor. Vgl. Schmitz, H., Münsterland – Berge sind nicht unbedingt Voraussetzung für Weitsicht, Münster 1999, S. 154.

[567] Vgl. Meffert, H., Marketing – Grundlagen marktorientierter Unternehmensführung, Konzepte – Instrumente – Praxisbeispiele, a. a. O., S. 682.

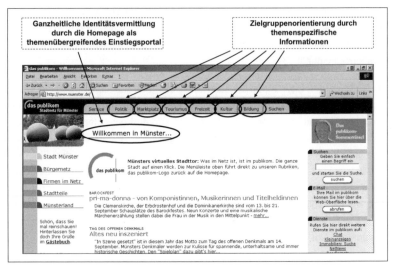

Abb. 38:   Internet-Auftritt der Stadt Münster

Die **Homepage einer Stadt** stellt zunächst eine geeignete Plattform dar, um die Stadtidentität auf einer zielgruppenübergreifenden Ebene zu präsentieren. Darauf aufbauend besteht für den einzelnen Nutzer die Möglichkeit der Informationsselektion in den einzelnen Themenfeldern (z. B. Politik, Wirtschaft, Tourismus). Die im World Wide Web verwirklichbaren Hyperlinkstrukturen ermöglichen hierbei eine zielgruppenspezifische Pull-Kommunikation, mit der die Streuverluste einer Push-Kommunikation bei interdependenten Zielgruppen zumindest eingeschränkt werden können.

Zur Verankerung der Stadtidentität innerhalb des Selbstbildes ist die Erstellung eines Bürgerinformationssystems eine geeignete Maßnahme, in dessen Rahmen Informationen zur Politik, Wirtschaft, Kultur, Freizeit, Verkehr etc. abgebildet werden können.[568] Eine interaktive Erweiterung des Angebots – z. B. durch Online-Foren – kann das Identifikationspotenzial eines solchen Bürgerportals zusätzlich verstärken. Ebenso bieten sich Informationen für potenzielle Existenz-

---

[568]   Vgl. Lackes, R., Stadtmarketing im Internet – Gestaltungsmöglichkeiten und empirischer Befund, a. a. O., S. 175.

gründer an, die zudem über das Internet in direkten Kontakt mit den zuständigen Ämtern treten können. Neben den internen Zielgruppen ist die Gestaltung der Homepage in besonderem Maße auf externe Interessenten auszurichten, da das Internet oftmals als erster Kontaktpunkt zu einer Stadt genutzt wird. Im Fremdenverkehr etwa kann das Internet nicht nur der Informationsübermittlung dienen, sondern gleichzeitig als Instrument der Preis- bzw. Distributionspolitik herangezogen werden.

Die Gestaltung des Internetauftritts einer Stadt stellt somit einen bedeutenden Gestaltungsparameter der City Communication dar. Die besondere Eignung für das identitätsorientierte Stadtmarketing resultiert dabei aus der parallelen Möglichkeit einer ganzheitlichen und zielgruppenspezifischen Darstellung der die Stadtidentität prägenden Identitätsfaktoren. Dies erfordert jedoch die konsistente und identitätskonforme Abstimmung aller auf der Homepage dargestellten Themenfelder.

2.25 Synoptische Darstellung

Vor dem Hintergrund des Spannungsfeldes zwischen einer notwendigen Berücksichtigung kontingenzbezogener Aspekte und den mit einer individuellen Betrachtungsweise verbundenen forschungsökonomischen Restriktionen bildete die Identifikation von Städtetypen den Ausgangspunkt der Ableitung von Ansatzpunkten für die Ausgestaltung des identitätsorientierten Stadtmarketing. Mit der Anzahl der am Stadtmarketing beteiligten Interessenvertreter als Subjektdimension und der Anzahl der marketingrelevanten Themenfelder als Objektdimension wurde für die Typenbildung auf die beiden für das Stadtmarketing zentralen komplexitätsinduzierenden Dimensionen zurückgegriffen. Tab. 20 verdeutlicht überblicksartig die in den vorangegangenen Kapiteln erarbeiteten Ansatzpunkte und typenbezogenen Unterschiede der Ausgestaltung des identitätsorientierten Stadtmarketing.

Gestaltungs-parameter	Typ A	Typ B	Typ C	Typ D
Anzahl der Interessenvertreter	wenige	viele	wenige	viele
Anzahl der Themenfelder	wenige	wenige	viele	viele
Organisatorische Ausgestaltung	Arbeitskreis als flexible Kooperationsform mit guten Integrationsmöglichkeiten	Stabilisierung der Trägerschaft im Rahmen privatrechtlicher Organisationsformen (GmbH, e. V.) / ggf. Kombination	Arbeitskreis als flexible Kooperationsform mit guten Integrationsmöglichkeiten	Stabilisierung der Trägerschaft im Rahmen privatrechtlicher Organisationsformen (GmbH, e. V.) / ggf. Kombination
Abstimmungs-mechanismen	Möglichkeit der Entscheidungsfindung im Rahmen des Konsensprinzips	Mehrheits- bzw. Führungsprinzip als geeignete Mechanismen der Entscheidungsfindung	Möglichkeit der Entscheidungsfindung im Rahmen des Konsensprinzips / ggf. Führungsprinzip	Mehrheits- bzw. Führungsprinzip als geeignete Mechanismen der Entscheidungsfindung
„Stadtkultur"	Gemeinsam getragene inhaltliche und wertmäßige Vorstellungen oftmals vorhanden	Entwicklung und Förderung einer „Stadtkultur" durch • **Personalpolitische Maßnahmen** (Einstellung, Weiterbildung etc.) • **Identitätsorientierte Kommunikation** • **Symbolische Repräsentation** der Führungskräfte		
Leitbildentwicklung	Fundierung durch eine **Situationsanalyse** • Selektive **Bürgerpartizipation** (z. B. in Arbeitsgruppen) • Breite **Bürgerinformation** (z. B. in öffentlichen Foren) • **Schriftliche Fixierung** zur Gewährleistung des normativen Charakters • **Politische Legitimation**	Zunehmende Bedeutung der **partizipativen** Entwicklung eines **Leitbildes** als Orientierungsrahmen für das Stadtmarketing		
Identitäts-Mix	• Geringe Problematik einer integrativen Ausrichtung des Identitäts-Mix • Slogan-Gestaltung durch **Themenfelder** bzw. Hinweis auf die **geografische Lage**	• Prägung **identitätskonformer Verhaltensweisen** durch die Führungskräfte • Slogan-Gestaltung durch Herausstellung einzelner **Themenfelder** • **Integrierte Kommunikation**	• **Vernetzung** der dezentral erbrachten Einzelleistungen • Festlegung formaler Richtlinien in einem **Design-Manual** • Slogan-Gestaltung durch Herausstellung von **Eigenschaften** bzw. **Kombination von Identitätsfaktoren** • **Integrierte Kommunikation** • Zielgruppenorientierte Identitätsvermittlung im **Internet**	• Prägung **identitätskonformer Verhaltensweisen** durch die Führungskräfte • **Vernetzung** der dezentral erbrachten Einzelleistungen • Festlegung formaler Richtlinien in einem **Design-Manual** • Slogan-Gestaltung durch Herausstellung durch Kombination von **Eigenschaften** • **Integrierte Kommunikation** • Zielgruppenorientierte Identitätsvermittlung im **Internet**

Tab. 20: Zusammenfassende Darstellung der typenbezogenen Ausgestaltung des identitätsorientierten Stadtmarketing

D. Schlussbetrachtung und Ausblick

1. Zusammenfassende Würdigung der Untersuchungsergebnisse

Ausgangspunkt der vorliegenden Arbeit waren die aus den **komplexitätsstei-gernden Charakteristika** einer Stadt resultierenden spezifischen Führungsher-ausforderungen an das Stadtmarketing. Während mit der Pluralität der Willens-bildung ein besonderer **Koordinationsbedarf** einhergeht, ergeben sich aus der Vielschichtigkeit des kommunalen Angebots spezielle Anforderungen an die zielgruppenorientierte **Steuerung**. Angesichts der oftmals nur rudimentären und isolierten Berücksichtigung der beiden Führungsaspekte in der Literatur bestand das Ziel der vorliegenden Arbeit zunächst in der Konzeptionierung eines den Koordinations- und Steuerungsbedarf integriert berücksichtigenden **Führungs-modells** für das Stadtmarketing. Die Entwicklung eines wissenschaftlichen Refe-renzkonzepts wurde dabei von der Hypothese getragen, dass das sozialwissen-schaftliche Identitätskonstrukt als inhaltlicher Referenzpunkt der Stadtmarketing-Führung einen Beitrag zur Koordination und Steuerung im Stadtmarketing leisten kann. Aufbauend auf der Generierung eines identitätsbasierten Führungskon-zepts bestand das weitere Anliegen der Arbeit in der empirisch fundierten Ablei-tung von Ansatzpunkten für die Ausgestaltung eines identitätsorientierten Stadt-marketing.

In einem ersten Schritt der Arbeit wurden aus einer Analyse der führungsrelevan-ten Spezifika des Stadtmarketing inhaltliche und konzeptionelle **Anforderungen an ein stadtspezifisches Führungskonzept** abgeleitet. Mit Blick auf den Koor-dinationsbedarf hat ein **inhaltlicher Referenzpunkt** für die Stadtmarketing-Führung einen Beitrag zur Integration und Stimulation der vielfältigen Interes-senvertreter sowie zur Stabilisierung der existierenden Systemstrukturen zu leis-ten. Hinsichtlich der zielgruppenorientierten Steuerung wurde angesichts der stadtspezifischen Zielproblematik die Notwendigkeit eines zukunftsbezogenen Zielsurrogats sowie der Differenzierung und der Risikoreduktion auf der Ziel-gruppenebene ausgemacht. Die **konzeptionellen Anforderungen** an die Mo-dellentwicklung bezogen sich auf die integrierte Betrachtung der Innen- und Au-ßenperspektive des Stadtmarketing, die modellmäßige Erfassung der Träger-struktur, die Aufdeckung von Zielkonflikten sowie die Berücksichtigung der spezi-fischen Rolle der Bürger als Zielgruppen und Akteure des Stadtmarketing.

Unter Berücksichtigung der inhaltlichen Anforderungen galt es entsprechend der Eingangshypothese zu überprüfen, inwieweit das interdisziplinär diskutierte **Identitätskonstrukt** als inhaltlicher Referenzpunkt für das Stadtmarketing geeignet ist. Angesichts der geringen Anzahl betriebswirtschaftlicher Untersuchungen wurde hierbei auf Erkenntnisse sozialwissenschaftlicher Nachbardisziplinen zurückgegriffen. Bezugnehmend auf die Arbeiten zur geografischen Regionalbewusstseinsforschung konnte die grundsätzliche Bedeutung räumlicher Bezugsebenen für identifikatorische Prozesse sowie der **besondere Stellenwert der Mikroebene Stadt für die Identitätsbildung** im Vergleich mit anderen räumlichen Maßstabsbereichen abgeleitet werden. Auf dieser Basis wurden als Grundlage für die empirische Analyse sowie die Ableitung stadtbezogener Nutzenpotenziale des Identitätskonstrukts Ansatzpunkte zur Operationalisierung des Begriffs der Stadtidentität herausgearbeitet. Dabei zeigte sich, dass mit der kognitiv-orientierten Identifizierung *von* einer Stadt und der affektiv-geprägten Identifikation *mit* einer Stadt zwei grundsätzliche Interpretationsformen stadtbezogener Identität existieren. Während die räumliche Identitätsforschung bislang auf den affektiven Aspekt der Identität fokussierte, wurde im Rahmen der vorliegenden Arbeit – unter Berücksichtigung der konstitutiven Identitätsmerkmale der Konsistenz, Kontinuität, Individualität und Wechselseitigkeit – aus dreierlei Gründen der **kognitive Bedeutungskomplex der Stadtidentität** in den Mittelpunkt gerückt: Erstens stehen beide Begriffsauffassungen in einer Mittel-Zweck-Beziehung, wobei die kognitive Wahrnehmung einer Stadt Voraussetzung für die Entwicklung eines stadtbezogenen Verbundenheitsgefühls ist. Zweitens ermöglicht die Bezugnahme auf die kognitive Interpretation einen Erklärungsbeitrag zum Steuerungsaspekt, während die Identifikation *mit* einer Stadt vornehmlich auf die interne Koordination fokussiert. Drittens schließlich erfordert der Differenzierungsgedanke des Marketing ein mehrdimensionales Konstrukt, welches durch die holistische Interpretation des emotionalen Verbundenheitsgefühls nicht gewährleistet werden kann.

Die inhaltliche Präzisierung des stadtbezogenen Identitätsbegriffs bildete den Ausgangspunkt für die **Analyse der Nutzenpotenziale der Stadtidentität** im Rahmen der Koordination und Steuerung. Bezugnehmend auf die zuvor abgeleiteten inhaltlichen Anforderungen an ein Referenzkonstrukt für die Stadtmarketing-Führung konnte aufgezeigt werden, dass die Stadtidentität auf der Ebene der **Koordination** eine Integrations-, Motivations- und Systemstabilisierungsfunktion übernimmt. Auf der Ebene der **Steuerung** erfüllt die Stadtidentität die Funktionen eines zukunftsbezogenen Zielsurrogats, der Differenzierung und der

Risikoreduktion für die Zielgruppen. Die koordinations- und steuerungsbezogenen Nutzenpotenziale der Stadtidentität ergeben sich dabei mehrheitlich aus der
aus dem Zusammenhang zwischen Identität und Vertrauen abgeleiteten „Metafunktion" der Komplexitätsreduktion stadtbezogener Identität.

Vor dem Hintergrund des theoriegestützt abgeleiteten Beitrags der Stadtidentität
für die Koordination und Steuerung im Stadtmarketing galt es in einem nächsten
Schritt, ein auf dem Identitätskonstrukt basierendes **praktisch-normatives Referenzkonzept** für das Stadtmarketing zu erarbeiten. Angesichts der Bedeutung
der Identität für die Markenführung sowie des in anderen Zusammenhängen bereits erfolgten Transfers von Ansatzpunkten der Markenforschung auf das
Stadtmarketing wurde dabei auf den in der Marketingwissenschaft entwickelten
identitätsorientierten Ansatz der Markenführung zurückgegriffen. Im Kern dieses Ansatzes steht im Sinne einer Verknüpfung zwischen Inside-Out- und Outsi-
de-In-Betrachtung die Annahme, dass die Stärke der Identität durch das Zusammenspiel zwischen dem internen Aussagenkonzept – dem Selbstbild – und
dem Akzeptanzkonzept der Zielgruppen – dem Fremdbild – determiniert wird. Mit
der integrativen Berücksichtigung einer Innen- und Außenperspektive, der Aufdeckung potenzieller Konfliktfelder im Rahmen der Koordination und der Steuerung sowie der Erfassung der Doppelfunktion der Bürger als Zielgruppen und
Akteure im Rahmen des Selbstbildes trägt dieser Ansatz den zentralen konzeptionellen Anforderungen an ein Führungskonzept für das Stadtmarketing Rechnung.

Allerdings verdeutlichte die für das Stadtmarketing charakteristische heterogene
Trägerstruktur die Grenzen eines unreflektierten Transfers des identitätsorientierten Ansatzes auf das Stadtmarketing. Um eine modellmäßige Erfassung der
Trägerstruktur innerhalb des Selbstbildes zu gewährleisten, war somit eine Modifikation des aus der Markenforschung bekannten Konzepts vorzunehmen. Dabei
zeigte sich, dass die im Kontext des Industriegütermarketing entstandene Theorie des organisationalen Beschaffungsverhaltens angesichts der multipersonalen
Entscheidungsfindung sowie der kontextabhängigen Zusammensetzung der Anbieterstruktur zahlreiche Parallelen zum Stadtmarketing aufweist. In Anlehnung
an ein „Selling Center" konnte eine **rollenbezogene Interpretation der Trägerschaft** des Stadtmarketing erarbeitet werden, deren besonderer Beitrag für die
Modellentwicklung in der allgemeingültigen Erfassung der Anbieterstruktur des
Stadtmarketing zu sehen ist.

Als normativer Bezugsrahmen des identitätsorientierten Stadtmarketing wurde anschließend ein **modifiziertes Gap-Modell** entwickelt, welches angesichts der Unterscheidung in eine Soll- und eine Ist-Komponente eine differenzierte Analyse der Ursachen möglicher Konfliktpotenziale zwischen Selbst- und Fremdbild ermöglicht. Um den Spezifika des Stadtmarketing gerecht zu werden, wurden neben dem Fremdbild aus Sicht der externen Zielgruppen mit dem Selbstbild der Bürger sowie dem der Träger des Stadtmarketing zwei verschiedene Aussagenkonzepte in das Gap-Modell integriert, womit eine umfassende Berücksichtigung des Koordinations- und Steuerungsbedarfs gewährleistet werden konnte.

Im Rahmen der empirischen Analyse des identitätsorientierten Stadtmarketing galt es als Grundlage für das weitere Vorgehen zunächst, die theoriegestützt abgeleitete **Tragfähigkeit der lokalen Ebene für identitätsbildende Prozesse** empirisch zu überprüfen. Dabei zeigte sich, dass die Mikroebene Stadt im Vergleich zu übergeordneten räumlichen Bezugsebenen (z. B. Region, Nation) für die Zielpersonen die stärkste Identifikationsbasis bildet.

Die anschließend durchgeführte **empirische Fundierung** des konzeptionell erarbeiteten Gap-Modells offenbarte, dass der stadtspezifische Führungsbedarf vornehmlich aus den als stadtbezogene Zielgruppeneinstellungen interpretierten Soll-Ist-Abweichungen resultiert, welche jeweils größer ausfielen als die Differenzen zwischen Selbst- und Fremdbild. Allerdings verdeutlichten die aus der Einbeziehung einzelner Trägergruppen resultierenden 109 Identitätslücken die hohe Komplexität einer integrierten Analyse des Koordinations- und Steuerungsbedarfs. Zur Reduktion dieser Komplexität wurde hieraus im Sinne eines einheitlichen Aussagenkonzepts die **Notwendigkeit einer ex-ante-Koordination der Trägerschaft** gefolgert, der im Rahmen der empirischen Untersuchung durch eine sukzessive Analyse des Koordinations- und Steuerungsbedarfs Rechnung getragen wurde.

Die **Analyse des Koordinationsbedarfs** abstrahierte zunächst von Wahrnehmungen der Zielgruppen und rückte stattdessen die Differenzen der Soll-Vorstellungen einzelner Trägergruppen in den Mittelpunkt. Die empirischen Ergebnisse verdeutlichten dabei die Abstimmungsnotwendigkeit der Trägerschaft, die in Abhängigkeit von den einzelnen Rollen sowie den betrachteten Themenfeldern unterschiedlich ausgeprägt war. Daran anknüpfend wurden mit der Ausrichtung der Trägervorstellungen an den Erwartungen der Bürger exemplarische Ansatzpunkte für die Abstimmung der Trägerschaft abgeleitet. Die dabei erhobenen Diskrepanzen zwischen den Trägern und Bewohnern implizieren eine

stärkere Bürgerintegration in das Stadtmarketing, um eine Angleichung der divergierenden Soll-Vorstellungen innerhalb des Selbstbildes zu gewährleisten.

Unter der Prämisse einer ex-ante-Koordination der Trägerschaft fokussierte die **Analyse des stadtbezogenen Steuerungsbedarfs** auf die zielgruppenbezogenen Identitätslücken zwischen Selbst- und Fremdbild. Im Sinne einer effizienzorientierten Ableitung von Implikationen wurden auf Basis der Größe der Gaps sowie der Relevanz einzelner Themenfelder für das Zielgruppenurteil Maßnahmenprioritäten für das Stadtmarketing identifiziert. Hier ergab sich im Kern, dass die ermittelten Veränderungsprofile vornehmlich aus den **Anforderungen der eigenen Bürger** resultieren.

Der interkommunale Vergleich der Städte Bielefeld, Dortmund und Münster offenbarte einen relativ schwachen Veränderungsdruck für die Stadt Münster, der in den gering ausgeprägten Identitätslücken seinen Ausdruck fand. Demgegenüber konnten für die Städte Bielefeld und Dortmund größere Verbesserungspotenziale im Hinblick auf die Zielgruppeneinstellungen aufgezeigt werden. Wenngleich sich aus den empirisch simulierten Anpassungsmaßnahmen für alle untersuchten Städte neben einer Einstellungsverbesserung im Selbst- und Fremdbild auch eine verringerte Diskrepanz zwischen der Selbst- und Fremdwahrnehmung ergab, so konnten die Identitätslücken für die Stadt Münster deutlich am stärksten geschlossen werden. Insgesamt implizierte die empirische Analyse die Notwendigkeit einer **integrativen zielgruppenorientierten Steuerung**, die in den aufgedeckten Wirkungszusammenhängen zwischen Selbst- und Fremdbild sowie dem Zusammenwirken der simulierten Veränderungsmaßnahmen begründet liegt.

Im letzten Schritt der Arbeit galt es, losgelöst von der quantitativ geprägten Vorgehensweise der empirischen Modellanalyse **Ansatzpunkte für die Ausgestaltung des identitätsorientierten Stadtmarketing** abzuleiten, wobei mit der Abstimmung innerhalb der Trägerschaft, der Bürgerpartizipation sowie der integrativen Steuerung die zentralen, empirisch abgeleiteten Gestaltungsparameter im Mittelpunkt standen. Vor dem Hintergrund des Spannungsfeldes zwischen einer notwendigen kontingenzbezogenen Vorgehensweise und den forschungsökonomischen Restriktionen einer individuellen Betrachtungsperspektive wurden bezugnehmend auf die Subjekt- und Objektdimension des Stadtmarketing **Städtetypen** gebildet, die für eine differenzierte Betrachtung der Implikationen herangezogen wurden.

Einen ersten Ansatzpunkt für die Verankerung der Stadtidentität im Rahmen der Koordination stellt die **Schaffung organisatorischer Rahmenbedingungen** dar. Anhand eines Kriterienkataloges wurden mit der Verankerung des Stadtmarketing innerhalb der Stadtverwaltung sowie der Gründung eines Arbeitskreises, eines Stadtmarketing-Vereins sowie einer GmbH unterschiedliche organisationale Konfigurationen im Hinblick auf ihr Koordinationspotenzial miteinander verglichen. Während in einer frühen Phase des Stadtmarketing bzw. bei einer geringen Anzahl beteiligter Interessenvertreter die Verwaltungslösung sowie ein Arbeitskreis zweckmäßig sind, bieten sich für größere Städte aufgrund der höheren Stabilität die Gründung eines Vereins oder einer GmbH an. Um eine Einbindung möglichst vieler Interessenvertreter zu gewährleisten, ist zudem eine komplexe Organisationsstruktur im Sinne einer Kombination unterschiedlicher Einzelformen erwägenswert.

Für die Koordination der Interessenvertreter wurden anschließend mit dem Konsensprinzip, dem Mehrheitsprinzip und dem Führungsprinzip mögliche **Entscheidungsmechanismen** der Stadtmarketing-Trägerschaft aufgezeigt. Die als wünschenswert zu erachtende Konsensbildung der Akteure ist dabei vornehmlich für Städte mit wenigen Interessenvertretern praktikabel, während bei zunehmender Anzahl der Beteiligten auf die Abstimmung im Rahmen des Mehrheitsbzw. Führungsprinzips zurückzugreifen ist.

Neben strukturellen und formalen Rahmenbedingungen stellt bei zunehmender Komplexität der kommunalen Kontextbedingungen die Schaffung einer „**Stadtkultur**" einen wichtigen Gestaltungsparameter des identitätsorientierten Stadtmarketing dar. Wenngleich eine „Stadtkultur" keine zielgerichtet beeinflussbare Instrumentalvariable des Stadtmarketing darstellt, so ergeben sich mit personalpolitischen Maßnahmen sowie der kommunikativ-symbolischen Repräsentationsfähigkeit der Führungskräfte einige Ansatzpunkte für die Entwicklung eines gemeinsam getragenen Werte- und Normensystems.

Eine zentrale Rolle für sämtliche Städtetypen kommt der Entwicklung eines **Leitbildes** als Bindeglied zwischen Koordination und Steuerung im Stadtmarketing zu. So dient ein Leitbild auf interner Ebene als Orientierungsrahmen für die beteiligten Akteure, während es zugleich die externe Wahrnehmung einer Stadt wesentlich determiniert. Vor diesem Hintergrund wurde die Notwendigkeit einer Bürgerpartizipation am Prozess der Leitbildentwicklung herausgestellt, wobei eine phasenspezifische Differenzierung hinsichtlich Bürgerpartizipation und Bürgerinformation vorzunehmen ist.

Die Gewährleistung einer **integrierten Steuerung** im Stadtmarketing wurde abschließend im Rahmen der Ausgestaltung des Identitäts-Mix diskutiert. So vermag die Prägung **identitätskonformer Verhaltensweisen** der Verwaltungsmitarbeiter durch die Führungskräfte zu einer konsistenteren Wahrnehmung einer
Stadt führen. Zur Sicherstellung eines einheitlichen Auftritts stellen Maßnahmen
des **Designs** einen weiteren Parameter des identitätsorientierten Stadtmarketing
dar. Neben der nur schwierig zu beeinflussenden Optik einer Stadt bieten sich
mit symbolischen Maßnahmen – wie etwa der identitätskonformen Ausgestaltung
eines Logos – Ansatzpunkte für eine einheitliche Markierung des kommunalen
Angebots. Ferner vermag eine **integrierte Kommunikation** einen konsistenten
Auftritt einer Stadt gegenüber den internen und externen Zielgruppen zu gewährleisten. Neben der Eignung unterschiedlicher Slogan-Gestaltungen für die einzelnen Städtetypen wurde in diesem Zusammenhang auch die Bedeutung der
Homepage einer Stadt für eine ganzheitliche und zugleich zielgruppenorientierte
Identitätsvermittlung aufgezeigt.

Angesichts der interdisziplinär abgeleiteten Nutzenpotenziale der Identität für
das Stadtmarketing stellt die vorliegende Arbeit eine **praktisch-normative Weiterentwicklung der raumbezogenen Identitätsforschung** dar. Mit dem identitätsorientierten Stadtmarketing wurde erstmals ein konzeptioneller Bezugsrahmen entwickelt, der nicht zuletzt durch die rollenbezogene Interpretation der
Trägerstruktur des Stadtmarketing eine integrative Erfassung des Koordinations-
und Steuerungsbedarfs ermöglicht. Die sowohl empirisch als auch konzeptionell
abgeleiteten Ansatzpunkte für die Ausgestaltung des identitätsorientierten
Stadtmarketing verdeutlichen dabei den hohen Anwendungsbezug der Untersuchungsergebnisse.

2. Ansatzpunkte einer zielgruppenbezogenen Weiterentwicklung des identitätsorientierten Stadtmarketing

Die Ergebnisse der vorliegenden Arbeit haben aufgezeigt, dass sich das Stadtmarketing einem **Spannungsfeld zwischen Identitätsvermittlung und Zielgruppenorientierung** ausgesetzt sieht.[569] Das identitätsorientierte Stadtmarketing erfordert auf der einen Seite eine konsistente und somit übergreifende Profi-

---

[569] Vgl. Kap. C.2.243.

lierung bei sämtlichen Zielgruppen einer Stadt. Dies steht jedoch auf der anderen Seite den Anforderungen einer effizienten Marktbearbeitung durch eine differenzierte Profilierung und Ausrichtung an den Zielgruppenbedürfnissen gegenüber. Angesichts der Fokussierung der empirischen Analyse auf eine zielgruppenübergreifende Marktbearbeitung sollen im Folgenden Ansatzpunkte zu einer zielgruppenspezifischen Weiterentwicklung des identitätsorientierten Stadtmarketing aufgezeigt werden.

Grundlegende Voraussetzung für eine differenzierte Marktbearbeitung ist die Identifikation in sich homogener, untereinander aber möglichst heterogener Zielgruppen.[570] Für die Bildung derartiger Marktsegmente stehen mit geografischen, soziodemografischen, psychografischen und verhaltensorientierten Segmentierungskriterien unterschiedliche Merkmale zur Zielgruppenerfassung zur Verfügung.[571] Eine besondere Eignung für die Markterfassung im Stadtmarketing kann dabei der **Einstellungssegmentierung** zugesprochen werden. So verfügt das Einstellungskonstrukt im Vergleich zu anderen Kriterien einerseits über einen hohen Erklärungsbeitrag hinsichtlich des Zielgruppenverhaltens und gewährleistet andererseits die soziodemografische Identifizierbarkeit der Zielsegmente in besonderem Maße.[572] Neben einer hohen zeitlichen Stabilität erfüllt eine einstellungsbezogene Segmentierung darüber hinaus die Gütekriterien der Objektivität, Validität und Reliabilität.[573]

Anknüpfend an den empirischen Teil der vorliegenden Untersuchung konnten auf Basis der Idealeinstellungen der Bundesbürger drei externe Zielsegmente für

---

[570] Vgl. Meffert, H., Marketing – Grundlagen marktorientierter Unternehmensführung, Konzepte – Instrumente – Praxisbeispiele, a. a. O., S. 181 ff.

[571] Vgl. Freter, H., Marktsegmentierung, Stuttgart u. a. 1983, S. 43 f., Kotler, Ph., Bliemel, F., Marketing-Management, Analyse, Planung, Umsetzung und Steuerung, 9. Aufl., Stuttgart 1999, S. 456.

[572] Vgl. Frömbling, S., Zielgruppenmarketing im Fremdenverkehr von Regionen: ein Beitrag zur Marktsegmentierung auf der Grundlage von Werten, Motiven und Einstellungen, Frankfurt a. M. u. a. 1993, S. 183 bzw. S. 266.

[573] Vgl. ebenda, S. 185 f.

das Stadtmarketing identifiziert werden. Abb. 39 zeigt das Ergebnis der zu diesem Zweck durchgeführten Clusteranalyse.[574]

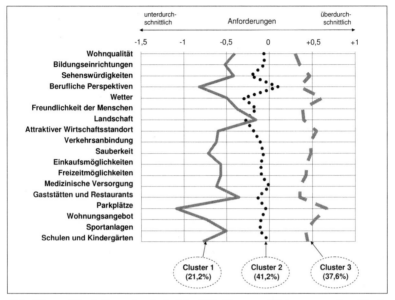

Abb. 39: **Einstellungsbasierte Identifikation von Zielgruppen des Stadtmarketing**

Dem **ersten Cluster** gehören 21,2% der befragten Bundesbürger an, womit es die kleinste der identifizierten Zielgruppen darstellt. Bis auf den Faktor „Landschaft" zeichnet sich dieses Zielsegment in Bezug auf sämtliche Items durch geringere Soll-Anforderungen aus als die beiden anderen Zielgruppen. Besonders

---

[574] Die Bildung einstellungsbasierter Zielgruppen des Stadtmarketing erfolgte auf Basis eines dreistufigen Vorgehens. Die um fehlende Werte bereinigte Stichprobe wurde mittels des hierarchisch-agglomerativen Single-Linkage-Verfahrens zunächst auf sog. Ausreißer untersucht, die von der weiteren Analyse ausgeschlossen wurden. Um Ansatzpunkte über die optimale Clusteranzahl zu gewinnen, kam in einem zweiten Schritt das Ward-Verfahren zum Einsatz. Die angegebene Fehlerquadratsumme im Rahmen des Fusionierungsprozesses ergab dabei eine 3-Cluster-Lösung. Die Centroide dieser Gruppen dienten in einem dritten Schritt als Startpartition für eine Verfeinerung der Clusterlösung mittels einer partitionierenden Clusterzentrenanalyse. Vgl. zum Anwendungsspektrum der Clusteranalyse ausführlich Backhaus et al., Multivariate Analysemethoden. Eine anwendungsorientierte Einführung, a. a. O., S. 479 ff.

auffällig sind hier die unterdurchschnittlichen Anforderungen an die Berufsperspektiven, das Parkplatzangebot sowie die Schulen und Kindergärten einer
Stadt.

Mit 41,2% der Befragten bildet das **zweite Cluster** den größten Anteil der externen Stichprobe. Die Anforderungen dieser Zielgruppe sind bis auf das Item „Berufliche Perspektiven" jeweils leicht unterdurchschnittlich ausgeprägt.

Mit 37,6% der befragten Personen gehören über ein Drittel der Bundesbürger
dem **dritten Cluster** an. Hinsichtlich jedes analysierten Items stellt dieses Zielsegment überdurchschnittliche Idealanforderungen. Besonders stark ausgeprägt
sind hier die Ansprüche an das Parkplatzangebot sowie das Wetter, vergleichsweise geringe Anforderungen stellen die Befragten dieses Clusters an die Faktoren „Wohnqualität", „Bildungseinrichtungen" sowie „Gaststätten und Restaurants".

Angesichts der deutlich divergierenden Idealvorstellungen der einzelnen Cluster
stellt ein **themenfeldspezifisches selektives Stadtmarketing** eine Option für
eine effizientere Marktbearbeitung dar. Fokussiert etwa die Stadt Münster ihre
auf den Faktor „Wetter" bezogenen Marketingaktivitäten (z. B. Sportangebot,
Outdoor-Aktivitäten) auf die Zielsegmente 1 und 2, so geht hiermit sowohl eine
Verbesserung der externen Zielgruppeneinstellungen als auch eine deutliche
Annäherung der realen Selbst- und Fremdwahrnehmung einher (vgl. Abb. 40).[575]
Aufgrund eines aus der empirischen Analyse abgeleiteten Wettbewerbsnachteils
der Stadt Münster bezüglich des Items „Wetter" wird das dritte Cluster, welches
hier die höchsten Anforderungen stellt, von der Marktbearbeitung ausgeschlossen. Durch eine Fokussierung auf die Zielgruppen 1 und 2 verbleibt mit mehr als
60% der bundesdeutschen Gesamtbevölkerung weiterhin eine ausreichend große potenzielle Zielgruppe.

---

[575] Die auf den Faktor „Wetter" bezogenen Soll-Selbstbilder der Zielgruppen weisen Werte von
2,96 (Cluster 1), 2,77 (Cluster 2) und 1,85 (Cluster 3) auf, während die diesbezüglichen Ist-
Selbstbilder Werte von 3,05 (Cluster 1), 2,90 (Cluster 2) und 2,44 (Cluster 3) annehmen.

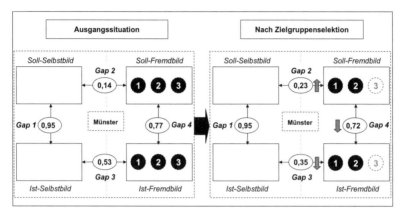

Abb. 40:   **Auswirkungen einer selektiven Marktbearbeitung am Beispiel des Faktors „Wetter" der Stadt Münster**

Trotz des Potenzials einer Zielgruppenselektion im Hinblick auf eine effizientere Marktbearbeitung sieht sich ein derart differenziertes Stadtmarketing einigen Herausforderungen ausgesetzt. Neben der Gefahr einer Identitätsverwässerung durch eine zielgruppenabhängig unterschiedliche Marktbearbeitung erfordert ein solches Vorgehen eine gezielte Zielgruppenansprache, da sich die vorzunehmende Selektion nur auf das betroffene Themenfeld beziehen darf. Die Konzeption des Stadtmarketing ist somit auf eine themenfeldspezifische Zielgruppenansprache bei gleichzeitiger Wahrung einer konsistenten Identitätsvermittlung auszurichten.

Angesichts ähnlicher Problemzusammenhänge hat die Marketingwissenschaft im Rahmen des „Corporate Branding" Lösungsansätze zur Verknüpfung einer zielgruppenübergreifenden mit einer zielgruppenspezifischen Marktbearbeitung durch die Gestaltung einer Markenarchitektur entwickelt. Grundidee einer Markenarchitektur ist die Systematisierung der Marken eines Unternehmens in einem **hierarchischen Orientierungsrahmen**.[576] Während die übergeordnete Unternehmensmarke dabei zur konsistenten Profilierung bei sämtlichen Ziel-

---

[576] Vgl. etwa Keller, K. L., Strategic Brand Management: building, measuring and managing brand equity, Prentice Hill 1998, S. 409 ff., Aaker, A. D., Joachimsthaler, E., Brand Leadership, Ney York 2000, S. 129 ff.

gruppen beiträgt, sind die Geschäftsbereichsmarken an den Interessen einzelner Kundensegmente bzw. spezifischen Leistungspotenzialen ausgerichtet.[577] Abb. 41 verdeutlicht diesen Ansatz anhand des Spannungsfeldes zwischen identitätsorientiertem und zielgruppenbezogenem Stadtmarketing.

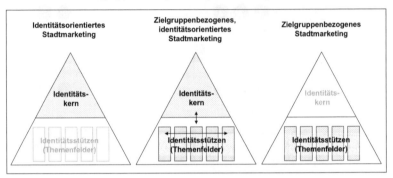

Abb. 41:   Hierarchiebezogene Kombination von zielgruppen- und identitätsorientiertem Stadtmarketing

Während das identitätsorientierte Stadtmarketing den Identitätskern – verstanden als die stadtspezifische Kombination von Identitätsfaktoren – in den Mittelpunkt rückt und das zielgruppenbezogene Stadtmarketing interessenorientierte Themenfelder in den Vordergrund stellt, wird mit dem **zielgruppenbezogenen, identitätsorientierten Stadtmarketing** eine Kombination beider Ansätze angestrebt.[578]

Eine derartige Konzeption des Stadtmarketing erfordert zunächst eine Entscheidung hinsichtlich der **Anwendungsfelder der beiden Identitätsebenen.** So könnte der auf einer abstrakten Ebene zu definierende Identitätskern einer Stadt für die übergreifende Profilierung im Gesamtmarkt herangezogen werden. Angesichts der anzustrebenden Einzigartigkeit des Identitätskerns bietet dieser eine geeignete Grundlage für eine nationale bzw. internationale Ausrichtung des

---

[577] Vgl. Bierwirth, A., Die Führung der Unternehmensmarke. Ein Beitrag zum zielgruppenorientierten Corporate Branding, a. a. O., S. 121.

[578] Vgl. hierzu die unterschiedlichen Markenhierarchiestrategien bei Laforet, S., Saunders, J., Managing Brand Portfolios: Why Leaders do what they do, in: Journal of Advertising Research, Heft 1/2 1999, S. 51-66.

Stadtmarketing. Mit einer gesamtmarktbezogenen einheitlichen Penetration des Identitätskerns können der Bekanntheitsgrad einer Stadt gesteigert sowie positive Image- und Wiedererkennungseffekte bei den Zielgruppen erzielt werden. Gegenüber der übergreifenden Ausrichtung des Identitätskerns kommen die als Identitätsstützen bezeichneten Themenfelder in Teilmärkten zum Einsatz. Diese Teilmärkte können sich entweder auf zielgruppenbezogene Segmente oder aber aufgrund des geringeren Profilierungspotenzials der Identitätsstützen auf ein begrenztes räumliches Umfeld beziehen. Im Unterschied zu der auf psychografische Bewusstseinsprozesse abzielenden Herausstellung des Identitätskerns weist das themenfeldspezifische Stadtmarketing einen größeren Transaktionsbezug auf.

Einen weiteren Entscheidungstatbestand stellt in diesem Zusammenhang die Frage nach einer möglichen **Integration des Identitätskerns in die zielgruppenbezogene Marktbearbeitung** dar. So kann es trotz einer starken Zielgruppenorientierung sinnvoll sein, das themenspezifische Stadtmarketing durch einen übergreifenden Stadt-Slogan zu ergänzen, um auf diese Weise die Identitätsvermittlung auch im Rahmen des zielgruppenorientierten Stadtmarketing zu gewährleisten.

Diese Option einer simultanen Identitäts- und Zielgruppenorientierung wirft wiederum die Frage nach dem **Integrationsgrad** der beiden Hierarchieebenen auf. Hier besteht einerseits die Möglichkeit, den Identitätskern in den Vordergrund zu rücken und damit die Identitätsvermittlung im Rahmen der Zielgruppenorientierung zu betonen, während andererseits dem Identitätskern eine untergeordnete bzw. ergänzende Rolle eingeräumt werden kann, um auf diese Weise einen hohen Zielgruppenbezug unter Berücksichtigung der Identitätsvermittlung zu gewährleisten. In beiden Fällen ist die Sicherstellung eines horizontalen und vertikalen Fits eine zentrale Voraussetzung für die Integration der beiden Identitätsebenen.

Die Ausführungen dokumentieren, dass das im Rahmen dieser Arbeit im Mittelpunkt stehende identitätsorientierte Stadtmarketing keinen Widerspruch zu einer zielgruppenbezogenen Marktbearbeitung bildet, sondern sich vielmehr beide Ansätze konzeptionell miteinander verknüpfen lassen. Die in der Markenforschung entwickelten Ansatzpunkte stellen hierbei eine Ausgangsbasis dar, die es ggf. zu modifizieren, durch weitere Forschungserkenntnisse zu ergänzen und im Hinblick auf eine kontextbezogene Anwendung zu überprüfen gilt.

3.   Implikationen für weiterführenden Forschungsbedarf

Den eingangs formulierten Untersuchungszielen entsprechend wurden im Rahmen der vorliegenden Arbeit die führungsrelevanten Spezifika des Stadtmarketing aufgezeigt und mit dem identitätsorientierten Stadtmarketing ein Lösungsansatz entwickelt, der durch die integrierte Berücksichtigung des Koordinations-
und Steuerungsbedarfs der stadtspezifischen Komplexität Rechnung trägt. Mit
Blick auf die Untersuchungsergebnisse sowie die angesichts der Breite des Untersuchungsspektrums gebotene Konzentration auf zentrale Zusammenhänge
lassen sich verschiedene **Ansatzpunkte für weiterführende Forschungsarbeiten** ableiten:

- Den Anforderungen an ein stadtspezifisches Führungskonzept folgend wurde mit der rollenbezogenen Interpretation der Anbieterstruktur ein Ansatz zur
  modellmäßigen Erfassung der Trägerschaft des Stadtmarketing entwickelt.
  Vor dem Hintergrund der empirisch analysierten Soll-Vorstellungen wurde
  dabei jedoch auf eine detaillierte Analyse der hinter den Akteuren stehenden
  Motive verzichtet. Angesichts der kontextunabhängigen geringen Stich-
  probengröße der Trägerschaft des Stadtmarketing ist die Aussagekraft einer
  empirischen Analyse jedoch nur begrenzt gegeben. Da die Motivlagen der
  Akteure eine hohe verhaltenssteuernde Wirkung im Hinblick auf die koordi-
  nativen Abstimmungsmechanismen besitzen, ist eine theoretisch-konzeptionelle **Analyse der akteursspezifischen Interessenlagen** wünschenswert.
  Für die Ableitung gehaltvoller Thesen erscheint dabei ein Rückgriff auf Forschungserkenntnisse aus der ökonomischen Theorie der Politik, der Verbände sowie der Bürokratien zweckmäßig.[579]

- Mit dem identitätsorientierten Stadtmarketing fand im Rahmen dieser Arbeit
  eine konzeptionell und empirisch fundierte praktisch-normative Weiterentwicklung der raumbezogenen Identitätsforschung statt. Anknüpfend daran
  ergibt sich für die Marketingforschung einerseits die Forderung einer weiteren **konzeptionellen Durchdringung des Identitätskonstrukts** mit Bezug
  zur Gestaltungsdimension eines entscheidungsorientierten Stadtmarketing.
  Andererseits ist auch die **Entwicklung alternativer Operationalisierungsansätze** im Hinblick auf die empirische Fundierung des identitätsorientierten Stadtmarketing wünschenswert. Angesichts der existierenden Zusammenhänge ist hier zu überprüfen, inwieweit sich Lösungsansätze für eine
  integrierte Erfassung des Koordinations- und Steuerungsbedarfs im Rahmen

---

[579] Vgl. Spieß, S., Marketing für Regionen – Anwendungsmöglichkeiten im Standortwettbewerb,
a. a. O., S. 179.

einer empirischen Analyse ergeben. Zudem erscheint es notwendig, den in der vorliegenden Untersuchung eingenommenen Fokus auf gesellschaftliche Zielgruppen um wirtschaftsbezogene Aspekte zu erweitern bzw. die empirische Analyse durch eine Unternehmensbefragung zu ergänzen.

- Ein besonderer Ansatzpunkt zur Weiterentwicklung der Untersuchungsergebnisse stellt sich im Rahmen der **Wirkungsforschung des Stadtmarketing**. Hier sind zum einen die Auswirkungen identitätsorientierter Marketingmaßnahmen auf das Zielgruppenverhalten (z. B. Besuchshäufigkeiten, Investitionen) konzeptionell und empirisch zu untersuchen. Als Grundlage einer Effizienzbeurteilung gilt es zum anderen, adäquate Verfahren zur Messung der Erfolge des identitätsorientierten Stadtmarketing zu entwickeln. Derartige Ansätze haben die grundsätzlichen Schwierigkeiten einer Erfolgskontrolle im Stadtmarketing zu berücksichtigen, die in den oftmals nichtökonomischen Zielsetzungen, dem Einfluss exogener Faktoren sowie der problematischen inhaltlichen und zeitlichen Erfassung der Kausalzusammenhänge begründet liegen.[580]

- Dem Grundgedanken einer systematischen Forschung folgend wurde für die Ableitung von Gestaltungsempfehlungen für das identitätsorientierte Stadtmarketing eine Städtetypologie entwickelt. Auf konzeptionelle Weise wurden für die Typenbildung die zu Beginn der Arbeit als komplexitätsdeterminierend herausgestellten Dimensionen „Anzahl der Interessenvertreter" und „Anzahl der Themenfelder" herangezogen. Aus Objektivitätsgründen ist die hier vorgenommene **Typologisierung** im Rahmen weiterführender Arbeiten **empirisch zu fundieren** sowie ggf. zu modifizieren. Dies erscheint umso bedeutsamer, als dass die Komplexität des Untersuchungsspektrums eine strukturierte Vorgehensweise erfordert.

- Als zentrales Forschungsgebiet für das Stadtmarketing ist das skizzierte **Spannungsfeld zwischen einer konsistenten Identitätsvermittlung und einer differenzierten Zielgruppenorientierung** anzusehen. Wie bereits angedeutet, stellt die Markenforschung in diesem Zusammenhang einige vielversprechende Lösungsansätze bereit. Im Einzelnen ist hier zu prüfen, inwieweit ein Transfer horizontaler Markenstrategien sowie vertikaler Marken-

---

[580] Vgl. zu dieser Thematik Bornemeyer, C., Erfolgskontrolle im Stadtmarketing, a. a. O., S. 34 ff., Faulkner, B., A Model for the Evaluation of National Tourism Destination Marketing Programs, in: Journal of travel research, Heft 35, 1997, S. 23-32.

hierarchien und -architekturen auf das Stadtmarketing möglich und zweckmäßig ist.[581]

- Mit dem identitätsorientierten Stadtmarketing ist die vorliegende Arbeit durch
  einen bewusst lokalen Fokus gekennzeichnet. Vor dem Hintergrund zunehmender Regionalisierungstendenzen sowie der skizzierten Potenziale der
  Mesoebene Region für identitätsbildende Prozesse bietet sich jedoch eine
  Erweiterung des Forschungsanliegens auf eine regionale Ebene an. Einerseits wird das regionale Umfeld oftmals in die Entscheidungen der Zielgruppen des Stadtmarketing einbezogen.[582] Andererseits bietet insbesondere für kleine Städte die Einbindung in den regionalen Kontext – etwa durch
  die Bildung von Städtekooperationen – einen Ansatzpunkt zur Erhöhung der
  Wettbewerbsfähigkeit. Mit Blick auf die Steuerung sind hier Konzepte für einen parallelen Marktauftritt der Stadt- und Regionsebene zu entwickeln, wobei es den aus der Einbindung weiterer Akteure resultierenden erhöhten Abstimmungsbedarf im Rahmen der Koordination zu berücksichtigen gilt.

Insgesamt verdeutlichen die Ausführungen den Bedarf weiterer Forschungsarbeiten zur Lösung spezifischer Fragestellungen des Stadtmarketing. Die Untersuchungsergebnisse haben gezeigt, dass im Rahmen der Marketingwissenschaft mit Erkenntnissen aus der Markenforschung sowie des Industrie-, Kon-
sumgüter- und Dienstleistungsmarketing Lösungsansätze zu ähnlichen Problemfeldern entwickelt wurden. Im Zusammenhang mit den hier aufgegriffenen
Ansatzpunkten der sozialpsychologischen und geografischen Identitätsforschung verdeutlicht dies die Notwendigkeit einer stärkeren Vernetzung der unterschiedlichen Forschungsdisziplinen für das Stadtmarketing.

---

[581] Zu den Ausprägungsformen horizontaler Markenstrategien vgl. Meffert, H., Marketing –
Grundlagen marktorientierter Unternehmensführung, Konzepte – Instrumente –
Praxisbeispiele, a. a. O., S. 856 ff. sowie zur Ausgestaltung von Markenhierarchien bzw. -
architekturen Aaker, A. D., Joachimsthaler, E., Brand Leadership, a. a. O., S. 129 ff.,
Kapferer, K. L., Strategic Brand Management, a. a. O., S. 187 ff.

[582] Vgl. Ashworth, G. J., Voogd, H., Can places be sold for Tourism?, in: Ashworth, G. J.,
Goodall, B. (Hrsg.), Marketing Tourism Places, a. a. O., S. 8.

Anhang

Anhang I: Fragebögen der empirischen Untersuchung

Westfälische Wilhelms-Universität Münster
Institut für Marketing
Direktor: Prof. Dr. Dr. h.c. mult. H. Meffert

Forschungsprojekt

„Stadtmarketing"

Stichprobe: Selbstbild

Dipl.-Kfm. Christian Ebert • Institut für Marketing • Am Stadtgraben 13-15 • 48143 Münster

Telefon: 0251/83-22936 • Telefax: 0251/83-28356 • email: 14cheb@wiwi.uni-muenster.de

Guten Tag, mein Name ist ... vom EMNID-Institut für Markt- und Meinungsforschung in Bielefeld. Wir führen zur Zeit eine bundesweite Umfrage durch, in der es um die Einschätzung von verschiedenen Städten in Deutschland geht. Dabei haben wir per Zufall Ihre Telefonnummer gewählt. Dazu würde ich Ihnen gerne einige Fragen stellen. Das Interview dauert zwischen 10 und 15 Minuten. Ihre Angaben sind selbstverständlich freiwillig werden völlig anonym ausgewertet.

Zunächst möchten wir Sie zu Ihrer aktuellen Wohnsituation befragen:

1. Wohndauer

Seit welchem Jahr wohnen Sie in Ihrem gegenwärtigen Wohnort? _____ (Jahr)

2. Wohnzufriedenheit

Wie sehr sind Sie mit Ihrer gegenwärtigen Wohngegend zufrieden?

sehr zufrieden			sehr unzufrieden	
1	2	3	4	5
❑	❑	❑	❑	❑

Man kann sich mit Städten oder Regionen mehr oder weniger stark verbunden fühlen bzw. sich damit identifizieren:

3. Identifikationsanker

Bitte geben sie an, wie stark Sie sich mit den folgenden Städten und Regionen verbunden fühlen, bzw. wie stark Sie sich damit identifizieren!

	sehr verbunden			gar nicht verbunden	
	1	2	3	4	5
a) Geburtsort	❑	❑	❑	❑	❑
b) Wohnort	❑	❑	❑	❑	❑
c) Region	❑	❑	❑	❑	❑
(z.B. Münsterland, Ostwestfalen)					
d) Westfalen	❑	❑	❑	❑	❑
e) Nordrhein-Westfalen	❑	❑	❑	❑	❑
f) Deutschland	❑	❑	❑	❑	❑
g) Europa	❑	❑	❑	❑	❑

4. Spontanassoziationen

Wenn Sie an ihre Stadt (Bielefeld, Dortmund oder Münster) denken, was fällt Ihnen als Erstes dazu ein? Nennen Sie bitte maximal 3 Begriffe!

a)	b)	c)

Stellen Sie sich nun vor, eine Stadt ließe sich wie eine Person anhand von Eigenschaften beschreiben:

5. **Eigenschaften SOLL**

   Wie würden Sie eine ideale Stadt anhand folgender Eigenschaften bewerten?

		trifft sehr zu			trifft gar nicht zu	
		1	2	3	4	5
a)	lebenslustig	❏	❏	❏	❏	❏
b)	sympathisch	❏	❏	❏	❏	❏
c)	gemütlich	❏	❏	❏	❏	❏
d)	gepflegt	❏	❏	❏	❏	❏
e)	gastlich	❏	❏	❏	❏	❏
f)	fortschrittlich	❏	❏	❏	❏	❏
g)	vertrauenswurdig	❏	❏	❏	❏	❏
h)	weltoffen	❏	❏	❏	❏	❏
i)	umweltbewusst	❏	❏	❏	❏	❏
j)	attraktiv	❏	❏	❏	❏	❏
k)	preiswert	❏	❏	❏	❏	❏

6. **Eigenschaften IST**

   Ich lese Ihnen die eben genannten Merkmale noch einmal vor. Wie würden Sie die ihre Stadt (Bielefeld, Dortmund oder Münster) hinsichtlich Ihrer Ausprägung bewerten?

		trifft sehr zu			trifft gar nicht zu	
		1	2	3	4	5
a)	lebenslustig	❏	❏	❏	❏	❏
b)	sympathisch	❏	❏	❏	❏	❏
c)	gemütlich	❏	❏	❏	❏	❏
d)	gepflegt	❏	❏	❏	❏	❏
e)	gastlich	❏	❏	❏	❏	❏
f)	fortschrittlich	❏	❏	❏	❏	❏
g)	vertrauenswürdig	❏	❏	❏	❏	❏
h)	weltoffen	❏	❏	❏	❏	❏
i)	umweltbewusst	❏	❏	❏	❏	❏
j)	attraktiv	❏	❏	❏	❏	❏
k)	preiswert	❏	❏	❏	❏	❏

In einer Stadt existiert ein vielfältiges Angebot in verschiedenen Bereichen:

7. **Angebot SOLL**

Wie würden Sie eine ideale Stadt anhand folgender Angebotskomponenten bewerten?

		sehr wichtig				gar nicht wichtig
		1	2	3	4	5
a)	Wohnqualität	❑	❑	❑	❑	❑
b)	Bildungseinrichtungen	❑	❑	❑	❑	❑
c)	Sehenswürdigkeiten	❑	❑	❑	❑	❑
d)	Berufliche Perspektiven	❑	❑	❑	❑	❑
e)	Wetter	❑	❑	❑	❑	❑
f)	Freundlichkeit der Menschen	❑	❑	❑	❑	❑
g)	Landschaft	❑	❑	❑	❑	❑
h)	Attraktiver Wirtschaftsstandort	❑	❑	❑	❑	❑
i)	Verkehrsanbindung	❑	❑	❑	❑	❑
j)	Sauberkeit	❑	❑	❑	❑	❑
k)	Einkaufsmöglichkeiten	❑	❑	❑	❑	❑
l)	Freizeitmöglichkeiten	❑	❑	❑	❑	❑
m)	Medizinische Versorgung	❑	❑	❑	❑	❑
n)	Gaststätten und Restaurants	❑	❑	❑	❑	❑
o)	Parkplätze	❑	❑	❑	❑	❑
p)	Wohnungsangebot	❑	❑	❑	❑	❑
q)	Sportanlagen	❑	❑	❑	❑	❑
r)	Schulen und Kindergärten	❑	❑	❑	❑	❑

8. **Angebot IST**

Ich lese Ihnen die eben genannten Angebotskomponenten noch einmal vor. Wie würden Sie ihre Stadt (Bielefeld, Dortmund oder Münster) hinsichtlich Ihrer Ausprägung bewerten?

		trifft sehr zu				trifft gar nicht zu
		1	2	3	4	5
a)	Wohnqualität	❑	❑	❑	❑	❑
b)	Bildungseinrichtungen	❑	❑	❑	❑	❑
c)	Sehenswürdigkeiten	❑	❑	❑	❑	❑
d)	Berufliche Perspektiven	❑	❑	❑	❑	❑
e)	Wetter	❑	❑	❑	❑	❑
f)	Freundlichkeit der Menschen	❑	❑	❑	❑	❑
g)	Landschaft	❑	❑	❑	❑	❑
h)	Attraktiver Wirtschaftsstandort	❑	❑	❑	❑	❑
i)	Verkehrsanbindung	❑	❑	❑	❑	❑
j)	Sauberkeit	❑	❑	❑	❑	❑
k)	Einkaufsmöglichkeiten	❑	❑	❑	❑	❑

l)	Freizeitmöglichkeiten	❑	❑	❑	❑	❑
m)	Medizinische Versorgung	❑	❑	❑	❑	❑
n)	Gaststätten und Restaurants	❑	❑	❑	❑	❑
o)	Parkplätze	❑	❑	❑	❑	❑
p)	Wohnungsangebot	❑	❑	❑	❑	❑
q)	Sportanlagen	❑	❑	❑	❑	❑
r)	Schulen und Kindergärten	❑	❑	❑	❑	❑

Nach diesen spezifischen Fragen möchten wir Sie nun um Ihre Gesamteinschätzung ihrer Stadt (Bielefeld, Dortmund oder Münster) bitten:

9. Gesamturteil

Wie würden Sie die Stadt (Bielefeld, Dortmund oder Münster) insgesamt beurteilen?

sehr positiv			sehr negativ	
1	2	3	4	5
❑	❑	❑	❑	❑

Zum Abschluss etwas Allgemeines: Es wird häufig darüber gesprochen, welchen Stellenwert bestimmte Werte und Ziele für die eigene Lebensführung einnehmen:

10. Persönliches Wertesystem

Wie wichtig sind Ihnen die folgenden Werte und Ziele für die eigene Lebensführung?

	sehr wichtig 1	2	3	gar nicht wichtig 4	5
a) Gesellschaftliche Anerkennung	❑	❑	❑	❑	❑
b) Umwelt- und energiebewusstes Leben	❑	❑	❑	❑	❑
c) Selbstentfaltung	❑	❑	❑	❑	❑
d) Bequeme Lebensführung	❑	❑	❑	❑	❑
e) Persönliche und finanzielle Sicherheit	❑	❑	❑	❑	❑
f) Persönliche Freiheit	❑	❑	❑	❑	❑
g) Viel Freizeit	❑	❑	❑	❑	❑
h) Ausgeprägtes Familienleben	❑	❑	❑	❑	❑
i) Viele soziale Kontakte (Freunde, Verein...)	❑	❑	❑	❑	❑
j) Genussreiche Lebensführung	❑	❑	❑	❑	❑
k) Orientierung an „Bewährtem"	❑	❑	❑	❑	❑
l) Orientierung an Toleranz,Vielfalt,Solidarität	❑	❑	❑	❑	❑
m) Übernahme v. Aufgaben für die Gesellschaft	❑	❑	❑	❑	❑
n) Hoher Bildungsstand	❑	❑	❑	❑	❑
o) Kulturelles Interesse	❑	❑	❑	❑	❑

Darf ich Sie zum Schluss noch um ein paar Angaben für unsere Statistik bitten?

11. Geschlecht (nicht fragen!)   ❏ (1=männlich)   ❏ (2= weiblich)

12. Alter

Darf ich fragen, wie alt Sie sind?   _____(Jahre)

13. Bildung

Welche Schule haben Sie zuletzt besucht bzw. welchen Schulabschluss haben Sie?

❏ 1=Gehe noch zur Schule

❏ 2=Volks- oder Hauptschule, ohne Lehre

❏ 3=Volks-oder Hauptschule, mit Lehre

❏ 4=weiterbildende Schule ohne Abitur

❏ 5=Abitur, Hochschulreife, Fachhochschulreife

❏ 6=abgeschlossenes Studium

❏ 7=keine Angabe

14. Berufstätigkeit

Sind Sie persönlich berufstätig?

❏ 1=ja, incl. z.Zt. arbeitslos

❏ 2=nein, incl. Lehrling, Schüler, Student, Rentner, Pensionär

❏ 3=keine Angabe

15. HH-Größe insgesamt

Wie viele Personen leben in Ihrem Haushalt, Sie eingeschlossen?

❏ 1=eine Person

❏ 2=zwei Personen

❏ 3=drei Personen

❏ 4=vier Personen

❏ 5=fünf Personen und mehr

❏ 6=keine Angabe

16. HH-Größe ab 14

Und wie viele davon sind 14 Jahre und älter?

❏ 1=eine Person

❏ 2=zwei Personen

❏ 3=drei Personen

❏ 4=vier Personen

❏ 5=fünf Personen und mehr

❏ 6=keine Angabe

17. **Netto HH-Einkommen**

Wenn Sie alles zusammenrechnen: wie hoch ist dann das monatliche Netto-Einkommen, das Sie
alle zusammen im Haushalt haben, nach Abzug von Steuern und Sozialversicherung?

❑ 1=unter EURO 500

❑ 2=EURO 500 bis unter EURO 1.000

❑ 3=EURO 1.000 bis unter EURO 1.500

❑ 4=EURO 1.500 bis unter EURO 2.000

❑ 5=EURO 2.000 bis unter EURO 2.500

❑ 6=EURO 2.500 bis unter EURO 3.000

❑ 7=EURO 3.000 bis unter EURO 3.500

❑ 8=EURO 3.500 bis unter EURO 4.000

❑ 9=EURO 4.000 und mehr

❑ 10=keine Angabe

Vielen Dank für Ihre Mithilfe!

Westfälische Wilhelms-Universität Münster
Institut für Marketing
Direktor: Prof. Dr. Dr. h.c. mult. H. Meffert

Forschungsprojekt

„Stadtmarketing"

Stichprobe: Fremdbild

Dipl.-Kfm. Christian Ebert ● Institut für Marketing ● Am Stadtgraben 13-15 ● 48143 Münster

Telefon: 0251/83-22936 ● Telefax: 0251/83-28356 ● email: 14cheb@wiwi.uni-muenster.de

Guten Tag, mein Name ist ... vom EMNID-Institut für Markt- und Meinungsforschung in Bielefeld. Wir führen zur Zeit eine bundesweite Umfrage durch, in der es um die Einschätzung von verschiedenen Städten in Deutschland geht. Dabei haben wir per Zufall Ihre Telefonnummer gewählt. Dazu würde ich Ihnen gerne einige Fragen stellen. Das Interview dauert zwischen 10 und 15 Minuten. Ihre Angaben sind selbstverständlich freiwillig werden völlig anonym ausgewertet.

Zunächst möchten wir gerne von Ihnen wissen, ob Sie die folgenden Städte kennen:

1. **Bekanntheit**

   Haben Sie schon einmal von den folgenden Städten gehört?

   a) Bielefeld   ❑ (1=ja)   ❑ (2=nein)

   b) Dortmund   ❑ (1=ja)   ❑ (2=nein)

   c) Münster   ❑ (1=ja)   ❑ (2=nein)

2. **Klarheit des Bildes**

   Sie haben uns gesagt, dass Sie die folgenden Städte kennen. Wenn Sie sich Ihr Vorstellungsbild dieser Städte vor Augen rufen, wie klar ist das Bild, dass Sie vor Augen haben?

	klar 1	2	3	4	verschwommen 5
a) Bielefeld	❑	❑	❑	❑	❑
b) Dortmund	❑	❑	❑	❑	❑
c) Münster	❑	❑	❑	❑	❑

3. **Spontanassoziationen**

   Wenn Sie an die Stadt XXX (Bielefeld, Dortmund oder Münster) denken, was fällt Ihnen als Erstes dazu ein? Nennen Sie bitte maximal 3 Begriffe!

a)	b)	c)

Stellen Sie sich nun vor, eine Stadt ließe sich wie eine Person anhand von Eigenschaften beschreiben:

4. **Eigenschaften SOLL**

Wie würden Sie eine ideale Stadt anhand folgender Eigenschaften bewerten?

		tritt sehr zu			trifft gar nicht zu	
		1	2	3	4	5
a)	lebenslustig	❏	❏	❏	❏	❏
b)	sympathisch	❏	❏	❏	❏	❏
c)	gemütlich	❏	❏	❏	❏	❏
d)	gepflegt	❏	❏	❏	❏	❏
e)	gastlich	❏	❏	❏	❏	❏
f)	fortschrittlich	❏	❏	❏	❏	❏
g)	vertrauenswürdig	❏	❏	❏	❏	❏
h)	weltoffen	❏	❏	❏	❏	❏
i)	umweltbewusst	❏	❏	❏	❏	❏
j)	attraktiv	❏	❏	❏	❏	❏
k)	preiswert	❏	❏	❏	❏	❏

5. **Eigenschaften IST**

Ich lese Ihnen die eben genannten Merkmale noch einmal vor. Wie würden Sie Stadt XXX (Bielefeld, Dortmund oder Münster) hinsichtlich Ihrer Ausprägung bewerten?

		trifft sehr zu			trifft gar nicht zu	
		1	2	3	4	5
a)	lebenslustig	❏	❏	❏	❏	❏
b)	sympathisch	❏	❏	❏	❏	❏
c)	gemütlich	❏	❏	❏	❏	❏
d)	gepflegt	❏	❏	❏	❏	❏
e)	gastlich	❏	❏	❏	❏	❏
f)	fortschrittlich	❏	❏	❏	❏	❏
g)	vertrauenswürdig	❏	❏	❏	❏	❏
h)	weltoffen	❏	❏	❏	❏	❏
i)	umweltbewusst	❏	❏	❏	❏	❏
j)	attraktiv	❏	❏	❏	❏	❏
k)	preiswert	❏	❏	❏	❏	❏

In einer Stadt existiert ein vielfältiges Angebot in verschiedenen Bereichen:

6. **Angebot SOLL**

Wie würden Sie eine ideale Stadt anhand folgender Angebotskomponenten bewerten?

		sehr wichtig				gar nicht wichtig
		1	2	3	4	5
a)	Wohnqualität	❏	❏	❏	❏	❏
b)	Bildungseinrichtungen	❏	❏	❏	❏	❏
c)	Sehenswürdigkeiten	❏	❏	❏	❏	❏
d)	Berufliche Perspektiven	❏	❏	❏	❏	❏
e)	Wetter	❏	❏	❏	❏	❏
f)	Freundlichkeit der Menschen	❏	❏	❏	❏	❏
g)	Landschaft	❏	❏	❏	❏	❏
h)	Attraktiver Wirtschaftsstandort	❏	❏	❏	❏	❏
i)	Verkehrsanbindung	❏	❏	❏	❏	❏
j)	Sauberkeit	❏	❏	❏	❏	❏
k)	Einkaufsmöglichkeiten	❏	❏	❏	❏	❏
l)	Freizeitmöglichkeiten	❏	❏	❏	❏	❏
m)	Medizinische Versorgung	❏	❏	❏	❏	❏
n)	Gaststätten und Restaurants	❏	❏	❏	❏	❏
o)	Parkplätze	❏	❏	❏	❏	❏
p)	Wohnungsangebot	❏	❏	❏	❏	❏
q)	Sportanlagen	❏	❏	❏	❏	❏
r)	Schulen und Kindergärten	❏	❏	❏	❏	❏

7. **Angebot IST**

Ich lese Ihnen die eben genannten Angebotskomponenten noch einmal vor. Wie würden Sie Stadt XXX (Bielefeld, Dortmund oder Münster) hinsichtlich Ihrer Ausprägung bewerten?

		trifft sehr zu				trifft gar nicht zu
		1	2	3	4	5
a)	Wohnqualität	❏	❏	❏	❏	❏
b)	Bildungseinrichtungen	❏	❏	❏	❏	❏
c)	Sehenswürdigkeiten	❏	❏	❏	❏	❏
d)	Berufliche Perspektiven	❏	❏	❏	❏	❏
e)	Wetter	❏	❏	❏	❏	❏
f)	Freundlichkeit der Menschen	❏	❏	❏	❏	❏
g)	Landschaft	❏	❏	❏	❏	❏
h)	Attraktiver Wirtschaftsstandort	❏	❏	❏	❏	❏
i)	Verkehrsanbindung	❏	❏	❏	❏	❏
j)	Sauberkeit	❏	❏	❏	❏	❏
k)	Einkaufsmöglichkeiten	❏	❏	❏	❏	❏

l)	Freizeitmöglichkeiten	❑	❑	❑	❑	❑
m)	Medizinische Versorgung	❑	❑	❑	❑	❑
n)	Gaststätten und Restaurants	❑	❑	❑	❑	❑
o)	Parkplätze	❑	❑	❑	❑	❑
p)	Wohnungsangebot	❑	❑	❑	❑	❑
q)	Sportanlagen	❑	❑	❑	❑	❑
r)	Schulen und Kindergärten	❑	❑	❑	❑	❑

Nach diesen spezifischen Fragen möchten wir Sie nun um Ihre Gesamteinschätzung der Stadt XXX (Bielefeld, Dortmund oder Münster) bitten:

8. **Gesamturteil**

Wie würden Sie die Stadt XXX (Bielefeld, Dortmund oder Münster)insgesamt beurteilen?

		sehr positiv				sehr negativ
		1	2	3	4	5
a)	Bielefeld	❑	❑	❑	❑	❑
b)	Dortmund	❑	❑	❑	❑	❑
c)	Münster	❑	❑	❑	❑	❑

Zum Abschluss etwas Allgemeines: Es wird häufig darüber gesprochen, welchen Stellenwert bestimmte Werte und Ziele für die eigene Lebensführung einnehmen:

9. **Persönliches Wertesystem**

Wie wichtig sind Ihnen die folgenden Werte und Ziele für die eigene Lebensführung?

		sehr wichtig			gar nicht wichtig	
		1	2	3	4	5
a)	Gesellschaftliche Anerkennung	❑	❑	❑	❑	❑
b)	Umwelt- und energiebewusstes Leben	❑	❑	❑	❑	❑
c)	Selbstentfaltung	❑	❑	❑	❑	❑
d)	Bequeme Lebensführung	❑	❑	❑	❑	❑
e)	Persönliche und finanzielle Sicherheit	❑	❑	❑	❑	❑
f)	Persönliche Freiheit	❑	❑	❑	❑	❑
g)	Viel Freizeit	❑	❑	❑	❑	❑
h)	Ausgeprägtes Familienleben	❑	❑	❑	❑	❑
i)	Viele soziale Kontakte (Freunde, Verein...)	❑	❑	❑	❑	❑
j)	Genussreiche Lebensführung	❑	❑	❑	❑	❑
k)	Orientierung an „Bewährtem"	❑	❑	❑	❑	❑
l)	Orientierung an Toleranz,Vielfalt,Solidarität	❑	❑	❑	❑	❑
m)	Übernahme v. Aufgaben für die Gesellschaft	❑	❑	❑	❑	❑
n)	Hoher Bildungsstand	❑	❑	❑	❑	❑
o)	Kulturelles Interesse	❑	❑	❑	❑	❑

Darf ich Sie zum Schluss noch um ein paar Angaben für unsere Statistik bitten?

10. **Geschlecht (nicht fragen!)**   ❑ (1=männlich)   ❑ (2= weiblich)

11. **Alter**

Darf ich fragen, wie alt Sie sind?   _____(Jahre)

12. **Bildung**

Welche Schule haben Sie zuletzt besucht bzw. welchen Schulabschluss haben Sie?

❑ 1=Gehe noch zur Schule

❑ 2=Volks- oder Hauptschule, ohne Lehre

❑ 3=Volks-oder Hauptschule, mit Lehre

❑ 4=weiterbildende Schule ohne Abitur

❑ 5=Abitur, Hochschulreife, Fachhochschulreife

❑ 6=abgeschlossenes Studium

❑ 7=keine Angabe

13. **Berufstätigkeit**

Sind Sie persönlich berufstätig?

❑ 1=ja, incl. z.Zt. arbeitslos

❑ 2=nein, incl. Lehrling, Schüler, Student, Rentner, Pensionär

❑ 3=keine Angabe

14. **HH-Größe insgesamt**

Wie viele Personen leben in Ihrem Haushalt, Sie eingeschlossen?

❑ 1=eine Person

❑ 2=zwei Personen

❑ 3=drei Personen

❑ 4=vier Personen

❑ 5=fünf Personen und mehr

❑ 6=keine Angabe

15. **HH-Größe ab 14**

Und wie viele davon sind 14 Jahre und älter?

❑ 1=eine Person

❑ 2=zwei Personen

❑ 3=drei Personen

❑ 4=vier Personen

❑ 5=fünf Personen und mehr

❑ 6=keine Angabe

16. **Netto HH-Einkommen**

Wenn Sie alles zusammenrechnen: wie hoch ist dann das monatliche Netto-Einkommen, das Sie alle zusammen im Haushalt haben, nach Abzug von Steuern und Sozialversicherung?

❑ 1=unter EURO 500

❑ 2=EURO 500 bis unter EURO 1.000

❑ 3=EURO 1.000 bis unter EURO 1.500

❑ 4=EURO 1.500 bis unter EURO 2.000

❑ 5=EURO 2.000 bis unter EURO 2.500

❑ 6=EURO 2.500 bis unter EURO 3.000

❑ 7=EURO 3.000 bis unter EURO 3.500

❑ 8=EURO 3.500 bis unter EURO 4.000

❑ 9=EURO 4.000 und mehr

❑ 10=keine Angabe

Vielen Dank für Ihre Mithilfe!

Anhang II: Ergänzende Tabellen

Anhang IIa: Gap-Analyse der Stadt Münster

Anhang IIb: Gap-Analyse der Stadt Bielefeld

Anhang IIc: Gap-Analyse der Stadt Dortmund

Änderung der Ist-Komponente des Faktors „xxx" durch Maßnahmen des Stadtmarketing um...	+0	+1	+2	+3	+4
Größe Gap 1 des Faktors „Parkplätze"	1,01	**0,98**	1,33	1,53	1,56
Größe Gap 1 des Faktors „Bildungseinrichtungen"	0,56	**0,54**	0,57	0,57	0,57
Größe Gap 1 des Faktors „Einkaufsmöglichkeiten"	**0,56**	0,76	0,88	0,90	0,91
Größe Gap 1 des Faktors „Wohnqualität"	0,61	**0,49**	0,51	0,51	0,51
Größe Gap 1 des Faktors „Sauberkeit"	**0,61**	0,78	0,84	0,84	0,84
Änderung der Soll-Komponente des Faktors „xxx" durch Maßnahmen des Stadtmarketing um...	-0	-1	-2	-3	-4
Größe Gap 1 des Faktors „Freundlichkeit der Menschen"	0,92	**0,75**	1,29	2,04	2,37

Tab. A-IIa 1: Auswirkung von Veränderungen auf die selbstbildinduzierten Faktoren der Stadt Münster

Änderung der Ist-Komponente des Faktors „xxx" durch Maßnahmen des Stadtmarketing um...	+0	+1	+2	+3	+4
Anteil der Befragten, deren Idealanforderung des Faktors „Wohnqualität" mit dem Realbild übereinstimmt	37,37%	47,85%	54,84%	55,38%	**55,65%**
Anteil der Befragten, deren Idealanforderung des Faktors „Sauberkeit" mit dem Realbild übereinstimmt	**47,96%**	45,15%	43,33%	45,66%	46,43%
Änderung der Soll-Komponente des Faktors „xxx" durch Maßnahmen des Stadtmarketing um...	-0	-1	-2	-3	-4
Anteil der Befragten, deren Idealanforderung des Faktors „Wetter" mit dem Realbild übereinstimmt	**42,42%**	27,53%	11,36%	2,53%	1,77%
Anteil der Befragten, deren Idealanforderung des Faktors „Landschaft" mit dem Realbild übereinstimmt	**45,16%**	31,02%	9,43%	1,49%	0,25%
Änderung der Soll-Komponente des Faktors „xxx" durch Maßnahmen des Stadtmarketing um...	+0	+1	+2	+3	+4
Anteil der Befragten, deren Idealanforderung des Faktors „Sehenswürdigkeiten" mit dem Realbild übereinstimmt	**44,33%**	15,37%	5,04%	1,01%	1,01%

Tab. A-IIa 2: Auswirkung von Veränderungen auf die fremdbildinduzierten Faktoren der Stadt Münster

Änderung der Ist-Komponente des Faktors „xxx" durch Maßnahmen des Stadtmarketing um...	+0	+1	+2	+3	+4
Größe Gap 1 des Faktors „Verkehrsanbindung"	0,96	0,80	**0,79**	0,80	0,81
Größe Gap 1 des Faktors „Berufliche Perspektiven"	1,34	0,81	0,64	0,61	**0,60**
Größe Gap 1 des Faktors „Wohnqualität"	1,04	0,62	**0,41**	0,42	0,41
Größe Gap 1 des Faktors „Freizeitmöglichkeiten"	1,07	0,79	0,75	0,73	**0,72**
Änderung der Soll-Komponente des Faktors „xxx" durch Maßnahmen des Stadtmarketing um...	-0	-1	-2	-3	-4
Größe Gap 1 des Faktors „Landschaft"	**0,72**	0,83	1,59	2,40	2,78

Tab. A-IIb 1: Auswirkung von Veränderungen auf die selbstbildinduzierten Faktoren der Stadt Bielefeld

Änderung der Ist-Komponente des Faktors „xxx" durch Maßnahmen des Stadtmarketing um...	+0	+1	+2	+3	+4
Anteil der Befragten, deren Idealanforderung des Faktors „Wohnqualität" mit dem Realbild übereinstimmt	32,0%	50,0%	50,0%	**50,3%**	50,3%
Anteil der Befragten, deren Idealanforderung des Faktors „Berufliche Perspektiven" mit dem Realbild übereinstimmt	27,3%	41,7%	55,2%	**55,5%**	55,2%
Änderung der Soll-Komponente des Faktors „xxx" durch Maßnahmen des Stadtmarketing um...	-0	-1	-2	-3	-4
Anteil der Befragten, deren Idealanforderung des Faktors „Landschaft" mit dem Realbild übereinstimmt	**37,2%**	34,3%	14,3%	4,8%	2,1%

Tab. A-IIb 2: Auswirkung von Veränderungen auf die fremdbildinduzierten Faktoren der Stadt Bielefeld

Änderung der Ist-Komponente des Faktors „xxx" durch Maßnahmen des Stadtmarketing um...	+0	+1	+2	+3	+4
Größe Gap 1 des Faktors „Sauberkeit"	1,15	0,89	0,86	0,86	**0,85**
Größe Gap 1 des Faktors „Wohnqualität"	1,08	0,67	0,57	0,55	**0,54**
Änderung der Soll-Komponente des Faktors „xxx" durch Maßnahmen des Stadtmarketing um...	-0	-1	-2	-3	-4
Größe Gap 1 des Faktors „Landschaft"	0,93	**0,88**	1,46	2,04	2,23

Tab. A-IIc 1: Auswirkung von Veränderungen auf die selbstbildinduzierten Faktoren der Stadt Dortmund

Änderung der Ist-Komponente des Faktors „xxx" durch Maßnahmen des Stadtmarketing um...	+0	+1	+2	+3	+4
Anteil der Befragten, deren Idealanforderung des Faktors „Attraktiver Wirtschaftsstandort" mit dem Realbild übereinstimmt	31,1%	47,8%	52,1%	52,9%	**54,1%**
Anteil der Befragten, deren Idealanforderung des Faktors „Berufliche Perspektiven" mit dem Realbild übereinstimmt	27,3%	**37,3%**	24,2%	22,8%	23,8%
Anteil der Befragten, deren Idealanforderung des Faktors „Sportanlagen" mit dem Realbild übereinstimmt	**48,7%**	37,1%	21,2%	20,5%	20,2%
Anteil der Befragten, deren Idealanforderung des Faktors „Schulen und Kindergärten" mit dem Realbild übereinstimmt	43,1%	47,7%	54,6%	55,9%	**56,4%**
Anteil der Befragten, deren Idealanforderung des Faktors „Sehenswürdigkeiten" mit dem Realbild übereinstimmt	**39,4%**	37,1%	23,8%	20,9%	20,0%
Anteil der Befragten, deren Idealanforderung des Faktors „Sauberkeit" mit dem Realbild übereinstimmt	31,3%	49,5%	48,3%	50,7%	**51,2%**
Anteil der Befragten, deren Idealanforderung des Faktors „Parkplätze" mit dem Realbild übereinstimmt	39,5%	**40,7%**	32,9%	32,6%	32,4%
Änderung der Soll-Komponente des Faktors „xxx" durch Maßnahmen des Stadtmarketing um...	-0	-1	-2	-3	-4
Anteil der Befragten, deren Idealanforderung des Faktors „Freundlichkeit der Menschen" mit dem Realbild übereinstimmt	34,7%	**35,0%**	11,5%	0,7%	0,2%

Tab. A-IIc 2: Auswirkung von Veränderungen auf die fremdbildinduzierten Faktoren der Stadt Dortmund

Literaturverzeichnis

Aaker, A. D., Joachimsthaler, E., Brand Leadership, New York 2000.

Adam, D., Planung in schlechtstrukturierten Entscheidungssituationen mit Hilfe heuristischer Vorgehensweisen, in: BFuP 1983, S. 484-494.

Adam, D., Planung und Entscheidung, Modelle – Ziele – Methoden, 4. Aufl., Wiesbaden 1997.

Adam, D. et al., Koordination betrieblicher Entscheidungen, 2. Aufl., Berlin u. a. 1998.

Adler, J., Informationsökonomische Fundierung von Austauschprozessen. Eine nachfragerorientierte Analyse, Wiesbaden 1996.

Afheldt, H., Städte im Wettbewerb, in: Stadtbauwelt, Heft 26, 1970.

Allaire, Y., Firsirotu, M., How to Implement Radical Strategies in Large Organizations, in: Sloan Management Review, Heft 3, Spring 1985, S. 19-34.

Anderson, B., Die Erfindung der Nation: zur Karriere eines erfolgreichen Konzepts, Frankfurt a. M. 1988.

Angermann, A., Kybernetik und betriebliche Führungslehre, in: BFuP, Heft 5, 1959, S. 257-268.

Antonoff, R., Corporate Identity für Städte, in: Arbeitsgemeinschaft Stadtvisionen (Hrsg.), Dokumentation des Symposiums „Stadtvisionen" vom 2./3. März 1989 in Münster, Münster 1989, S. 1-7.

Archiv für öffentliche und freigemeinnützige Unternehmen (Hrsg.), Jahrbuch für nichterwerbswirtschaftliche Betriebe und Organisationen (Nonprofits), Göttingen 1980.

Aschauer, W., Identität als Begriff und Realität, in: Heller, W. (Hrsg.), Identität – Regionalbewusstsein – Ethnizität, Potsdam 1997.

Ashworth, G. J., Goodall, B. (Hrsg.), Marketing Tourism Places, London 1990.

Ashworth, G. J., Voogd, H., Selling the City: Marketing approaches in public sector urban planning, London 1990.

Ashworth, G. J., Voogd, H., Can places be sold for Tourism?, in: Ashworth, G. J., Goodall, B. (Hrsg.), Marketing Tourism Places, London 1990, S. 1-16.

Backhaus, K., Auswirkungen kurzer Lebenszyklen bei High-Tech-Produkten, in: Thexis, Heft 8, 1991, S. 11-13.

Backhaus, K., Industriegütermarketing, 6. Aufl., München 1999.

Backhaus et al., Multivariate Analysemethoden. Eine anwendungsorientierte Einführung, 10. Aufl., Berlin u. a. 2003.

Bagozzi, R. P., Burnkrant, R. E., Attitude Organization and the Attitude Behavior Relationship, Working Paper, School of Business Administration, Berkeley 1978.

Baier, G., Die Bedeutung räumlicher Identität für das Städte- und Regionenmarketing, Chemnitz 2001.

Balderjahn, I., Marketing für Wirtschaftsstandorte, in: der markt, o. Jg., Heft 3, 1996, S. 119-131.

Balderjahn, I., Standortmarketing, Stuttgart 2000.

Bahrenberg, G., Unsinn und Sinn des Regionalismus in der Geographie, in: Geographische Zeitschrift, 75. Jg., Heft 3, 1987, S. 149-160.

Balmer, J. M. T., Corporate Identity and the Advent of Corporate Marketing, in: Journal of Marketing Management, Vol. 14, 1998, S. 963-996.

Barich, H., Kotler, P., A Framework for Marketing Image Management, in: Sloan Management Review, Winter 1991, S. 94-104.

Barney, J. B., Firm Resources and Sustained Competitive Advantage, in: Journal of Management, Heft 1, 1991, S. 99-120.

Bassand, M., Villes, régions et sociétés. Introduction à la sociologie des phénomènes urbains et régionaux, Lausanne 1982.

Batt, H.-L., Regionale und lokale Entwicklungsgesellschaften als Public-Private Partnerships: Kooperative Regime subnationaler Politiksteuerung, in: Bullmann, U., Heinze, R. G. (Hrsg.), Regionale Modernisierungspolitik – Nationale und internationale Perspektiven, Opladen 1997, S. 165-192.

Bauer, A., Das Allgäu-Image. Studie zum Fremdimage des Allgäus bei der deutschen Bevölkerung, Kempten 1999.

Bea, F. X., Dichtl, E., Schweitzer, M. (Hrsg.), Allgemeine Betriebswirtschaftslehre, Band 2: Führung, 7. Aufl., Stuttgart 1997, S. 21-131.

Beck, U., Risikogesellschaft. Auf dem Weg in eine neue Moderne, Frankfurt 1986.

Berninghaus, S. K., Ehrhart, K.-M., Güth, W., Strategische Spiele. Eine Einführung in die Spieltheorie, Berlin u. a. 2002.

Berry, W. D., Feldmann, S., Multiple Regression in Practice, Newbury Park 1985.

Bertram, M., Marketing für Städte und Regionen – Modeerscheinungen oder Schlüssel zur dauerhaften Entwicklung?, in: Beyer, R., Kuron, I. (Hrsg.), Stadt- und Regionalmarketing – Irrweg oder Stein der Weisen?, Material zur angewandten Geografie, Band 29, Bonn 1995, S. 29-38.

Beyer, R., Die Institutionalisierung von Stadtmarketing. Praxisvarianten, Erfahrungen, Fallbeispiele, DSSW-Schriften, Band 15, Bonn 1995.

Beyer, R., Kuron, I. (Hrsg.), Stadt- und Regionalmarketing – Irrweg oder Stein der Weisen?, Material zur angewandten Geografie, Band 29, Bonn 1995.

Bickerton, D., Corporate Reputation versus Corporate Branding: the realist debate, in: Corporate Communications, Heft 1, 2000, S. 42-48.

Bickmann, R., Chance Identität. Impulse für das Management von Komplexität, Berlin u. a. 1998.

Bierwirth, A., Die Führung der Unternehmensmarke. Ein Beitrag zum zielgruppenorientierten Corporate Branding, Frankfurt a. M. 2003.

Birkigt, K., Stadler, M. M., Corporate Identity – Grundlagen, in: Birkigt, K., Stadler, M. M., Funck, H. J. (Hrsg.), Corporate Identity. Grundlagen, Funktionen, Fallbeispiele, 9. Aufl., Landsberg/Lech 1998, S. 11-24.

Birkigt, K., Stadler, M. M., Funck, H. J. (Hrsg.), Corporate Identity. Grundlagen, Funktionen, Fallbeispiele, 9. Aufl., Landsberg/Lech 1998.

Bleicher, K., Leitbilder – Orientierungsrahmen für eine integrative Management-Philosophie, 2. Aufl., Stuttgart, Zürich 1994.

Blotevogel, H. H., Heinritz, G., Popp, H., Regionalbewußtsein. Bemerkungen zum Leitbegriff einer Tagung, in: Bericht zur deutschen Landeskunde, Band 60, Heft 1, 1986. S. 103-114.

Blotevogel, H. H., Heinritz, G., Popp, H., Regionalbewußtsein – Überlegungen zu einer geografischen-landeskundlichen Forschungsinitiative, in: Informationen zur Raumordnung, Heft 7/8, 1987, S. 409-418.

Blotevogel, H. H., Heinritz, G., Popp, H., „Regionalbewußtsein" – Zum Stand der Diskussion um einen Stein des Anstosses, in: Geographische Zeitschrift, Jg. 77, Heft 2, 1989, S. 65-88.

Böhm, B., Identität und Identifikation. Zur Persistenz physikalischer Gegenstände, Frankfurt a. M. u. a. 1989.

Böltz, C., City-Marketing – Eine Stadt wird verkauft, in: Bauwelt, Heft 24, 1988, S. 96-99.

Bornemeyer, C., Erfolgskontrolle im Stadtmarketing, Lohmar, Köln 2002.

Bornemeyer, C., Temme, T., Decker, R., Erfolgsfaktorenforschung im Stadt-marketing unter besonderer Berücksichtigung multivariater Analy-semethoden, in: Gaul, W., Schader, M. (Hrsg.), Mathematische Me-thoden der Wirtschaftswissenschaften, Heidelberg 1999, S. 207-221.

Braun, G. (Hrsg.), Managing and Marketing of Urban Development and Urban Life, Berlin 1994.

Braun, G. E., Kommunales Marketing – Mehr Marktwirtschaft in der öffentlichen Verwaltung?, in: Schauer, R. (Hrsg.), Ortsmanagement und kom-munales Marketing, Linz 1993, S. 5-23.

Braun, W., Politischer Stellenwert der Leitbilddiskussion, in: Rauschelbach, B., Klecker, P. M. (Hrsg.), Regionale Leitbilder – Vermarktung oder Ressourcensicherung?, Bonn 1997, S. 13-19.

Brockhoff, K., Produktpolitik, 3. Aufl., Stuttgart u. a. 1999.

Brockhoff, K., Hauschildt, J., Schnittstellen-Management - Koordination ohne Hierarchie, in: Zeitschrift Führung und Organisation, 62. Jg., Heft X, 1993, S. 396-403.

Bruhn, M. (Hrsg.), Handbuch Markenartikel, Band 1, Wiesbaden 1994.

Bruhn, M. (Hrsg.), Handbuch Markenartikel, Band 2, Wiesbaden 1994.

Bruhn, M., Integrierte Unternehmenskommunikation. Ansatzpunkte für eine stra-tegische und operative Umsetzung integrierter Kommunikationsar-beit, 2. Aufl., Stuttgart 1995.

Bühl, A., Zöfel, P., SPSS Version 11. Einführung in die moderne Datenanalyse unter Windows, München 2002.

Bühner, R., Betriebswirtschaftliche Organisationslehre, 8. Aufl., München, Wien 1996.

Bullmann, U., Heinze, R. G. (Hrsg.), Regionale Modernisierungspolitik – Natio-nale und internationale Perspektiven, Opladen 1997.

Buß, E., Regionale Identitätsbildung. Zwischen globaler Dynamik, fortschreiten-der Europäisierung und regionaler Gegenbewegung, Schriftenreihe der Stiftung Westfalen-Initiative, Band 2, Münster u. a. 2002.

Camison, C., Bigne, E., Monfort, V. M., The Spanish tourism industry, in: Seaton, A. V. (Hrsg.), Tourism: The State of the Art, Chichester 1994, S. 442-452.

Confino, A., A Nation as a local Metaphor. Würrtemberg, Imperial Germany and National Memory, 1871-1918.

Conzen, P., E. H. Erikson und die Psychoanalyse. Systematische Gesamtdarstellung seiner theoretischen und klinischen Positionen, Heidelberg 1989.

Danuser, H., St. Moritz: Events als Marketinginstrument für einen Ferienort, in: Nickel, O. (Hrsg.), Eventmarketing: Grundlagen und Erfolgsbeispiele. München 1998, S. 241-250.

Delamaide, D., The new Superregions of Europa, New York 1994.

de Levita, D. J., Der Begriff der Identität, dt. Ausgabe, Frankfurt a. M. 1971.

Dematteis, G., Urban Identity, City Image and Urban Marketing, in: Braun, G. (Hrsg.), Managing and Marketing of Urban Development and Urban Life, Berlin 1994, S. 429-439.

Demuth, A., Das strategische Management der Unternehmensmarke, in: Markenartikel, Heft 1, 2000, S. 14-20.

Dill, P., Hügler, G., Unternehmenskultur und Führung betriebswirtschaftlicher Organisationen. Ansatzpunkte für ein kulturbewusstes Management, in: Heinen, E. (Hrsg.), Unternehmenskultur, München 1987, S. 141-210.

Diller, H. (Hrsg.), Vahlens großes Marketinglexikon, 2. Aufl., Band I: A-L, München 2001.

Dorn, D., Marketing in der Staatswirtschaft, in: Zeitschrift für Wirtschafts- und Sozialwissenschaften, o. Jg., I. Halbband 1973.

Eckey, H.-F., Kosfeld, R., Dreger, C., Ökonometrie, 2. Aufl., Wiesbaden 2001.

Esch, F.-R. (Hrsg.), Moderne Markenführung. Grundlagen – innovative Ansätze – praktische Umsetzung, 3. Aufl., Wiesbaden 2001.

Esch, F.-R., Wicke, A., Herausforderungen und Aufgaben des Markenmanagements, in: Esch, F.-R. (Hrsg.), Moderne Markenführung. Grundlagen – innovative Ansätze – praktische Umsetzung, 3. Aufl., Wiesbaden 2001, S. 3-60.

European Opinion Research Group (Hrsg.), Standard Eurobarometer 45, Brüssel 1996.

European Opinion Research Group (Hrsg.), Standard Eurobarometer 59 – Die öffentliche Meinung in der Europäischen Union, Brüssel 2003.

Faulkner, B., A Model for the Evaluation of National Tourism Destination Marketing Programs, in: Journal of travel research, Heft 35, 1997, S. 23-32.

Fehn, M., Vossen, K., Stadtmarketing, Stuttgart 2000.

Fehrlage, A. O., Winterling, K., Kann eine Stadt wie ein Unternehmen vermarktet werden? In: Stadt und Gemeinde, o. Jg. Heft 7, 1991, S. 254-257.

Fellner, A., Kohl, M., Anforderungen an die Qualität von Leitbildern in der räumlichen Planung, in: Rauschelbach, B., Klecker, P. M. (Hrsg.), Regionale Leitbilder – Vermarktung oder Ressourcensicherung?, Bonn 1997, S. 55-60.

Fischer, M. M., Sauberer, M. (Hrsg.), Gesellschaft – Wirtschaft – Raum. Festschrift für Karl Stiglbauer, Wien 1987.

FitzRoy, P. T., Mandry, G. D., The New Role for the Salesman-Manager, in: IMM, Heft 4, 1975, S. 37-43.

Flade, F., Regional-Marketing – Umsetzung am Beispiel Oberfranken, in: Institut für Entwicklungsforschung im Ländlichen Raum Ober- und Mittelfrankens e. V. (Hrsg.), Das Image Oberfrankens – Neue Initiativen im Bereich des regionalen Marketings, Kronach u. a. 1995, S. 73-95.

Franzen, O., Lulay, W., Strategische Markenführung für Kurorte – Was ist zu tun?, in: planung & analyse, Heft 6, 2001, S. 26-31.

Freimann, K.-D, Ott, A. E. (Hrsg.), Theorie und Empirie der Wirtschaftsforschung, Tübingen 1988.

Frese, E., Grundlagen der Organisation: Konzept – Prinzipien – Strukturen, 6. Aufl., Wiesbaden 1995.

Freter, H., Marktsegmentierung, Stuttgart u. a. 1983.

Frey, H.-P., Haußer, K., Entwicklungslinien sozialwissenschaftlicher Identitätsforschung, in: Frey, H.-P., Haußer, K., (Hrsg.), Identität. Entwicklungslinien psychologischer und soziologischer Forschung. Der Mensch als soziales und personales Wesen, Band 7, Stuttgart 1987, S. 3-26.

Frey, H.-P., Haußer, K., (Hrsg.), Identität. Entwicklungslinien psychologischer und soziologischer Forschung. Der Mensch als soziales und personales Wesen, Band 7, Stuttgart 1987.

Friedrichs, J., Methoden empirischer Sozialforschung, Reinbek 1977.

Friese, M., Weil, V., Corporate Identity für Städte, in: pr magazin, Heft 3, 1996, S. 43-52.

Frömbling, S., Zielgruppenmarketing im Fremdenverkehr von Regionen: ein Beitrag zur Marktsegmentierung auf der Grundlage von Werten, Motiven und Einstellungen, Frankfurt a. M. u. a. 1993.

Funke, U., Vom Stadtmarketing zur Stadtkonzeption, Stuttgart 1994.

Fußhöller, M., Leitfaden zum Stadtmarketing, in: Pfaff-Schley, H. (Hrsg.), Stadtmarketing und kommunales Audit. Chance für eine ganzheitliche Stadtentwicklung, Berlin et al. 1997, S. 25-35.

Gaul, W., Schader, M. (Hrsg.), Mathematische Methoden der Wirtschaftswissenschaften, Heidelberg 1999.

Gibson, J. J., The Theory of Affordances, in: Shaw, R., Bransford, J. (Hrsg.), Perceiving, Acting and Knowing. Toward an Ecological Psychology, New York u. a. 1979, S. 67-82.

Giddens, A., Die Konstitution der Gesellschaft. Grundzüge einer Theorie der Strukturierung, Frankfurt a. M., New York 1988.

Göschel, A., Lokale Identität: Hypothesen und Befunde über Stadtteilbindungen in Großstädten, in: Informationen zur Raumentwicklung, Heft 3, 1987, S. 91-107.

Gottdiener, M., The Social Production of Urban Space, 2. Aufl., Austin 1994.

Grabow, B. et al., Weiche Standortfaktoren, Stuttgart, Berlin, Köln, 1995.

Grabow, B., Hollbach-Grömig, B., Stadtmarketing – Eine kritische Zwischenbilanz, Difu-Beiträge zur Stadtforschung, Band 25, Berlin 1998.

Grabow, B., Hollbach-Grömig, B., Stadtmarketing – eine kritische Zwischenbilanz, in: difu-Berichte, H. 1, 1998, S. 2-5.

Grant, R., The Resource-Based View of Competitive Advantage: Implications for Strategy Formulation, in: California Management Review, Heft 3, 1991, S. 114-135.

Graumann, C. F., On Multiple Identities, in: International Social Science Journal, Heft 96, 1983, S. 309-381.

Greenacre, Ph., Early Physical Determinants in the Development auf the Sense of Identity, in: Journal of the American Psychoanalytic Association, Heft 6, 1958, S. 612-627.

Greipel, P., Strategie und Kultur. Grundlagen und mögliche Handlungsfelder kulturbewussten strategischen Managements, Bern, Stuttgart 1998.

Greverus, I.-M., Auf der Suche nach Heimat, München 1979.

Grochla, E., Führung, Führungskonzeption und Planung, in: Szyperski, N. (Hrsg.), Enzyklopädie der Betriebswirtschaftslehre, Band 9: Handwörterbuch der Planung, Stuttgart 1989, S. 542-554.

Gröppel-Klein, A., Braun, D., Stadtimage und Stadtidentifikation. Eine empirische Studie auf der Basis einstellungstheoretischer Erkenntnisse, in: Tscheulin, D. K. et al. (Hrsg.), Branchenspezifisches Marketing. Grundlage, Besonderheiten, Gemeinsamkeiten, Wiesbaden 2001, S. 351-372.

Gumunchian, H., Représentations et Aménagement du Territoire, Paris 1991.

Haag, T., Stadtmarketing-GmbH als effiziente Organisationsform, in: Töpfer, A. (Hrsg.), Stadtmarketing – Herausforderung und Chance für Kommunen, S. 359-379.

Haedke, G., Mann, A., Marketing nach innen: Problemfelder und Lösungsansätze aus Sicht der Praktiker, in: Töpfer, A. (Hrsg.), Stadtmarketing – Herausforderungen und Chance für Kommunen, S. 381-387.

Haedrich, G. et al. (Hrsg.), Tourismus-Management – Tourismus-Marketing und Fremdenverkehrsplanung, 2. Aufl., Berlin 1993.

Hahn, D., Planung und Kontrolle, in: Wittmann, W. (Hrsg.), Enzyklopädie der Betriebswirtschaftslehre, Band I: Handwörterbuch der Betriebswirtschaft, Teilband 2, 5. Aufl., Stuttgart 1993, S. 3185-3200.

Hammann, P., Grundprobleme eines regionalen Marketing am Beispiel der Industrieregion Ruhr, S. 63-74.

Hanusch, H., Reichardt, R. M., Marketing – Eine Konzeption für Markt und Staat?, in: Archiv für öffentliche und freigemeinnützige Unternehmen (Hrsg.), Jahrbuch für nichterwerbswirtschaftliche Betriebe und Organisationen (Nonprofits), Göttingen 1980, S. 49-61.

Hard, G., Auf der Suche nach dem verlorenen Raum, in: Fischer, M. M., Sauberer, M. (Hrsg.), Gesellschaft – Wirtschaft – Raum. Festschrift für Karl Stiglbauer, Wien 1987, S. 24-38.

Hard, G., Das Regionalbewußtsein im Spiegel der regionalistischen Utopie, in: Informationen zur Raumentwicklung, o. Jg., Heft 7/8, 1987, S. 419-439.

Hard, G., „Bewusstseinsräume" – Interpretationen zu geographischen Versuchen, regionales Bewusstsein zu erforschen, in: Geographische Zeitschrift, Jg. 75., Heft 3, 1987, S. 127-148.

Harhues, D., Europa der Regionen. Zwischen Vision und Wirklichkeit, Rheine 1996.

Hauff, Th., Braucht Münster ein neues Image? Empirische Befunde zum Selbst- und Fremdbild als Grundlage eines integrierten Stadtentwicklungs- und Stadtmarketingkonzeptes, in: Bischoff, C. A., Krajewski, Ch. (Hrsg.), Beiträge zur geographischen Stadt- und Regionalforschung. Festschrift für Heinz Heineberg, Münster 2003, S. 43 – 56.

Heinen, E., Das Zielsystem der Unternehmung. Grundlagen betriebswirtschaftlicher Entscheidungen, Wiesbaden 1966.

Heinen, E., Zum Wissenschaftsprogramm der entscheidungsorientierten Betriebswirtschaftslehre in: ZfB, Nr. 4, 1969, S. 207-220.

Heinen, E., Grundfragen der entscheidungsorientierten Betriebswirtschaftslehre, München 1976.

Heinen, E., Einführung in die Betriebswirtschaftslehre, Wiesbaden 1986.

Heinen, E., Unternehmenskultur als Gegenstand der Betriebswirtschaftslehre, in: Heinen, E. et al. (Hrsg.), Unternehmenskultur, München 1987, S. 1-48.

Heinen, E. et al. (Hrsg.), Unternehmenskultur, München 1987.

Heinen, E., Dill, P., Unternehmenskultur aus betriebswirtschaftlicher Sicht, in: Simon, H. (Hrsg.), Herausforderung Unternehmenskultur, Stuttgart 1990, S. 12-24.

Helbrecht, I., „Stadtmarketing". Konturen einer kommunikativen Stadtentwicklungspolitik, Basel, Boston, Berlin 1994.

Heller, W. (Hrsg.), Identität – Regionalbewusstsein – Ethnizität, Potsdam 1997.

Henneke, H.-G., Maurer, H., Schoch, F. (Hrsg.), Die Kreise im Bundesstaat – Zum Standort der Kreise im Verhältnis zu Bund, Ländern und Gemeinden, Baden-Baden 1994.

Herrmann, H., Bürgerforen. Ein lokalpolitisches Experiment der Sozialen Stadt, Opladen 2002.

Heymann, T., Komplexität und Kontextualität des Sozialraumes, Stuttgart 1989.

Hoffschulte, H., Westfalen als europäische Region, in: Westfälischer Heimatbund (Hrsg.), Westfalen – Eine Region mit Zukunft, Münster 1999, S. 11-28.

Hogg, M. K., Cox, A. J., Keeling, K., The impact of self-monitoring on image congruence and product/brand evaluations, in: European Journal of Marketing, Heft 5/6, 2000, S. 641-666.

Holler, J., Illing, G., Einführung in die Spieltheorie, 5. Aufl., Berlin u. a. 2003.

Holthöfer, D., Methodische Wege zur Bürgerbeteiligung, in: der städtetag, H. 1, 2001, S. 36-38.

Holthöfer, D., Methodische Wege zu umfassender Bürgerbeteiligung (II), in: KBD, H. 4, 2001, S. 4-7.

Honert, S., Stadtmarketing und Stadtmanagement , in: der städtetag, 44 Jg., Heft 6, 1991, S. 395.

Hörmann, H., Psychologie der Sprache, 2. Aufl., Berlin 1977.

Hotz, D., Zielgruppe: Unbekannt. Informationsmarketing in der kommunalen Wirtschaftsförderung, in: RaumPlanung/Mitteilungen des Informationskreises für Raumplanung e. V., September 1985, S. 158-172.

Hungenberg, H., Strategisches Management in Unternehmen. Ziele – Prozesse – Verfahren, 2. Aufl., Wiesbaden 2001.

Imorde, J. (Hrsg.), Ab in die Mitte. Die City-Offensive NRW. Stadtidentitäten 2002.

Iglhaut, J. (Hrsg.), Wirtschaftsstandort Deutschland mit Zukunft, Wiesbaden 1994.

Imhoff-Daniel, A., Stadtmarketing in Celle. Auswertung der Bürgerbefragung 1998 (hrsg. v. Univ. Hannover, Geographisches Institut, Abt. Wirtschaftsgeographie), Hannover 1999.

Ind, N., The Corporate Brand, Ebbw Vale 1997.

Institut für angewandte Verbraucherforschung (Hrsg.), Preisbeobachtungen nach der Umstellung auf den Euro. Eine Studie im Auftrag des Westdeutschen Rundfunks (WDR), Köln 2002.

Institut für Entwicklungsforschung im ländlichen Raum Ober- und Mittelfranken e. V. (Hrsg.), Das Image Oberfrankens – Neue Initiativen im Bereich des regionalen Marketings, Kronach u. a. 1995.

Institut für Landes- und Stadtentwicklungsforschung des Landes Nordrhein-Westfalen (ILS) (Hrsg.), Stadtmarketing in der Diskussion, ILS-Schriften Nr. 56, Duisburg 1991.

Johnston, W. J., Lewin, J. E., Organizational buying behavior: Toward an integrative framework, in: Journal of Business Research, Heft 1, 1996, S.1-16.

Junghans, K., Auf dem Prüfstand, in: Handelsblatt Nr. 54, 16./17.03.2001, S. 60.

Kähler, W.-M., SPSS für Windows, 4. Aufl., Wiesbaden 1998.

Kapferer, J. N., Die Marke - Kapital des Unternehmens, Landsberg/Lech 1992.

Kapferer, J. N., Strategic Brand Management, London 1997.

Kaufer, E., Alternative Ansätze der Industrieökonomik, in: Freimann, K.-D., Ott, A. E. (Hrsg.), Theorie und Empirie der Wirtschaftsforschung, Tübingen 1988, S. 115-132.

Keller, E., Modellvorhaben City-Marketing Velbert, in: Institut für Landes- und Stadtentwicklungsforschung des Landes Nordrhein-Westfalen (ILS) (Hrsg.), Stadtmarketing in der Diskussion, ILS-Schriften 56, Duisburg 1991, S. 34-43.

Keller, K. L., Strategic Brand Management: building, measuring and managing brand equity, Prentice Hill 1998

Kerscher, U., Raumabstraktionen und regionale Identität, Eine Analyse des regionalen Identitätsmanagements im Gebiet zwischen Augsburg und München, Kallmünz/Regensburg 1992.

Kiepe, F., Die Städte und ihre Regionen, in: der städtetag, 49. Jg., Heft 1, 1996, S. 2-5.

Kieser, A., Kubicek, H., Organisation, München 1992.

Kirchgeorg, M., Kreller, P., Etablierung von Marken im Regionenmarketing - eine vergleichende Analyse der Regionennamen "Mitteldeutschland" und "Ruhrgebiet" auf der Grundlage einer repräsentativen Studie, HHL-Arbeitspapier Nr. 38, Leipzig 2000.

Kistenmacher, H., Geyer, T., Hartmann, P., Regionalisierung in der kommunalen Wirtschaftsförderung, Köln 1994.

Klüter, H., Raum als Element sozialer Kommunikation, Giessener Geographische Schriften, Heft 60, Gießen 1986.

Klüting, E., Heimatschutz, in: Krebs, D., Reulecke, J. (Hrsg.), Handbuch der deutschen Reformbewegungen 1880-1933, Wuppertal 1998, S. 47-57.

Knieling, J., Leitbilder als Instrument der Raumplanung – ein Beitrag zur Strukturierung der Praxisvielfalt, in: Rauschelbach, B., Klecker, P. M. (Hrsg.), Regionale Leitbilder – Vermarktung oder Ressourcensicherung?, Bonn 1997, S. 33-38.

Kölner Statistische Nachrichten (Hrsg.), Das Image Kölns bei Kölner Unternehmern und Entscheidungsträgern, Köln 1992.

Koers, M., Steuerung von Markenportfolios. Ein Beitrag zum Mehrmarkencontrolling am Beispiel der Automobilwirtschaft, Frankfurt a. M. 2001.

Kommunalverband Ruhrgebiet (Hrsg.), Der Pott kocht. Image 2000, http://www.kvr.de/freizeit/marketing/bindata/alle.pdf, abgerufen am 22.09.2003.

Konken, M., Stadtmarketing – Grundlagen für Städte und Gemeinden, Limburgerhof 2000.

Konken, M., Stadtmarketing – Handbuch für Städte und Gemeinden, Limburgerhof 2000.

Kotler, Ph., Marketing of nonprofit organizations, Englewood Cliffs, 1975.

Kotler, Ph., Bliemel, F., Marketing-Management, Analyse, Planung, Umsetzung und Steuerung, 9. Aufl., Stuttgart 1999

Kotler, Ph., Haider, D., Rein, I., Standort-Marketing. Wie Städte, Regionen und Länder gezielt Investitionen, Industrien und Touristen anziehen, Düsseldorf u. a. 1994.

Kotler, Ph., Levy, S. J., Broadening the Concept of Marketing, in: Journal of Marketing, Heft 1, 1969, S. 10-15.

Krafft, M., Außendienstentlohnung im Licht der Neuen Institutionenlehre, Wiesbaden 1995.

Krappmann, L., Soziologische Dimensionen der Identität: Strukturelle Bedingungen für die Teilnahme an Interaktionsprozessen, 7. Aufl., Stuttgart 1988.

Krebs, D., Reulecke, J. (Hrsg.), Handbuch der deutschen Reformbewegungen 1880-1933, Wuppertal 1998.

Kroeber-Riel, W., Integrierte Marketingkommunikation. Eine Herausforderung an die strategische Kommunikation und Kommunikationsforschung, in: Thexis, Heft 2, 1993, S. 2-5.

Kroeber-Riel, W., Weinberg, P., Konsumentenverhalten, 8. Aufl., München 2003.

Kromrey, H., Empirische Sozialforschung. Modelle und Methoden der standardisierten Datenerhebung und Datenauswertung, 9. Aufl., Opladen 2000.

Krüger, W., Konfliktsteuerung als Führungsaufgabe. Positive und negative Aspekte von Konfliktsituationen, München 1973.

Lackes, R., Stadtmarketing im Internet – Gestaltungsmöglichkeiten und empirischer Befund, in: Jahrbuch der Absatz- und Verbrauchsforschung, Heft 2, 1998, S. 163-189.

Lalli, M., Eine Skala zur Erfassung der Identifikation mit der Stadt. Informationen zum Beitrag für den 36. Kongress der Deutschen Gesellschaft für Psychologie, Berlin, 3.-6.10.1988, Darmstadt 1988.

Lalli, M., Stadtbezogene Identität. Theoretische Präzisierung und empirische Operationalisierung, Darmstadt 1989.

Lalli, M., Karrte, U., CI als integriertes Kommunikationskonzept für das Identitätsmanagement von Städten, in: pr-magazin, Heft 6, 1992, S. 39-46.

Lalli, M., Plöger, W., Corporate Identity für Städte. Ergebnisse einer bundesweiten Gesamterhebung, in: Marketing ZFP, Heft 4, 1991, S. 237-248.

Lamb, Ch. W., Public Sector marketing is different, in: Business Horizons, Heft 4, 1987, S. 56-60.

Lassmann, A., Organisatorische Koordination: Konzepte und Prinzipien zur Einordnung von Teilaufgaben, Wiesbaden 1992.

Lenz-Romeiß, F., Die Stadt – Heimat oder Durchgangsstation?, München 1970.

Lilienbecker, J., Regionale Zusammenarbeit als Grundlage eines Regionenmarketing, in: Rektor der Technischen Universität Illmenau (Hrsg.), Erfolgsfaktor Marketing – für Regionen, Mittelstand und Technologien, Tagungsband zum 8. Illmenauer Wirtschaftsforum, Illmenau 1996, S. 24-45.

Logan, J. R., Molotch, H. L., Urban Fortunes: The Political Economy of Place, Berkeley 1987.

Lüdtke, H., Stratmann, B., Nullsummenspiel auf Quasimärkten. Stadtmarketing als theoretische und methodologische Herausforderung für die Sozialforschung, in: Soziale Welt, 47. Jg., 1996, S. 297-314.

Luhmann, N., Zweckbegriff und Systemrationalität, Frankfurt a. M. 1973.

Luhmann, N., Die Wirtschaft der Gesellschaft, Frankfurt a. M. 1988.

Luhmann, N., Identitätsgebrauch in selbstsubstitutiven Ordnungen, besonders Gesellschaften, in: Marquard, O., Stierle, K. (Hrsg.), Identität, München 1979, S. 315-345.

Luhmann, N., Vertrauen. Ein Mechanismus der Reduktion sozialer Komplexität, 4. Aufl., Stuttgart 2000.

Mai, U., Gedanken über räumliche Identität, in: Zeitschrift für Wirtschaftsgeografie, Heft 1/2, 1989, S. 12-19.

Maier, J., Weber, A., Stadtmarketing: „Dach" oder Ergänzung der Stadtentwicklung?, Tagungsunterlagen zum Seminar „Stadtmarketing – Aktuelle Trends und Perspektiven" des Deutschen Instituts für Urbanistik vom 22.-24. April 2002 in Berlin.

Manschwetus, U., Regionalmarketing. Marketing als Instrument der Wirtschaftsentwicklung, Wiesbaden 1995.

Marquard, O., Stierle, K. (Hrsg.), Identität, München 1979.

Matson, E. W., Can Cities Market Themselves Like Coke and Pepsi Do?, in: International Journal of Public Sector Management, Heft 2, 1994, S. 35-41.

McKinsey & Company, MCM Marketing Centrum Münster (Hrsg.), Lohnen sich Investitionen in die Marke? Die Relevanz von Marken für die Kaufentscheidung in B2C-Märkten, Düsseldorf 2002.

McKinsey & Company, stern.de, T-Online (Hrsg.), perspektive deutschland, o. O., 2002.

McQuiston, D. H., Novelty, Complexity and Importances as casual Determinants of Industrial Buying Behavior, in: Journal of Business Research, Vol. 23, 1991, S. 159-177.

Meffert, H., Städtemarketing – Pflicht oder Kür?, in: Planung und Analyse, 16. Jg., Heft 8, 1989, S. 273-280.

Meffert, H., Städtemarketing – Pflicht oder Kür?, Vortrag anlässlich des Symposiums Stadtvisionen am 2./3. März 1989 im historischen Rathaus zu Münster.

Meffert, H., Regionenmarketing Münsterland. Ansatzpunkte auf der Grundlage einer empirischen Untersuchung, Münster 1990.

Meffert, H., Marketingforschung und Käuferverhalten, 2. Aufl., Wiesbaden 1992.

Meffert, H., Markenführung in der Bewährungsprobe, in: markenartikel, Heft 12, 1994, S. 478-481.

Meffert, H., Marketing – Grundlagen marktorientierter Unternehmensführung, Konzepte – Instrumente – Praxisbeispiele, 9. Auflage, Wiesbaden 2000.

Meffert, H., Bierwirth, A., Stellenwert und Funktionen der Unternehmensmarke – Erklärungsansätze und Implikationen für das Corporate Branding, in: Thexis, 18. Jg., Heft 4, 2001, S. 5-11.

Meffert, H., Bruhn, M., Dienstleistungsmarketing. Grundlagen – Konzepte – Methoden, 4. Aufl., Wiesbaden 2003.

Meffert, H., Burmann, Ch., Identitätsorientierte Markenführung – Grundlagen für das Management von Markenportfolios, Arbeitspapier Nr. 100 der Wissenschaftlichen Gesellschaft für Marketing und Unternehmensführung e. V., (hrsg. von Meffert, H., Wagner, H., Backhaus, K.), Münster 1996.

Meffert, H., Burmann, Ch., Wandel in der Markenführung – vom instrumentellen zum identitätsorientierten Markenverständnis, in: Meffert, H., Burmann, Ch., Koers, M., Markenmanagement. Grundfragen der identitätsorientierten Markenführung. Mit Best-Practice-Fallstudien, Wiesbaden 2002, S. 17-72.

Meffert, H., Burmann, Ch., Koers, M., Markenmanagement. Grundfragen der identitätsorientierten Markenführung. Mit Best-Practice-Fallstudien, Wiesbaden 2002.

Meffert, H., Burmann, Ch., Koers, M., Stellenwert und Gegenstand des Markenmanagements, in: Meffert, H., Burmann, Ch., Koers, M., Markenmanagement. Grundfragen der identitätsorientierten Markenführung. Mit Best-Practice-Fallstudien, Wiesbaden 2002, S. 3-16.

Meffert, H., Dahlhoff, D., Kollektive Kaufentscheidungen und Kaufwahrscheinlichkeiten. Analysen und methodische Ergebnisse zu Basisproblemen der Käuferverhaltensforschung, Hamburg 1980.

Meffert, H., Ebert, Ch., Die Stadt als Marke? – Herausforderungen des identitätsorientierten Stadtmarketing, in: Imorde, J. (Hrsg.), Ab in die Mitte. Die City-Offensive NRW. Stadtidentitäten 2002, S. 35-41.

Meffert, H., Ebert, Ch., Das Selbst- und Fremdbild der Stadt Münster. Ergebnisse einer empirischen Untersuchung, unveröffentlichter Projektbericht, Münster 2003.

Meffert, H., Ebert, Ch., Marke Westfalen. Grundlagen des identitätsorientierten Regionenmarketing und Ergebnisse einer empirischen Untersuchung, Schriftenreihe der Stiftung Westfalen-Initiative, Band 5, Ibbenbüren 2003.

Meffert, H., Frömbling, S., Regionenmarketing Münsterland – Fallbeispiel zur Segmentierung und Positionierung, in: Haedrich, G. et al. (Hrsg.), Tourismus-Management – Tourismus-Marketing und Fremdenverkehrsplanung, 2. Aufl., Berlin 1993, S. 631-652.

Meissner, H. G., Stadtmarketing – Eine Einführung, in: Beyer, R., Kuron, I. (Hrsg.), Stadt- und Regionalmarketing – Irrweg oder Stein der Weisen?, Material zur angewandten Geografie, Band 29, Bonn 1995, S. 21-27.

Mensing, M., Rahn, Th., Einführung in das Stadtmarketing, in: Zerres, M., Zerres, I. (Hrsg.), Kooperatives Stadtmarketing, Stuttgart 2000, S. 21-37.

Merton, R. K., Bürokratische Struktur und Persönlichkeit, in: Mühlfeld, C., Schmidt, M. (Hrsg.), Soziologische Theorie, Hamburg 1974, S. 473-486.

Meyer, R., Kottisch, A., Das „Unternehmen Stadt" im Wettbewerb. Zur Notwendigkeit einer konsistenten City Identity am Beispiel der Stadt Vegesack, Bremen 1995.

Meyer, J.-A., Regionalmarketing, München 1999.

Morgan, G., Frost, P. J., Pondy, L. R., Organizational Symbolism, in: Pondy, L. R. et al. (Hrsg.), Organizational Symbolism, Greenwich/London 1983, S. 3-35.

Moser, H., Preiser, S. (Hrsg.), Umweltprobleme und Arbeitslosigkeit, Weinheim 1984.

Mühlfeld, C., Schmidt, M. (Hrsg.), Soziologische Theorie, Hamburg 1974.

Müller, W.-H., Der Fremdenverkehr im kommunalen Marketing, in: der städtetag, Heft 3, 1990, S. 225-232.

Munier, G., Stadtmarketing kontrovers – Warum wird überhaupt am Image gefeilt?, in: AKP, Heft 5, 2001, S. 57-60.

Munkelt, I., Mehr Markt, weniger Stadt?, in: absatzwirtschaft, Heft 1, 1996, S. 28-34.

Nachtigal, J., Sunbelt Sampler: Phoenix, San Diego and Las Vegas team up to attract more tourists to the region, in: Marketing News, Heft 1, 1998, S. 24.

Niedner, M., Markenpolitik für Städte und Regionen, in: Bruhn, M. (Hrsg.), Handbuch Markenartikel, Band I, Wiesbaden 1994, S. 1645-1658.

Nickel, O. (Hrsg.), Eventmarketing: Grundlagen und Erfolgsbeispiele. München 1998.

Noelle-Neumann, E., Köcher, R. (Hrsg.), Allensbacher Jahrbuch der Demoskopie 1993-1997, München 1997.

Nub, G., Reuter, J., Russ, H., Großräumige Entwicklungstrends in Europa und wirtschaftspolitischer Handlungsbedarf, in: ifo-schnelldienst, 45. Jg., Heft 17/18, 1992, S. 13-21.

Olins, W., The new Guide to Identity, Brookfield 1999.

Opaschowski, H. W., Deutschland 2010. Wie wir morgen arbeiten und leben – Voraussagen der Wissenschaft zur Zukunft unserer Gesellschaft, Hamburg 2001.

Otte, G., Das Image der Stadt Mannheim aus Sicht ihrer Bewohner – Ergebnisbericht zu einer Bürgerbefragung für das Stadtmarketing in Mannheim, Mannheim 2001.

o. V., Regionenmarke „graubünden". Markenprozess abgeschlossen – Ulrich Immler wird Markenratspräsident, Medien-Mitteilung des Markensekretariats Graubünden Ferien, Graubünden 2002.

o. V., Rheinland als Marke. Auf diesem Fundament Identität fördern, in: Rhein-Zeitung v. 19./20.05.2001, S. 3.

o. V., Die neuen Stars der alten Welt, in: manager magazin, 20. Jg., Heft 3, 1990, S. 204-215.

Palupski, R., Kommunales Marketing, in: Diller, H. (Hrsg.), Vahlens großes Marketinglexikon, 2. Aufl., Band I: A-L, München 2001, S. 785-787.

Parasuraman, A., Zeithaml, V., Berry, L. L., A Conceptual Model of Service Quality and its Implications for Future Research, in: Journal of Marketing, Vol. 49, 1985, S. 41-50.

Parkinson, C. N., The United States of Europe (A Eurotopia?), New York 1992.

Partner für Berlin (Hrsg.), Berlin Image 1997, Berlin 1997.

Perridon, L., Steiner, M., Finanzwirtschaft der Unternehmung, 11. Aufl., München 2002.

Pesch, M., Marke mit hohem Identifikationsgrad finden, in: Kölner Stadtanzeiger v. 09.04.2002, http://www.ksta.de, abgerufen am 10.04.2002.

Peters, T. J., Watermann, R. M., Auf der Suche nach Spitzenleistungen, Landsberg/Lech 1983.

Pfaff-Schley, H. (Hrsg.), Stadtmarketing und kommunales Audit. Chance für eine ganzheitliche Stadtentwicklung, Berlin et al. 1997, S. 25-35.

Plünder, T., Münster und Westfalen, Referat zum Friedensmahl am 17. Oktober 1991, Münster 1991.

Pohl, J., Regionalbewußtsein als Thema der Sozialgeographie. Theoretische Überlegungen und empirische Untersuchungen am Beispiel Friaul, Kallmünz/Regensburg 1993.

Pollotzek, J., Stadtmarketing – Notwendigkeiten, Möglichkeiten und Grenzen der kommunalen Marketingkonzeption, Nürnberg 1993.

Pondy, L. R. et al. (Hrsg.), Organizational Symbolism, Greenwich/London 1983.

Popp, K.-J., Unternehmenssteuerung zwischen Akteur, System und Umwelt, Wiesbaden 1997.

Proshansky, H. M., The City and Self-Identity, in: Environment and Behavior, Heft 10, 1978, S. 147-169.

Rabe, H., Süß, W., Stadtmarketing zwischen Innovation und Krisendeutung, Berlin 1995.

Raffée, H., Wissenschaftstheoretische Grundfragen der Wirtschaftswissenschaften, München 1979.

Raffée, H., Grundfragen und Ansätze des strategischen Marketing, in: Raffée, H., Wiedmann, K.-P. (Hrsg.), Strategisches Marketing, Stuttgart 1985, S. 3-33.

Raffée, H., Fritz, W., Wiedmann, K.-P., Marketing für öffentliche Betriebe, Stuttgart u. a. 1994.

Raffée, H., Wiedmann, K.-P. (Hrsg.), Strategisches Marketing, Stuttgart 1985.

Rauschelbach, B., Klecker, P. M. (Hrsg.), Regionale Leitbilder – Vermarktung oder Ressourcensicherung?, Bonn 1997.

Rektor der Technischen Universität Ilmenau (Hrsg.), Erfolgsfaktor Marketing – für Regionen, Mittelstand und Technologien, Tagungsband zum 8. Ilmenauer Wirtschaftsforum, Ilmenau 1996.

Röber, M., Stadtmarketing – Analyse eines neuen Ansatzes der Stadtentwicklungspolitik, in: Verwaltungsrundschau, Heft 10, 1992, S. 355-358.

Rohrbach, C., Regionale Identität im Global Village – Chance oder Handicap für die Regionalentwicklung, Frankfurt a. M. 1999.

Ross, S. A., The Economic Theory of Agency: The Principal's Problem, in: American Economic Review, Vol. 63, 1973, S. 134-139.

Säfken, A., Der Event in Regionen und Städtekooperationen - ein neuer Ansatz des Regionalmarketings?, Schriften zur Raumordnung und Landesplanung, Bd. 3, Augsburg 1999.

Schaller, U., City-Management, City-Marketing, Stadtmarketing – Allheilmittel für die Innenstadtplanung?, Bayreuth 1993.

Scharf, A., Döring, M., Jellinek, J. S., Bildung von Konsumententypen zur Erklärung des Markenverhaltens bei Parfüm/Duftwasser, in: Planung und Analyse, Heft 3, 1996, S. 60-67.

Schauer, R. (Hrsg.), Ortsmanagement und kommunales Marketing, Linz 1993.

Schein, E., Organizational Culture and Leadership, Jossey 1992.

Schelte, J., Stadtmarketing und Citymanagement, Dortmund 1991.

Scherer, B., Regionale Entwicklungspolitik – Konzeption einer dezentralen und integrierten Regionalpolitik, Frankfurt a. M. u. a. 1997.

Schmitz, H., Münsterland – Berge sind nicht unbedingt Voraussetzung für Weitsicht, Münster 1999.

Schneider, F., Corporate-Identity-orientierte Unternehmenspolitik, Heidelberg 1991.

Schneider, H., Markenführung in der Politik, Wiesbaden 2003 (im Druck).

Schoch, F., Die Kreise zwischen örtlicher Verwaltung und Regionalisierungstendenzen, in: Henneke, H.-G., Maurer, H., Schoch, F., Die Kreise im Bundesstaat – Zum Standort der Kreise im Verhältnis zu Bund, Ländern und Gemeinden, Baden-Baden 1994, S. 9-60.

Schorer, K., Grotz, R., Attraktive Standorte – Gewerbeparks, in: Geografische Rundschau, o. Jg., Heft 9, 1993, S. 498-502.

Schreyögg, G., Umfeld der Unternehmung, in: Wittmann, W., Köhler, R., Küpper, H., Wysocki, K. (Hrsg.), Handwörterbuch der Betriebswirtschaftslehre, 5. Aufl., Stuttgart 1993, Teilband 3, S. 4231-4247.

Schückhaus, U., Stadtmarketing in Zeiten knapper Kassen, in: VOP, Heft 3, 1995, S. 164-167.

Schückhaus, U., Graf, A.-H., Dormeier, C., Stadt- und Regionalmarketing – Einsatzmöglichkeiten und Nutzen, Kienbaum Unternehmensberatung GmbH, Düsseldorf 1993.

Schüttemeyer, A., Eigen- und Fremdimage der Stadt Bonn. Eine empirische Untersuchung, Bonner Beiträge zur Geografie, Heft 9, Bonn 1998.

Schuhbauer, J., Wirtschaftsbezogene Regionale Identität, Mannheimer Geografische Arbeiten, Heft 42, Mannheim 1996.

Schweitzer, M., Planung und Steuerung, in: Bea, F. X., Dichtl, E., Schweitzer, M. (Hrsg.), Allgemeine Betriebswirtschaftslehre, Band 2: Führung, 7. Aufl., Stuttgart 1997, S. 21-131.

Seaton, A. V. (Hrsg.), Tourism: The State of the Art, Chichester 1994.

Seaton, A. V., Destination Marketing, in: Seaton, A. V., Bernett, M. M. (Hrsg.), Marketing Tourism Places – Concepts, Issues, Cases, London u. a. 1996, S. 350-376.

Seaton, A. V., Bernett, M. M. (Hrsg.), Marketing Tourism Places – Concepts, Issues, Cases, London u. a. 1996.

Sen, A., Srivastava, M., Regression Analysis, New York 1990.

Shaw, R., Bransford, J. (Hrsg.), Perceiving, Acting and Knowing. Toward an Ecological Psychology, New York u. a. 1977.

Simon, H. (Hrsg.), Herausforderung Unternehmenskultur, Stuttgart 1990.

Singer, C., Kommunale Imageplanung, in: AfK Heft II, 1988, S. 271-279.

Sliepen, W., Marketing van de historische omgeving, Netherlands Research Institute for Tourism, Breda 1988.

Sovis, W., Die Entwicklung von Leitbildern als strategische Analyse- und Planungsmethode des touristischen Managements, in: Zins, A. (Hrsg.), Strategisches Management im Tourismus: Planungsinstrumente für Tourismusorganisationen, Wien und New York 1993, S. 30-65.

Spieß, S., Marketing für Regionen – Anwendungsmöglichkeiten im Standortwettbewerb, Wiesbaden 1998.

Spiller, H. J., Der Standort – von außen gesehen, in: Iglhaut, J. (Hrsg.), Wirtschaftsstandort Deutschland mit Zukunft, Wiesbaden 1994, S. 135-140.

Stadtmarketing Regensburg (Hrsg.), Fremdimageanalyse Regensburg, Regensburg 2000.

Stadt Münster (Hrsg.), Ergebnisse der Bürgerbefragung 2001 zu Zielen der Stadtentwicklung und zu Eigenschaften der Stadt (Stadtimage). Vorlage Nr. 55/2002, Münster 2002.

Stadt Münster – Amt für Stadtentwicklung und Statistik (Hrsg.), Bürgerumfrage 2002. Beiträge zur Statistik Nr. 84, Münster 2002.

Staehle, W., Management: Eine verhaltenswissenschaftliche Perspektive, 6. Aufl., München 1991.

Stahmann, F., Event-Marketing, in: Zerres, M., Zerres, I. (Hrsg.), Kooperatives Stadtmarketing, S. 113-129.

Statistisches Bundesamt (Hrsg.), Statistisches Jahrbuch 2002 für die Bundesrepublik Deutschland, Wiesbaden 2002.

Steffenhagen, H., Kommunikationswirkung – Kriterien und Zusammenhänge, Aachen 1984.

Stember, J., Stadt- und Regionalmarketing. Praxisprobleme, Vorbehalte und kritische Erfolgsfaktoren, in: Deutsche Verwaltungspraxis, Heft 4 2000, S. 135-140.

Stendenbach, F. J., Soziale Interaktion und Lernprozesse, Köln, Berlin, 1963.

Strauss, A., Mirrors and Masks, Glencoe 1959.

Streim, H., Heuristische Lösungsverfahren – Versuch einer Begriffserklärung, in: ZOR 1975, S. 143-162.

Suttner, W., Markenzeichen Kultur, in: der gemeinderat, Heft 11, 2000, S. 28-29.

Szyperski, N. (Hrsg.), Enzyklopädie der Betriebswirtschaftslehre, Band 9: Handwörterbuch der Planung, Stuttgart 1989.

Thompson, J. D., Organizations in Action, New York u. a. 1967.

Töpfer, A. (Hrsg.), Stadtmarketing – Herausforderung und Chance für Kommunen, Baden-Baden 1993.

Töpfer, A., Erfolgsfaktoren des Stadtmarketing: 10 Grundsätze, in: Töpfer, A. (Hrsg.), Stadtmarketing – Herausforderung und Chance für Kommunen, Baden-Baden 1993, S. 35-80.

Töpfer, A., Marketing in der kommunalen Praxis – Eine Bestandsaufnahme in 151 Städten, in: Töpfer, A. (Hrsg.), Stadtmarketing – Herausforderung und Chance für Kommunen, Baden-Baden 1993, S. 81-134.

Töpfer, A., Mann, A., Kommunikation als Erfolgsfaktor im Marketing für Städte und Regionen, Spiegel-Verlagsreihe Fach und Wissen, Band 11, Hamburg 1995.

Töpfer, A., Mann, A., Kommunale Kommunikationspolitik. Befunde einer empirischen Analyse, in: der städtetag, Heft 1, 1996, S. 9-16.

Trommsdorff, V., Konsumentenverhalten, 5. Aufl., Stuttgart 2003.

Tscheulin, D. K. et al. (Hrsg.), Branchenspezifisches Marketing. Grundlage, Besonderheiten, Gemeinsamkeiten, Wiesbaden 2001.

Ulm, H.-J., Preisstrategien aufgrund der Marktsegmentierung, Aachen 1978.

Ulrich, H., Die Unternehmung als produktives soziales System, 2. Aufl, Bern 1971.

Upshaw, L. B., Building Brand Identity: A Strategy for Success in a hostile Marketplace, New York et. al. 1995.

Vogler, G., Die Unternehmung als Steuerungssystem – Versuch einer Analyse, Stuttgart 1969.

Voigt, K.-I., Unternehmenskultur und Strategie. Grundlagen kulturbewußten Managements, Wiesbaden 1996.

Walchshöfer, J., Der Weg durch die Instanzen, in: Töpfer, A. (Hrsg.), Stadtmarketing – Herausforderung und Chance für Kommunen, Baden-Baden 1993, S. 345-358.

Wapner, S. Transactions of Persons-in-Environments: Some Critical Transitions, in: Journal of Environmental Psychology, Heft 1, 1981, S. 223-239.

Weber, A., Stadtmarketing in bayerischen Städten und Gemeinden – Bestand und Ausprägungen eines kommunalen Instruments der neunziger Jahre, Arbeitsmaterialien zur Raumordnung und Raumplanung, hrsg. von J. Maier, Heft 192, Bayreuth 2000.

Webster, F. E. jr., Wind, Y., Organizational Buying Behavior, Englewood Cliffs, 1972.

Weichhardt, P., Raumbezogene Identität. Bausteine zu einer Theorie räumlich-sozialer Kognition und Identifikation, Erkundliches Wissen, Heft 102, Schriftenreihe für Forschung und Praixs (hrsg. von Meynen, E., Kohlhepp, G., Leidlmair, A.), Stuttgart 1990.

Wellenreuther, R., Lefkosa (Nikosia-Nord). Stadtentwicklung und Sozialraumanalyse einer Stadt zwischen Orient und Okzident, Mannheim 1995.

Wentz, M. (Hrsg.), Die Zukunft des Städtischen, Frankfurt a. M., New York 1994.

Werthmöller, E., Räumliche Identität als Aufgabenfeld des Städte- und Regionenmarketing - ein Beitrag zur Fundierung des Placemarketing, Frankfurt a. M. 1995.

Westfälischer Heimatbund (Hrsg.), Westfalen – Eine Region mit Zukunft, Münster 1999.

Wiechula, A., Stadtmarketing im Kontext eines New Public Management, Stuttgart 2000.

Wiedmann, K. P., Markenpolitik und Corporate Identity, in: Bruhn, M. (Hrsg.), Handbuch Markenartikel, Band 2, Stuttgart 1994, S. 1032-1053.

Wimmer, F., Korndörfer, A., Imageanalyse Oberfranken – Basis eines regionalen Marketing für die Region Oberfranken, in: Institut für Entwicklungsforschung im ländlichen Raum Ober- und Mittelfranken e. V. (Hrsg.), Das Image Oberfrankens – Neue Initiativen im Bereich des regionalen Marketings, Kronach u. a. 1995, S. 23-62.

Winter, G., Church, S., Ortsidentität, Umweltbewußtsein und kommunalpolitisches Handeln, in: Moser, H., Preiser, S. (Hrsg.), Umweltprobleme und Arbeitslosigkeit, Weinheim 1984, S. 78-93.

Wittink, D., The Application of Regression Analysis, Boston u. a. 1988.

Wittke-Kothe, C., Interne Markenführung. Verankerung der Markenidentität im Mitarbeiterverhalten, Wiesbaden 2001.

Wittmann, W. (Hrsg.), Enzyklopädie der Betriebswirtschaftslehre, Band I: Handwörterbuch der Betriebswirtschaft, Teilband 2, 5. Aufl., Stuttgart 1993, S. 3185-3200.

Wittmann, W., Köhler, R., Küpper, H., Wysocki, K. (Hrsg.), Handwörterbuch der Betriebswirtschaftslehre, 5. Aufl., Stuttgart 1993, Teilband 3, S. 4231-4247.

Wolkenstörfer, T., Kommunales Marketing als Ansatz für eine zukunftsorientierte Stadtentwicklungspolitik – das Beispiel Altdorf b. Nürnberg, Bayreuth 1992.

Zahn, K., Interregionaler Wettbewerb, in: Wentz, M. (Hrsg.), Die Zukunft des Städtischen, Frankfurt a. M., New York 1994, S. 110-115.

Zanger, C., Event-Marketing, in: Diller, H. (Hrsg.), Vahlens großes Marketinglexikon, 2. Aufl., Band I: A-L, München 2001, S. 439-442.

Zerres, M., Zerres, I. (Hrsg.), Kooperatives Stadtmarketing, Stuttgart 2000.

Zins, A. (Hrsg.), Strategisches Management im Tourismus: Planungsinstrumente für Tourismusorganisationen, Wien und New York 1993.

SCHRIFTEN ZUM MARKETING

Band 1 Friedrich Wehrle: Strategische Marketingplanung in Warenhäusern. Anwendung der Portfolio-Methode. 1981. 2. Auflage. 1984.

Band 2 Jürgen Althans: Die Übertragbarkeit von Werbekonzeptionen auf internationale Märkte. Analyse und Exploration auf der Grundlage einer Befragung bei europaweit tätigen Werbeagenturen. 1982.

Band 3 Günter Kimmeskamp: Die Rollenbeurteilung von Handelsvertretungen. Eine empirische Untersuchung zur Einschätzung des Dienstleistungsangebotes durch Industrie und Handel. 1982.

Band 4 Manfred Bruhn: Konsumentenzufriedenheit und Beschwerden. Erklärungsansätze und Ergebnisse einer empirischen Untersuchung in ausgewählten Konsumbereichen. 1982.

Band 5 Heribert Meffert (Hrsg.): Kundendienst-Management. Entwicklungsstand und Entscheidungsprobleme der Kundendienstpolitik. 1982.

Band 6 Ralf Becker: Die Beurteilung von Handelsvertretern und Reisenden durch Hersteller und Kunden. Eine empirische Untersuchung zum Vergleich der Funktionen und Leistungen. 1982.

Band 7 Gerd Schnetkamp: Einstellungen und Involvement als Bestimmungsfaktoren des sozialen Verhaltens. Eine empirische Analyse am Beispiel der Organspendebereitschaft in der Bundesrepublik Deutschland. 1982.

Band 8 Stephan Bentz: Kennzahlensysteme zur Erfolgskontrolle des Verkaufs und der Marketing-Logistik. Entwicklung und Anwendung in der Konsumgüterindustrie. 1983.

Band 9 Jan Honsel: Das Kaufverhalten im Antiquitätenmarkt. Eine empirische Analyse der Kaufmotive, ihrer Bestimmungsfaktoren und Verhaltenswirkungen. 1984.

SCHRIFTEN ZU MARKETING UND MANAGEMENT

Band 10 Matthias Krups: Marketing innovativer Dienstleistungen am Beispiel elektronischer Wirtschaftsinformationsdienste. 1985.

Band 11 Bernd Faehsler: Emotionale Grundhaltungen als Einflußfaktoren des Käuferverhaltens. Eine empirische Analyse der Beziehungen zwischen emotionalen Grundhaltungen und ausgewählten Konsumstrukturen. 1986.

Band 12 Ernst-Otto Thiesing: Strategische Marketingplanung in filialisierten Universalbanken. Integrierte Filial- und Kundengruppenstrategien auf der Grundlage erfolgsbeeinflussender Schlüsselfaktoren. 1986.

Band 13 Rainer Landwehr: Standardisierung der internationalen Werbeplanung. Eine Untersuchung der Prozeßstandardisierung am Beispiel der Werbebudgetierung im Automobilmarkt. 1988.

Band 14 Paul-Josef Patt: Strategische Erfolgsfaktoren im Einzelhandel. Eine empirische Analyse am Beispiel des Bekleidungsfachhandels. 1988. 2. Auflage. 1990.

Band 15 Elisabeth Tolle: Der Einfluß ablenkender Tätigkeiten auf die Werbewirkung. Bestimmungsfaktoren der Art und Höhe von Ablenkungseffekten bei Rundfunkspots. 1988.

Band 16 Hanns Ostmeier: Ökologieorientierte Produktinnovationen. Eine empirische Analyse unter besonderer Berücksichtigung ihrer Erfolgseinschätzung. 1990.

Band 17 Bernd Büker: Qualitätsbeurteilung investiver Dienstleistungen. Operationalisierungsansätze an einem empirischen Beispiel zentraler EDV-Dienste. 1991.

Band 18 Kerstin Ch. Monhemius: Umweltbewußtes Kaufverhalten von Konsumenten. Ein Beitrag zur Operationalisierung, Erklärung und Typologie des Verhaltens in der Kaufsituation. 1993.

Band 19 Uwe Schürmann: Erfolgsfaktoren der Werbung im Produktlebenszyklus. Ein Beitrag zur Werbewirkungsforschung. 1993.

Band 20 Ralf Birkelbach: Qualitätsmanagement in Dienstleistungscentern. Konzeption und typenspezifische Ausgestaltung unter besonderer Berücksichtigung von Verkehrsflughäfen. 1993.

Band 21 Simone Frömbling. Zielgruppenmarketing im Fremdenverkehr von Regionen. Ein Beitrag zur Marktsegmentierung auf der Grundlage von Werten, Motiven und Einstellungen. 1993.

Band 22 Marcus Poggenpohl: Verbundanalyse im Einzelhandel auf der Grundlage von Kundenkarteninformationen. Eine empirische Untersuchung von Verbundbeziehungen zwischen Abteilungen. 1994.

Band 23 Kai Bauche: Segmentierung von Kundendienstleistungen auf investiven Märkten. Dargestellt am Beispiel von Personal Computern. 1994.

Band 24 Ewald Werthmöller: Räumliche Identität als Aufgabenfeld des Städte- und Regionenmarketing. Ein Beitrag zur Fundierung des Placemarketing. 1995.

Band 25 Nicolaus Müller: Marketingstrategien in High-Tech-Märkten. Typologisierung, Ausgestaltungsformen und Einflußfaktoren auf der Grundlage strategischer Gruppen. 1995.

Band 26 Nicolaus Henke: Wettbewerbsvorteile durch Integration von Geschäftsaktivitäten. Ein zeitablaufbezogener wettbewerbsstrategischer Analyseansatz unter besonderer Berücksichtigung des Einsatzes von Kommunikations- und Informationssystemen (KIS). 1995.

Band 27 Kai Laakmann: *Value-Added Services* als Profilierungsinstrument im Wettbewerb. Analyse, Generierung und Bewertung. 1995.

Band 28 Stephan Wöllenstein: Betriebstypenprofilierung in vertraglichen Vertriebssystemen. Eine Analyse von Einflußfaktoren und Erfolgswirkungen auf der Grundlage eines Vertragshändlersystems im Automobilhandel. 1996.

Band 29 Michael Szeliga: Push und Pull in der Markenpolitik. Ein Beitrag zur modellgestützten Marketingplanung am Beispiel des Reifenmarktes. 1996.

Band 30 Hans-Ulrich Schröder: Globales Produktmanagement. Eine empirische Analyse des Instrumenteeinsatzes in ausgewählten Branchen der Konsumgüterindustrie. 1996.

Band 31 Peter Lensker: Planung und Implementierung standardisierter vs. differenzierter Sortimentsstrategien in Filialbetrieben des Einzelhandels. 1996.

Band 32 Michael H. Ceyp: Ökologieorientierte Profilierung im vertikalen Marketing. Dargestellt am Beispiel der Elektrobranche. 1996.

Band 33 Mark Unger: Die Automobil-Kaufentscheidung. Ein theoretischer Erklärungsansatz und seine empirische Überprüfung. 1998.

Band 34 Ralf Ueding: Management von Messebeteiligungen. Identifikation und Erklärung messespezifischer Grundhaltungen auf der Basis einer empirischen Untersuchung. 1998.

Band 35 Andreas Siefke: Zufriedenheit mit Dienstleistungen. Ein phasenorientierter Ansatz zur Operationalisierung und Erklärung der Kundenzufriedenheit im Verkehrsbereich auf empirischer Basis. 1998.

Band 36 Irene Giesen-Netzer: Implementierung von Rücknahme- und Recyclingsystemen bei Gebrauchsgütern. 1998.

Band 37 Frithjof Netzer: Strategische Allianzen im Luftverkehr. Nachfragerorientierte Problemfelder ihrer Gestaltung. 1999.

Band 38 Silvia Danne: Messebeteiligungen von Hochschulen. Ziele und Erfolgskontrolle. 2000.

Band 39 Martin Koers: Steuerung von Markenportfolios. Ein Beitrag zum Mehrmarkencontrolling am Beispiel der Automobilwirtschaft. 2001.

www.peterlang.de